高等职业技术院校电类专业教材

过程控制技术

GUOCHENG KONGZHI JISHU

主编 臧大进 温怡芳

中国劳动社会保障出版社

简介

本书主要内容包括过程控制系统概述、被控过程特性及其数学模型、常见过程测控仪表、简单过程控制系统、复杂过程控制系统、过程控制系统识图及应用实例 6 部分。

本书由臧大进、温怡芳主编，刘伟编写第一章，戚玉强编写第二章，陈希编写第三章，臧大进编写第四、五、六章，并对全书进行统稿，温怡芳编写实验部分，林尔付主审。

图书在版编目（CIP）数据

过程控制技术/臧大进，温怡芳主编. —北京：中国劳动社会保障出版社，2015
高等职业技术院校电类专业教材
ISBN 978-7-5167-1727-1

Ⅰ. ①过… Ⅱ. ①臧…②温… Ⅲ. ①过程控制-高等职业教育-教材 Ⅳ. ①TP273

中国版本图书馆 CIP 数据核字（2015）第 060149 号

中国劳动社会保障出版社出版发行
（北京市惠新东街 1 号 邮政编码：100029）

*

北京瑞禾彩色印刷有限公司印刷装订 新华书店经销
787 毫米×1092 毫米 16 开本 12.5 印张 289 千字
2015 年 4 月第 1 版 2025 年 11 月第 6 次印刷
定价：23.00 元

营销中心电话：400-606-6496
出版社网址：http://www.class.com.cn
http://jg.class.com.cn

前　言

为了更好地适应全国高等职业技术院校电类专业教学要求，全面提升教学质量，人力资源和社会保障部教材办公室组织有关学校的一线教师和行业、企业专家，充分调研企业生产和学校教学情况，广泛听取各职业技术院校对教材使用情况的反馈意见，对2006年至2007年出版的全国高等职业技术院校电类专业基础平台教材和电气自动化技术专业模块教材进行了修订，并做了适当的补充开发。

本次教材修订（新编）工作的重点主要体现在以下四个方面：

第一，科学合理安排内容，融入先进教学理念。

根据电类专业毕业生所从事职业的实际需要和教学实际情况的变化，合理确定学生应具备的能力与知识结构，适当调整部分教材的内容及其深度、难度，如《数控机床电气检修（第二版）》中增加了教学中广泛使用的广数GSK980T系统的相关知识；根据相关工种及专业领域的最新发展，在教材中充实“四新”内容，如《变频器应用技术（三菱 第二版）》中改用目前广泛应用的较新型的FR－E740型通用变频器。同时，结合教学改革要求，在教材中融入较为成熟的课改理念和教学方法，以完成具体典型工作任务为主线组织教材内容，将理论知识的讲解与具体的任务载体有机结合，激发学生学习兴趣，提高学生实践能力。

第二，进一步完善教材体系，充分满足教学需求。

在进一步完善现有教材教学内容的基础上，适应专业发展趋势，新开发了《电力电子技术》《过程控制技术》《工业组态软件应用技术》《自动化综合实训》教材，以充分满足当前电气自动化技术专业教学的实际需求。同时，相关教材还可满足“生产过程自动化技术”“工业网络技术”“计算机控制技术”等其他电类专业方向的教学需要。

第三，涵盖国家职业技能标准，与职业技能鉴定要求相衔接。

教材编写坚持以国家职业技能标准为依据，涵盖《维修电工》等国家职业技能标准中（中、高级）的知识和技能要求，并在与教材配套的习题册中增加针对相关职业技能鉴定考试的练习题。同时，严格贯彻国家有关技术标准的要求。

第四，进一步开发辅助产品，提供优质教学服务。

根据大多数学校的教学实际需求，部分教材还配套开发了习题册，以便于学生巩固练习使用。本套教材均提供多媒体教学课件，可通过中国人力资源和社会保障出版集团网站（http://www.class.com.cn）免费下载，进入主页后搜索相应教材并进入图书详细页面即可找到下载链接。

本次教材的修订（新编）工作得到了江苏、安徽、山东、河南、湖南、广东、广西、四川等省人力资源和社会保障厅及一些高等职业技术院校的大力支持，教材的编审人员做了大量的工作，在此我们表示诚挚的谢意。

人力资源和社会保障部教材办公室

2013 年 11 月

目录

CONTENTS

国家级职业教育规划教材

第1章 过程控制系统概述

学习目标

1. 了解过程控制的发展历程和发展方向。
2. 了解本课程的地位和性质。
3. 掌握过程控制的定义，弄清过程控制的目的。
4. 掌握过程控制系统的组成和特点。
5. 掌握过程控制系统的分类以及相互之间的区别。

§1—1 绪论

一、过程控制概述

1. 定义

现代工业按所加工的物品对象可划分为两大类。一类是气体、液体或粉体，这是石油、化工、制药、冶金、轻工、食品、建材、楼宇和农业等行业的主要工况，主要控制温度、压力、物位、流量及成分等参数；另一类是对成型材料的进一步加工，以及对多种成型材料（各种元器件）的装配或对整机系统的控制，这是机械、电子、冶金、轻工、制药、交通和楼宇等行业的主要工况，主要控制位移、速度及角度等参数。

早期的工业生产中，控制系统较少。随着生产装置的大型化、集中化和生产过程的连续化，自动控制系统越来越多，越来越重要。

(1) 液位控制

工业生产中有许多储罐和容器（如油罐、水箱和锅炉气包等）需要控制液位。如图1—1—1所示为一个水槽的人工液位控制系统。假设工人可以看到液位的高低变化，那么，根据液位的高低变化，工人手动操作阀门，可以使槽中液位保持基本恒定。

如果用一个浮球代替人的眼睛“观测”液位，用一个杠杆系统代替人的手臂和大脑，则可构成一个液位自动调节系统，如图1—1—2所示。其工作原理是：当液位受干扰上升时，浮球上升，杠杆a端上升，b端下降，阀门的阀芯下降，使水槽的进水量Q_i减少。Q_i的减少使液位下降，最终达到一个稳定的平衡点，实现控制的目的。当液位受干扰下降时，调节过程相反，同样能使液位稳定在平衡点。

如图1—1—2所示已经是一个实用的液位控制系统，但当需要将液位信号传送到远方的控制室或经理室时，需要改为电动式。用一个能送出电信号的液位测量仪表代替浮球，用一个电动调节器代替杠杆，阀门也换成可接收电信号的阀门，就构成了一个目前常见的液位控制系统，如图1—1—3所示。LT表示液位测量及信号变换装置，LC表示液位控制器。

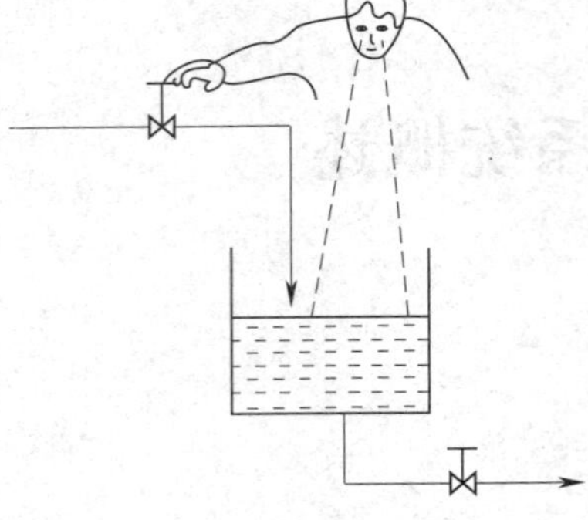

图 1—1—1　人工液位控制系统

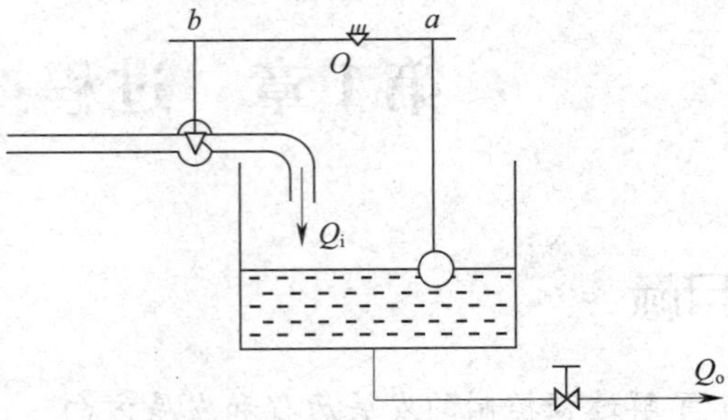

图 1—1—2　液位自动调节系统

（2）温度控制

工业生产中存在大量的加热炉，一般是通过控制燃料的量来保证被加热物料达到或保持在所需要的温度。换热器是常见的工业设备，它通过冷热流体的热量交换实现对冷流体加热的目的，控制手段通常是调节热流体的流量，如图 1—1—4 所示。图中，TT 表示温度测量仪表，TC 表示温度调节器。另外，化学反应器中化学反应的温度，也要求进行温度控制。

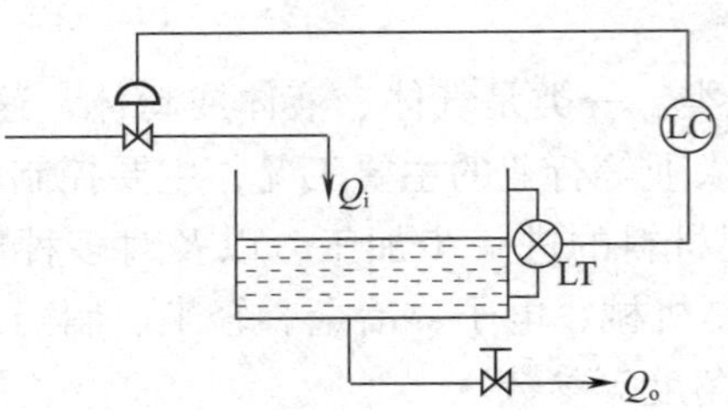

图 1—1—3　液位控制系统

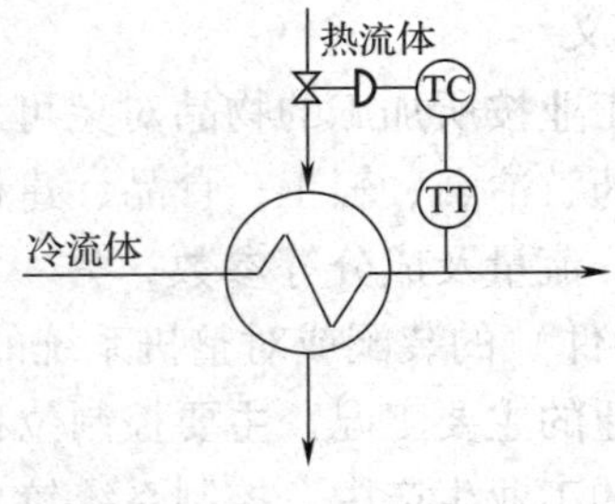

图 1—1—4　换热器温度控制系统

由此可以看出，过程控制系统是以表征生产过程的参量为被控制量，使之接近给定值或保持在给定范围内的自动控制系统。这里“过程”是指在生产装置或设备中进行的物质和能量的相互作用和转换过程。表征过程的主要参量有温度、压力、流量、液位、成分和浓度等。过程控制系统的任务就是通过对过程参量的控制，使生产过程中产品的产量增加、质量提高、能耗减少，实现工业生产过程自动化。

2. 发展概况

纵观过程控制系统的发展史，过程控制技术的进步源于三大动力：一是控制理论的进展，新的理论和概念的创新为应用技术打下了坚实的基础；二是过程工艺技术的进步对过程控制的发展提出了新的挑战；三是工业自动化仪表和控制装置不断地更新完善，使过程控制技术获得了强有力的硬件支持。

20 世纪 40 年代前后，过程控制还处于黑箱时期，人们对过程本身知之甚少，仅是根据生产工业的需要选配仪表和凭经验进行控制，那时的过程控制与其说是一门科学不如说是一门技艺，把这一阶段称为仪表化阶段。

20 世纪 40 ~ 50 年代，以频率法和根轨迹法为核心的经典控制理论被引入到过程控制工程中，人们开始认识到过程控制的关键是要了解被控对象。于是，一门研究过程动态行为的过程动态学开始兴起。但是由于当时工业生产过程的操作与管理相对简单，因此普遍采用测量与控制功能相结合（即所谓基地式仪表），实行按岗位的分散操作，而控制系统所关心的主要是闭环稳定性的问题。

进入 20 世纪 50 年代后，以状态空间方法和最优控制为标志的现代控制理论取得了长足的进步，而且在航空、航天和制导领域取得了辉煌的成果。具有代表性的成果有极大值原理、动态规划和随机滤波。但是在过程控制领域，这些成果并没有发挥出作用，倒是现代控制理论的一些思想，如状态的可控性、可观性等观念备受关注。这一时期为适应车间集中化控制的需要，单元组合仪表得到了充分应用。

从 20 世纪 70 年代开始，随着过程工业逐渐向大型化、单机组、精细化和追求高经济效益的方向发展，工业企业迫切需要解决大规模复杂系统的控制问题。于是，讲究分解和协调、多级递阶优化控制或分散控制的大系统理论被移植到过程控制中，代替单元组合仪表和直接数字控制计算机的集散系统（DCS）及可编程逻辑控制器（PLC）已经被广泛应用于过程工业。同时，过程控制理论也有了很大的突破，一些基于现代控制理论又符合过程特点的新型控制方法，如预测控制、推断控制、多变量解耦控制等先进控制策略被源源不断地开发出来，创造出了巨大的经济效益。

从 20 世纪 80 年代开始，过程控制技术向综合自动化方向发展，集计算机技术、显示技术、控制技术和通信技术（即 4C 技术）于一身的计算机集成过程系统（CIPS）、计算机集成制造系统（CIMS）和现场总线技术正逐步走向实用化，以市场需求为导向，以全局优化为目标，将常规控制、先进控制、过程优化、生产调度和经营决策等多种功能集中在一起的智能化系统，已成为主流发展方向，强有力地推动着过程工业登上新的高峰。

二、课程设置的目的和学习方法

过程控制和运动控制是自动控制、自动化专业的主干课。二者的区别在于控制对象有所不同：过程控制研究化工、石油、冶金及发电等工业生产过程中的温度、压力、流量、物位和成分等变量的控制；而运动控制研究速度和位置控制，如数控机床、机器人等。

过程控制系统课程是一门密切联系生产实际的技术性课程，综合性和应用性很强，它的基础是自动控制理论、化工、石油、冶金、发电等过程及装备、自动化仪表和计算机控制技术等知识。

过程控制系统课程的任务就是使生产过程达到安全、平稳、优质、高效（高产、低耗）。作为自动化最根本的目标应是使生产过程安全（仅限于越限报警和联锁）并平稳地运行。

通过本课程的学习，要求学生能应用控制理论和工程处理方法，掌握过程控制系统控制方案的分析、设计和工程实施能力。

对于这门工程技术性很强的专业课程，在学习过程中，学生应当抓住课堂授课、实验教学、课程设计和生产实习这四个环节，努力做到理论联系实际，举一反三，提高自己分析、设计和投运过程控制系统的能力。

§1—2　过程控制系统的组成、特征及分类

一、过程控制系统的组成

工业任务的过程控制千差万别，主要内容包括自动检测系统：利用各种检测仪表对工艺参数进行测量、指示或记录；自动信号系统：当工艺参数超出要求范围时，自动发出声光信号；联锁保护系统：达到危险状态时，打开安全阀或切断某些通路，必要时紧急停车；自动操纵系统：根据预先规定的步骤自动对生产设备进行某种周期性操作，如合成氨造气车间煤气发生炉按吹风、上吹、下吹、吹净等步骤周期性地接通空气和水蒸气；自动开停车系统：按预先规定好的步骤将生产过程自动地投入运行或自动停止运行；自动控制系统：利用自动控制装置对生产中某些关键性参数进行自动控制，使它们在受到外界扰动的影响而偏离规定状态时，能自动恢复到规定范围。

通过上一小节中图 1—1—3 所示的液位控制和图 1—1—4 所示的温度控制实例分析可以看出，一个基本过程控制系统一般由控制的工艺设备或机器（被控过程）和自动控制装置两部分构成，自动控制装置又分为测量仪表（测量变送器）和控制仪表（调节器、执行器），因此基本过程控制系统是由被控对象（也称被控过程）、测量变送器、调节器和执行器四部分组成，其系统组成方框图如图 1—2—1 所示。

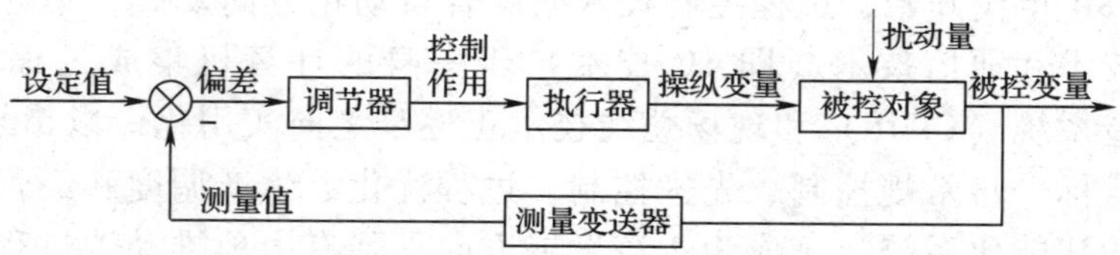

图 1—2—1　基本过程控制系统组成方框图

1. 常用术语（见表 1—2—1）

表 1—2—1　　常用术语

名称	说明
被控对象（被控过程）	工艺参数需要控制的生产过程设备或机器等，如锅炉汽包、发酵罐
被控变量	被控对象中要求保持设定值的工艺参数，如汽包水位、发酵温度
操纵变量	受控制器操纵，用以克服扰动的影响使被控变量保持设定值的物料量或能量，如锅炉给水量、发酵罐冷却水量
扰动量	除操纵变量外，作用于被控对象并引起被控变量变化的因素，如蒸汽负荷的变化、冷却水温度的变化等
设定值	被控变量的预定值
偏差	被控变量的设定值与实际测量值之差。在实际控制系统中，能够直接获取的信息是被控变量的实际测量值而不是实际值，因此，通常把设定值与实际测量值之差作为偏差

2．方框图

方框图是控制系统或系统中每个环节的功能和信号流向的图解表示，是控制系统进行理论分析、设计中常用到的一种形式。每一个方框表示系统中的一个组成部分（也称为环节），方框内填入表示其自身特性的数学表达式或文字说明。在绘制方框图时应注意以下几点：

（1）方框图中每一个方框表示一个具体的实物。

（2）方框之间带箭头的线段表示它们之间的信号联系，与工艺设备间物料的流向无关。方框图中信号线上的箭头除表示信号流向外，还包含另一种方向性的含义，即所谓单向性。对于每一个方框或系统，输入输出的因果关系是单向的，只有输入改变了才会引起输出的改变，输出的改变不会返回去影响输入。例如冷水流量会使汽包水位改变，但反过来，汽包水位的变化不会直接使冷水流量跟着改变。

（3）比较点不是一个独立的元件，而是控制器的一部分。为了清楚的表示控制器比较机构的作用，故将比较点单独画出。

二、过程控制系统的特征

同其他自动控制系统相比，过程控制具有以下特征：

1．被控过程形形色色

由于生产规模大小不同，工艺要求各异，产品多种多样，过程控制中被控过程的形式很多，比如化学反应器、精馏塔、锅炉、压力容器以及如图 1—1—3 所示的液位控制系统和如图 1—1—4 所示的换热器温度控制系统等。

2．控制过程多属缓慢过程和参量控制形式

许多工业生产过程设备体积大，工艺反应过程缓慢，具有大惯性大滞后等特点，通常是用一些物理量和化学量来表征其生产过程是否正常，因此需要对表征生产过程的温度、压力、流量、物位和成分等过程参量进行控制，即过程控制多半为参量控制。

3．控制方案多种多样

由于被控过程的多样性、复杂性，且控制要求各异，使得控制方案多种多样，除最常见的单回路和串级控制外，还有前馈、比值、均匀、分程、超驰和阀位等多种过程控制系统。

在这些控制系统中，单回路控制占总数的一半以上，串级控制约占 20%。

4．定值控制是过程控制的一种主要控制形式

在大部分工业生产中，控制的目的在于克服外界扰动对被控过程的影响，使生产指标或工艺参数保持在设定值不变，或只允许在小范围内波动。如图 1—1—4 所示，换热器温度要求定值在 100℃，只允许其在 100 ±1.5℃范围内变化。

三、过程控制系统的分类

过程控制系统的具体分类见表 1—2—2。

表 1—2—2　　过程控制系统的具体分类

分类方法	类别
按系统功能	温度控制系统、压力控制系统、位置控制系统、流量控制系统等
按系统性能	线性系统和非线性系统、连续系统和离散系统、定常系统和时变系统
按系统的结构特点	反馈控制系统、前馈控制系统、前馈—反馈控制系统（复合控制系统）

续表

分类方法	类别
按被控变量的数量	单变量控制系统和多变量控制系统
按给定信号的特点	定值控制系统、程序控制系统、随动控制系统
按采用的控制装置	常规仪表控制系统、计算机控制系统
按控制系统基本结构形式	闭环控制系统和开环控制系统
按控制算法	简单控制系统、复杂控制系统、先进或高级控制系统
按控制器形式	常规仪表过程控制系统、计算机过程控制系统。其中计算机过程控制系统还可分为直接数字控制系统（DDC），分布式控制系统（DCS）和现场总线控制系统（FCS）等

这些分类方法只反映了不同控制系统某一方面的特点，可以视具体情况采用不同的分类方法，其中并无原则性的规定。但是，实际生产中常常采用按系统的结构特点和按给定信号的特点分类这两种方法。

1．按结构特点分类

（1）反馈控制系统

在过程控制系统中，反馈控制系统是一种最基本的控制结构形式。反馈控制系统是根据系统被控量的偏差进行工作的，偏差值是控制的依据，最后要达到消除或减小偏差的目的。反馈信号也可能有多个，从而构成多个闭合回路，称之为多回路控制系统。

（2）前馈控制系统

前馈控制系统在原理上完全不同于反馈控制系统，它是以不变性原理为理论基础的。前馈控制系统直接根据扰动量的大小进行工作，扰动是控制的依据。由于它没有被控量的反馈，所以也称为开环控制系统。前馈控制系统方框图如图 1—2—2 所示。

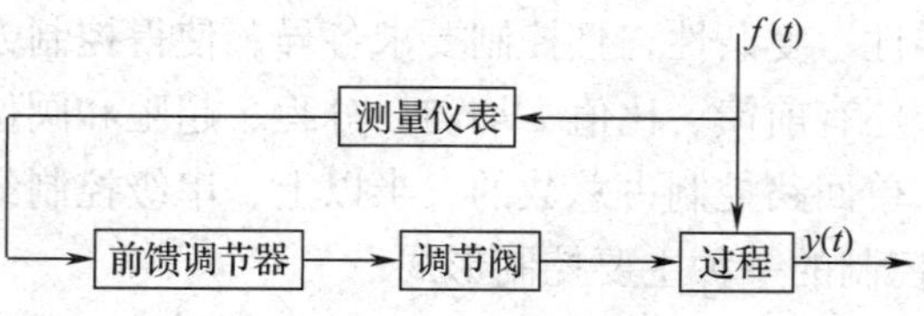

图 1—2—2　前馈控制系统方框图

（3）前馈—反馈控制系统（复合控制系统）

在工业生产过程中，引起被控参数变化的扰动是多种多样的。前馈控制最主要的优点是能及时迅速地克服主要扰动对被控参数的影响；反馈控制则主要克服其余次要扰动，使控制系统在稳态时能准确地使被控量控制在给定值上。在实际生产过程中，将两种方法结合起来使用，充分利用前馈控制与反馈控制两者的优点，在反馈控制系统中引入前馈控制，从而构成如图 1—2—3 所示的前馈—反馈控制系统，可以大大提高控制质量。

2．按给定信号的特点分类

（1）定值控制系统

所谓定值控制系统，就是系统被控量的给定值保持为规定值，或在规定值附近小范围变

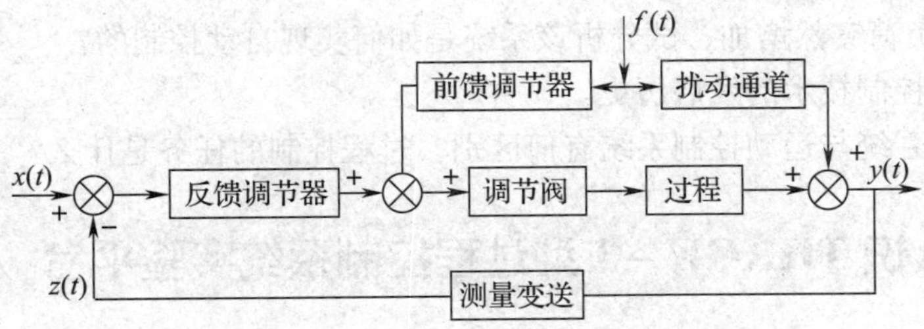

图 1—2—3　前馈—反馈控制系统方框图

化。定值控制系统是过程控制中应用最多的一种控制系统，这是因为在工业生产过程中大多要求系统被控量的给定值保持在某一定值，或在很小范围内变化，如过热蒸汽温度控制系统、转炉供氧量控制系统等均为定值控制系统。对于定值控制系统来说，由于 $\Delta X=0$，引起被控量给定值变化的是扰动信号，所以定值系统的输入信号是扰动信号。

（2）程序控制系统

程序控制系统是被控量的给定值按预定的时间程序变化工作的过程控制系统。控制的目的就是使系统被控量按工艺要求规定的程序自动变化，如同期作业的加热设备（机械、冶金工业中的热处理炉）。一般工艺要求加热升温、保温和逐次降温等程序，给定值就按此程序自动地变化，控制系统按此给定程序自动工作，达到程序控制的目的。

（3）随动控制系统

随动控制系统是一种被控量的给定值随时间任意变化的控制系统，其主要作用是克服一切扰动，使被控量快速跟随给定值变化。例如，在加热炉燃烧过程的自动控制中，生产工艺要求空气量跟随燃料量的变化而成比例地变化，而燃料量是随生产负荷的变化而变化的，其变化规律是任意的。随动控制系统就是要跟随燃料量的变化而控制空气量的大小，使加热炉达到最佳燃烧状态。

思考与练习

1. 什么是过程控制系统，它有哪些特征？

2. 过程控制的基本分类方法有哪几种？

3. 过程控制系统由哪些环节组成，各有什么作用？过程控制系统有哪些分类方法？

4. 锅炉是化工、炼油等企业中常见的设备。汽包水位是影响蒸汽质量及锅炉安全的一个重要的参数。水位过高，会使蒸汽带液，降低了蒸汽的质量和产量，甚至会损坏后续设备；而水位过低则影响气液平衡，甚至烧干锅炉引起爆炸。因此，必须对汽包水位进行严格控制。图 1—2—4 所示为单锅炉汽包水位控制示意图。

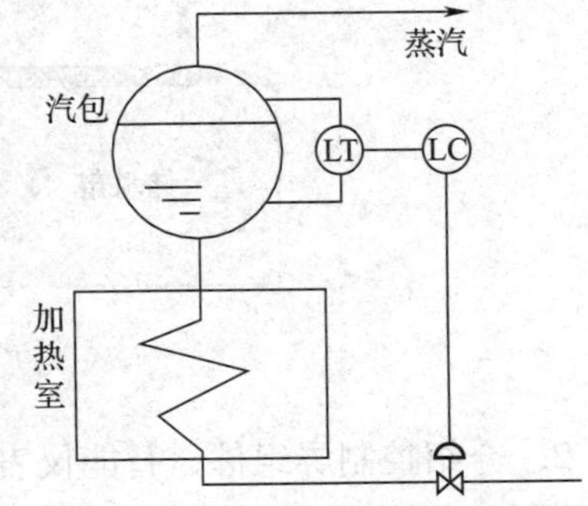

图 1—2—4　单锅炉汽包水位控制示意图

（1）画出该控制系统方框图。

（2）指出该控制系统中的被控过程、被控参数、控制参数和扰动参数各是什么。

（3）当蒸汽负荷突然增加，试分析该系统是如何实现自动控制的？

5. 简述过程控制技术的发展历史。

6. 过程控制系统与运动控制系统有何区别？过程控制的任务是什么？

实验　认识 THKGK－3 型过程控制系统实验平台

一、实验目的

1. 熟悉 THKGK－3 型过程控制系统实验平台的主要组成结构。
2. 了解实验要求及安全操作规程。
3. 了解实验装置的安全保护体系。

二、实验设备及器材

THKGK－3 型过程控制系统实验平台（1 套），计算机（1 台），万用表（1 个），RS485/232 转换器（1 个），通信线（1 根），SA 挂件（若干个），PC/PPI 通信电缆（1 根）。

三、实验内容及步骤

1. 根据系统流程图（见实验图 1），介绍被控对象、检测装置和执行机构的组成部分。

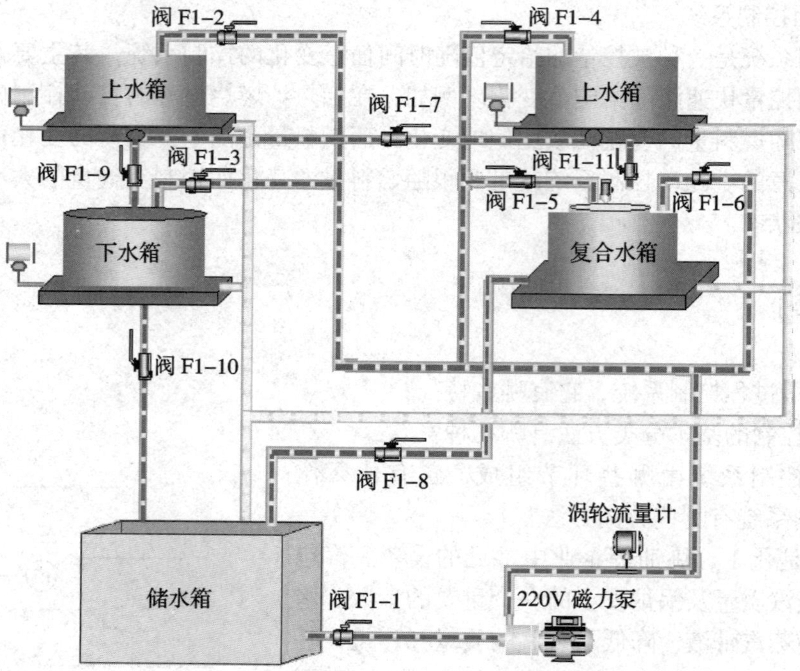

实验图 1　系统流程图

2. 介绍控制屏组件、智能仪表控制组件、远程数据采集控制组件和 PLC 控制组件等的组成部分。

（1）熟悉 MCGS 软件的使用参考配套手册及光盘使用要求。

（2）了解实验要求及安全操作规程。

四、实验报告要求

1．写出实验平台的主要组成结构。

2．写出实验要求及安全操作规程。

第2章　被控过程特性及其数学模型

学习目标

1. 了解建立过程控制系统数学模型的目的。
2. 了解常见的实验辨识方法。
3. 掌握建立过程控制系统数学模型的基本方法。
4. 能用解析法建立过程控制系统的数学模型。
5. 能用实验辨识法建立过程控制系统的数学模型。

§2—1　过程控制系统建模方法

一、建模的目的和意义

在控制系统的分析和设计中，首先要建立系统的数学模型。控制系统或对象的数学模型是描述系统内部物理量（或变量）之间关系的数学表达式。其本质上是从控制信息流的角度出发，对系统或对象的输入变量、输出变量之间的定量关系进行研究。在控制系统的分析和设计中，过程的特性可从稳态特性和动态特性两方面来考察，前者指的是过程在输入变量和输出变量达到平稳状态下的情况，后者指的是输出变量和状态变量在输入变量影响下的变化情况。可以认为，动态特性是在稳态特性基础上的发展，稳态特性是动态特性达到平稳状态的特例。人们对数学模型的研究给予极大重视的原因在于：它能使人们更深刻地认识自动控制的本质，从而采取有效措施以提高控制质量。把常见的现象、问题上升到数学抽象/数学模型的理论高度是现代科学发现与技术创新的基础。实验、归纳、推演是建立系统数学模型的重要手段、方法和途径。数学模型是人们对自然世界的一种抽象理解，它与自然世界的现象、问题具有性能相似的特点。人们可利用数学模型来研究、分析自然世界的问题与现象，以达到认识世界与改造世界的目的。

建立被控对象的数学模型，其主要目的有以下几点：

1．设计控制系统的方案

对被控对象特性的全面和深入了解，是设计控制系统的基础。例如，控制系统中被控变量及检测点的选择、操纵变量的确定、控制系统结构形式的确定等都与被控对象的特性有关。

2．调试控制系统和确定控制器参数

为了使控制系统能安全投运并进行必要的调试，必须对被控对象的特性有充分的了解。另外，对控制器控制规律的选择及控制器参数的确定，也离不开对被控对象特性的了解。

3．制定工业过程操作优化方案

操作优化往往可以在基本不增加投资与设备的情况下，获取可观的经济效益，这样一个命题的解决离不开对被控对象特性的了解，而且主要依靠对象的静态数学模型。

4．确定新型控制方案及控制策略

在用计算机构成一些新型控制系统时，往往离不开被控对象的数学模型，如预测控制、推理控制、前馈动态补偿等都是在已知对象数学模型的基础上才能进行的。

5．建立计算机仿真与过程培训系统

利用开发的数学模型和系统仿真技术，使操作人员有可能在计算机上对各种控制策略进行定量的比较与评定；有可能在计算机上仿效实际的操作，从而高速、安全、低成本地培训工程技术人员和操作工人；有可能制定大型设备启动和停车的操作方案。

6．设计工业过程的故障检测与诊断系统

利用开发的数学模型可以及时发现工业过程中控制系统的故障及其原因，并能提供正确的解决途径。

因此，建立控制系统的数学模型是分析和设计控制系统的首要工作，对实现生产过程的高质量、优化控制具有重要意义。

二、常用建模方法

建立数学模型的方法分为解析法（机理分析法）和实验法（测试分析法），所谓解析法即依据生产过程中实际发生的变化机理及元件各变量之间所遵循的规律（不管是机械、电气、液压、气动系统，还是经济学、生物学系统等，例如，电学中有基尔霍夫定律，力学中有牛顿定律，热力学中有热力学定律等）来获得所需的数学模型。其首要条件是生产过程的机理必须已经为人们充分掌握，并且可以比较确切地加以数学描述。其次，该方法适用于简单、典型、通用及常见的系统。正因为如此，在计算机尚未得到普及应用以前，几乎无法用解析法建立实际工业过程的数学模型。

随着计算机的发展，用解析法建模的研究有了迅速的发展，可以说，只要机理清楚，就可以利用计算机建立几乎任何复杂系统的数学模型。但考虑到模型的适用性和实时性的要求，合理的近似假定总是必不可少的。模型应该尽量简单，同时保证达到合理的精度。

用解析法建模时，有时也会出现模型中某些参数难以确定或建模太烦琐的情况，这时可以用实验法来建模。与解析法建模不同的是实验法不需要深入掌握其内部机理，而是把被研究的工业过程视为一个黑匣子，完全从外特性上测试和描述它的动态性质，人为地给系统施加某种测试信号（阶跃信号、单位脉冲信号、正弦信号等），根据系统或元件的输出响应，经过数据处理而辨识出系统的数学模型。但该方法仍需对过程内部的机理有明确的定性了解，例如，究竟有哪些主要因素在起作用，它们之间的因果关系如何等。丰富的验前知识无疑会有助于成功地用实验法建立数学模型。实验法也称为系统辨识法，一般比解析法建模要简单和省力，适用于复杂的工业过程。近年来，系统辨识已发展成一门独立的学科分支。

实际的工程设计中，常常是将这两种方法结合起来建立数学模型。

§2—2 解析法建模

应用解析法建立一个控制系统（过程）的数学模型，首先必须了解整个系统的组成、工作原理，然后根据支配各组成元件的各种定律，列写出整个系统输出变量与输入变量之间关系的动态关系式，即微分方程、传递函数、差分方程及状态方程等。解析法的一般步骤如下。

（1）分析系统和各个元件的工作原理，找出各物理量（变量）之间的关系，确定系统和各元件的输入、输出变量。

（2）从输入端开始，按照信号的传递顺序，根据各变量所遵循的物理（或化学）定律，列写动态关系式。

（3）对已建立的原始方程进行数学处理，忽略次要因素，简化原始方程，如对原始方程进行线性化等。

（4）消除中间变量，写出关于输出、输入变量之间关系的数学表达式。

下面通过简单的例子来说明解析法建模的方法和步骤。

例 2—2—1 建立如图 2—2—1 所示的位置伺服闭环控制系统的数学模型，图中 θ_r 为输入，θ_c 为输出。

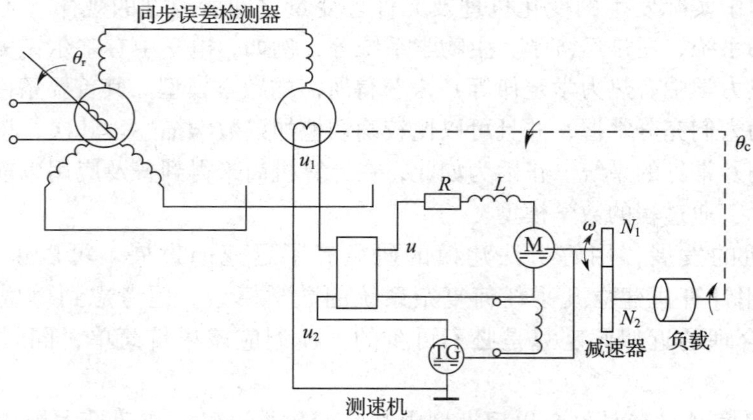

图 2—2—1 位置伺服闭环控制系统

解： 根据图 2—2—1 求解位置伺服闭环控制系统各部分的传递函数。

（1）同步误差检测器

$$u_1 = k_1(\theta_r - \theta_c) \longrightarrow \frac{U_1(s)}{\theta_r(s) - \theta_c(s)} = k_1$$

（2）放大器

$$u = k_2(u_1 - u_2) \longrightarrow \frac{U(s)}{U_1(s) - U_2(s)} = k_2$$

（3）直流电动机

$$T\frac{d^2\omega}{dt^2} + \frac{d\omega}{dt} = k_3 u \longrightarrow \frac{\omega(s)}{U(s)} = \frac{k_3}{s(Ts+1)}$$

（4）测速发电机

$$u_2 = k_4 \omega \longrightarrow \frac{U_2(s)}{\omega(s)} = k_4$$

（5）负载输出

$$\frac{\mathrm{d}\theta_c}{\mathrm{d}t} = n\omega \longrightarrow \frac{\theta_c(s)}{\omega(s)} = \frac{n}{s}$$

由此绘出如图 2—2—2 所示的系统方框图。

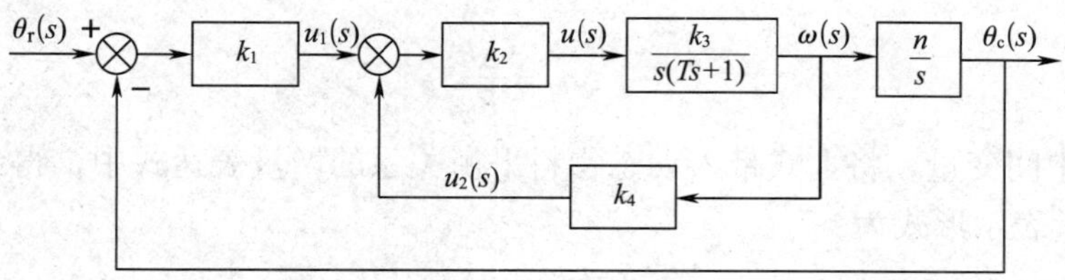

图 2—2—2　系统方框图

该系统总传递函数为

$$G_B(s) = \frac{\theta_c(s)}{\theta_r(s)} = \frac{k_1 k_2 k_3 n}{Ts^3 + s^2 + k_2 k_3 k_4 s + k_1 k_2 k_3 n}$$

例 2—2—2　工业过程控制领域中，如电站锅炉气泡水位控制、化学反应釜液位控制及化工配料系统的液位控制等问题，均可等效为水箱液位控制问题，其模型如图 2—2—3 所示。假设水箱的横截面积不变，表示为 A。该过程中，水箱中的液位高度 h 为被控变量，也是过程的输出量；流入水箱的液体体积流量 q_1 为过程的输入量，q_1 的大小通过改变阀门 1 的开度来调节；流出水箱的液体体积流量 q_2 为过程的中间量，也是过程的干扰，q_2 的大小可以根据用户的需求，通过阀门 2 的开度来调节。

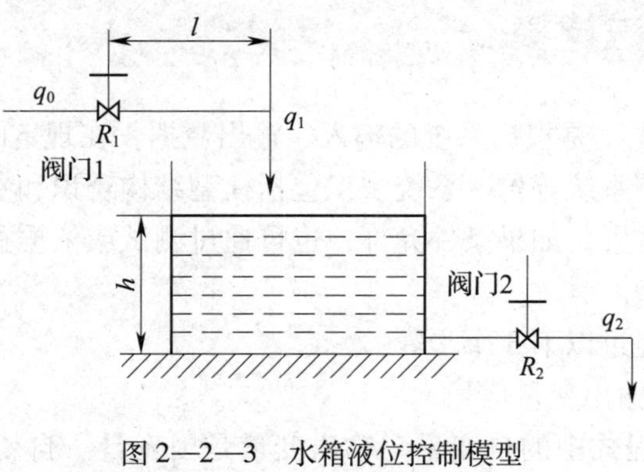

图 2—2—3　水箱液位控制模型

要求：确定过程输出 h 与输入 q_1 之间的数学关系。

解：（1）根据动态物料平衡关系，即：

水箱中液体储存量的变化率 = 单位时间内液体流入量 − 单位时间内液体流出量，则有：

$$q_1 - q_2 = A\frac{\mathrm{d}h}{\mathrm{d}t}$$

增量形式可表示为：

$$\Delta q_1 - \Delta q_2 = A\frac{\mathrm{d}\Delta h}{\mathrm{d}t}$$

式中　Δq_1、Δq_2、Δh——偏离某平衡状态 q_{10}、q_{20}、h_0 的增量，m^3/s、m^3/s、m。

静态时液位不发生变化，即$\frac{dh}{dt}=0$，则有 $q_1=q_2$。

（2）当 q_1 发生变化时，液位 h 随之改变，使水箱出口处的静压发生变化，q_2 也发生相应变化。假设 q_2 与 h 近似呈线性正比关系，与阀门 2 处的液阻 R_2（近似为常量）呈反比关系，则有：

$$\Delta q_2 = \frac{\Delta h}{R_2}$$

（3）消除中间变量，将上式带入动态物料平衡关系的增量表达式中，得到水箱液位过程的微分方程增量表示形式为：

$$R_2A\frac{\mathrm{d}\Delta h}{\mathrm{d}t} + \Delta h = R_2\Delta q_1$$

对该式进行拉普拉斯变换，得到过程的传递函数为：

$$G(s) = \frac{H(s)}{Q_1(s)} = \frac{R_2}{R_2As+1}$$

经变换后可得到下式：

$$G(s) = \frac{H(s)}{Q_1(s)} = \frac{K}{Ts+1}$$

式中　T——被控过程的时间常数，$T=R_2C$，s。

K——被控过程的静态增益，$K=R_2$，s/m^2；

C——被控过程的容量系数，或称为过程容量，$C=A$，m^2。

§2—3　实验法建模

实验法（系统辨识法）是根据系统的输入、输出数据，在规定的一类系统模型中确定一个系统模型，使之与被测系统等价。系统辨识包括模型结构辨识和参数的估计。

对已经投产的过程装置，如果条件允许，也可通过测试或依据积累的操作数据，用数学方法回归，得出实验模型。

实验法建模通常要经过以下 3 个步骤：

1. 确定输入变量与输出变量信号

输入变量是经验方程式中的自变量，输出变量是因变量。自变量的数目不宜太多，其原因很易说明。假定只有一个自变量 x_1，一个因变量 y，那就等效于在 y—x_1 平面上按实验数据回归成一条直线或曲线。假定有两个自变量，那就是在 y—（x_1，x_2）三维空间上回归成一个曲面，实验数据应该在曲面上有较好的分布，这样才有可能得出比较可靠的模型。

如果 x_2 的值变化很小，那么要揭示出 y—x_2 的关系将很困难。自变量数目越多，要得到正确的模型越不容易。

2. 进行测试

现在理论上有很多实验设计方法，如正交设计法等，但在实施上可能会遇到困难。因为工艺上很可能不容许操作条件的大幅度变化。这时候，如果选取的变化区域过窄，不仅所得模型的应用范围不宽，而且由于测量误差的相对影响上升，模型的准确度将成问题。有一种解决办法是吸收调优操作的经验，即逐步向更好的操作点移动，这样有可能一举两得，既扩大了测试的区间，又改进了工艺操作。

测试中另一个重要问题是判断是已真正建立稳态，还是仍处于动态过程中。特别是时滞大的过程，从表面上看输入变量和输出变量似乎都相对不动，实际上却处在动荡的孕育过程中。尽管人们已开发了一些方法，像均值滤波方法等来解决这个问题，然而收效不一定显著。

3. 对数据进行回归分析或神经网络建模

对线性系统来说，设：

$$y = a_0 + a_1x_1 + a_2x_2 + \cdots + a_nx_n$$

已有很多组 $y \sim (x_1, x_2, \cdots, x_n)$ 数据，要设法求取各系数 a_0，a_1，a_2，…，a_n。不难看出，要求解这些 a_i 值，至少需要 $(n+1)$ 组数据。因为每组测量值都含有若干误差，所以为了提高模型的准确度，数据的组数应该多得多。线性回归通常采用最小二乘法，其目的是使目标函数 $J = \sum (y - a_0 - a_1x_1 - a_2x_2 - \cdots - a_nx_n)$ 的值最小。

有时候，难以确定是否所有这些自变量都对 y 起作用，此时可以用数学方法检验各个自变量对 y 影响的显著性，也可以把某个或某些系数 a_i 置 0，从结果进行比较。

回归的结果能否令人满意，可以衡量数据的拟合误差，也可以用一些数理统计方法确定。

§2—4 混合法建模

混合法建模是利用已知的运动机理和经验确定系统的结构和参数，适用于系统的运动机理不是完全未知的情况。

模型的建立除了基于机理与基于输入、输出数据两条途径外，还可把两者结合起来。把机理模型称为白匣子模型，犹如一个看得清的打开了的匣子；把经验模型称为黑匣子模型，犹如一个不明就里的关着的匣子；把介乎其间的称为灰匣子模型，犹如一个半开半闭或部分打开的匣子。

机理模型的优缺点比较见表 2—4—1。

表 2—4—1 机理模型的优缺点比较

优点	缺点
(1) 可以充分利用已知的过程知识，从事物的本质上去认识外部特性 (2) 可以实验前得出，在流程和设备的设计阶段即能建立 (3) 有较大的适用范围，操作条件变化可以类推，即使处理的物料有所改变，只要已知其物理化学参数，仍不难计算	(1) 对于复杂的过程，人们对基本方程的某些参数不能完全掌握。例如，换热器的尺值，由传热学相关书籍提供的公式可能有 ±(10% ~30%) 的误差；又如，像精馏塔这样已经研究得比较透彻的设备，对塔板效率、塔板流体中的汽液比值等参数，很难预先精确估计 (2) 如不经过输入、输出数据的验证，则模型近乎纸上谈兵，难以判断其正确性

实验模型与机理模型正好相反，特别是现场测试，实施中有一定难度。把两种模型结合，则可兼采两者之长，补各自之短。结合方法主要有以下 3 种：

（1）主体上仍按照机理方程建模，但对其中的部分参数通过实测得到。例如，换热器的值可通过现场操作数据计算求出；精馏塔的塔板效率可先做假定，用以计算出各塔板的温度分布，再与温度的实测值核对，如有不符，则对塔板效率的假定值做相应的修正。

（2）通过机理分析，把自变量适当组合，得出数学模型的函数形式。这样可得到模型的基本结构，估计参数就比较容易。组合的另一个好处是可使自变量数减少，像化工原理中常用的维数。

（3）由机理出发，通过计算或仿真，得到大量的输入、输出数据，再用回归方法得出简化模型。控制用的数学模型需适应实时性的要求，必须相当简单，但依据机理的建模过程在数学上较为复杂，这些原始方程不能直接作为控制用的模型。因此只能预先计算或仿真得到数据，然后由这些数据回归出经验模型。尽管这种做法在实质上仍基于机理，但在形式上近似经验公式。

思考与练习

1. 建立过程控制系统数学模型的目的是什么？
2. 建立过程控制系统数学模型的常用方法有哪些？
3. 解析法建模的基本步骤是什么？
4. 辨识法建模的基本步骤是什么？
5. 混合建模的主要方法有哪几种？

实验 1　单容自衡水箱液位特性的测试

一、实验目的

1. 掌握单容水箱的阶跃响应测试方法，并记录相应液位的响应曲线。

2. 能根据实验得到的液位阶跃响应曲线，用相应的方法确定被测对象的特征参数 K、T 和传递函数。

3. 掌握同一控制系统采用不同控制方案的实现过程。

二、实验设备及器材

实验对象及控制屏，计算机（1 台），万用表（1 个），RS485/232 转换器（1 个），通信线（1 根），SA－11、SA－12、SA－21、SA－22、SA－23、SA－42 挂件（各 1 个），PC/PPI 通信电缆（1 根）。

三、实验原理

所谓单容，是指只有一个储蓄容器。自衡是指对象在扰动作用下，其平衡位置被破坏后，不需要操作人员或仪表等干预，依靠其自身重新恢复平衡的过程。实验图 1 所示为单容自衡水箱特性测试系统的结构图及方框图。阀门 F1－1 和 F1－4 全开，设下水箱流入量为

Q_1，改变电动调节阀 V_1 的开度可以改变 Q_1 的大小，下水箱的流出量为 Q_2，改变出水阀 F1－11 的开度可以改变 Q_2。液位 h 的变化反映了 Q_1 与 Q_2 不等而引起水箱中蓄水或泄水的过程。若将 Q_1 作为被控过程的输入变量，h 为其输出变量，则该被控过程的数学模型就是 h 与 Q_1 之间的数学表达式。

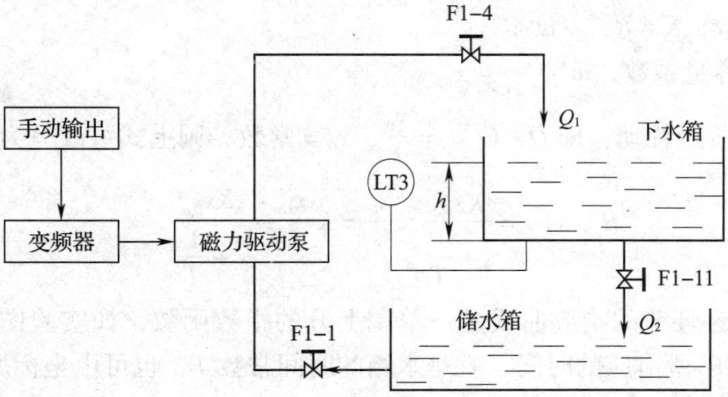

a）

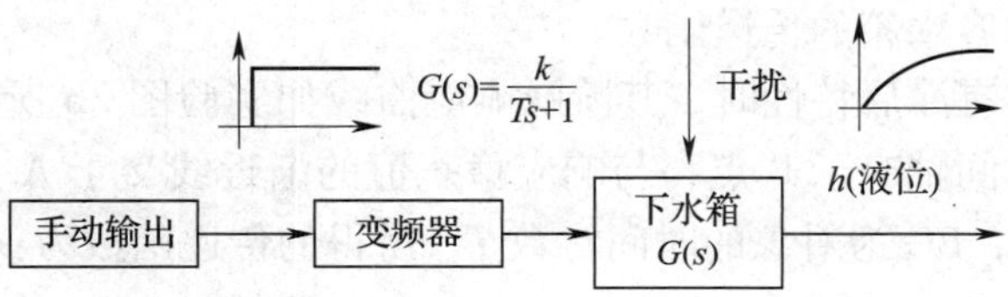

b）

实验图 1　单容自衡水箱特性测试系统

a）结构图　b）方框图

根据动态物料平衡关系有：

$$Q_1 - Q_2 = A\frac{\mathrm{d}h}{\mathrm{d}t}$$

将上式表示为增量形式为：

$$\Delta Q_1 - \Delta Q_2 = A\frac{\mathrm{d}\Delta h}{\mathrm{d}t}$$

式中　ΔQ_1，ΔQ_2，Δh——分别为偏离某一平衡状态的增量，m^3/s、m^3/s、m；

A——水箱截面积，m^2。

在平衡时，$Q_1 = Q_2$，$\frac{\mathrm{d}h}{\mathrm{d}t}=0$；当 Q_1 发生变化时，液位 h 随之变化，水箱出口处的静压也随之变化，Q_2 也发生变化。

由流体力学可知，流体在紊流情况下，液位 h 与流量之间为非线性关系。但为了简化起见，经线性化处理后，可近似认为 Q_2 与 h 成正比关系，而与阀 F1－11 的阻力 R 成反比，即：

$$\Delta Q_2 = \frac{\Delta h}{R} \quad 或 \quad R = \frac{\Delta h}{\Delta Q_2}$$

式中　R——阀 F1－11 的阻力，称为液阻，s/m^2。

将上式带入动态物料平衡关系的增量表达式中，消去中间变量 Q_2，再经过拉氏变换即可得到单容水箱的数学模型为：

$$W_0(s)=\frac{H(s)}{Q_1(s)}=\frac{R}{RCs+1}=\frac{K}{Ts+1}$$

式中 T——水箱的时间常数，$T=RC$，s；

K——放大系数，$K=R$，s/m^2；

C——水箱的容量系数，m^2。

若令 $Q_1(s)$ 作阶跃扰动，即 $Q_1(s)=\frac{x_0}{s}$，x_0 = 常数，则上式可改写为

$$H(s)=\frac{K/T}{s+\frac{1}{T}}\times\frac{x_0}{s}=K\frac{x_0}{s}-\frac{Kx_0}{s+\frac{1}{T}}$$

上式表示一阶惯性环节的响应曲线是一单调上升的指数函数，如实验图 2a 所示，该曲线上升到稳态值的 63% 所对应的时间，就是水箱的时间常数 T。也可由坐标原点对响应曲线作切线 OA，切线与稳态值交点 A 所对应的时间就是该时间常数 T，由响应曲线求得 K 和 T 后，就能求得单容水箱的传递函数。

如果对象具有滞后特性时，其阶跃响应曲线如实验图 2b 所示，在此曲线的拐点 D 处作一切线，它与时间轴交于 B 点，与响应稳态值的渐近线交于 A 点。实验图 2b 中 OB 即为对象的滞后时间 τ，BC 为对象的时间常数 T，所得的传递函数为：

$$H(s)=\frac{Ke^{-\tau s}}{1+Ts}$$

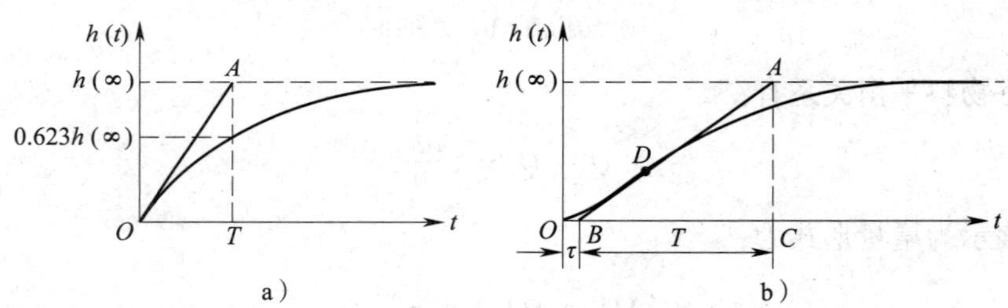

实验图 2 一阶惯性环节的响应曲线

a）指数函数 b）具有滞后特性的阶跃响应曲线

对 $H(s)=K\frac{x_0}{s}-\frac{Kx_0}{s+\frac{1}{T}}$ 取拉氏反变换得：

$$h(t)=Kx_0(1-e^{-t/T})$$

当 $t\to\infty$ 时，$h(\infty)-h(0)=Kx_0$，则有：

$$K=\frac{h(\infty)-h(0)}{x_0}=\frac{\text{输出稳态值}}{\text{阶跃输入}}$$

当 $t=T$ 时，则有：

$$h(T)=Kx_0(1-e^{-1})=0.632Kx_0=0.632h(\infty)$$

四、实验内容及步骤

本实验选择左下水箱作为被测对象（也可选择左上水箱或右上水箱）。实验之前先将储水箱中储足水量，然后将阀门 F1－1、F1－3 全开，将下水箱出水阀门 F1－10 开至适当开度（30% ~80%），其余阀门均关闭。

1．智能仪表控制

（1）将“SA－12 智能调节仪控制”挂件挂到屏上，并将挂件的通信线插头插入屏内 RS485 通信口上，将控制屏右侧 RS485 通信线通过 RS485/232 转换器连接到计算机串口 1，并按照控制屏接线图 1（见实验图 3）连接实验系统。

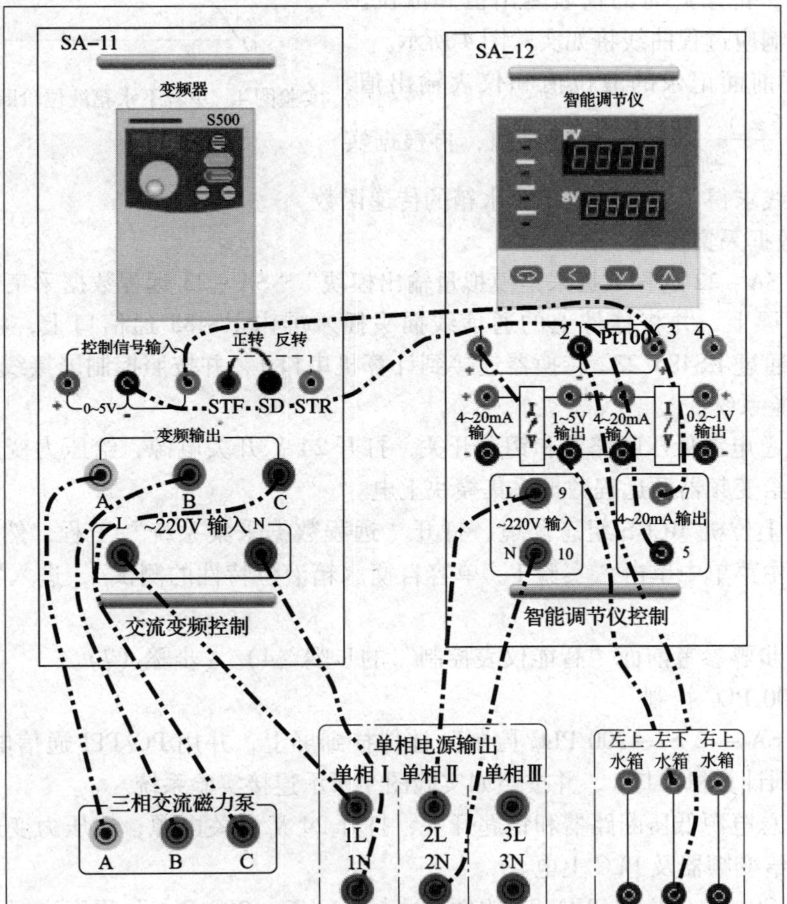

实验图 3　控制屏接线图 1

（2）接通总电源低压断路器和钥匙开关，打开 24V 开关电源，给压力变送器上电，按下启动按钮，给变频器及智能仪表上电。

（3）打开上位机 MCGS 组态环境，打开“THKGK－3 智能仪表控制系统”工程，然后进入 MCGS 运行环境，在主菜单中单击“实验 1　单容自衡水箱液位特性的测试”，进入实验 1 的监控界面。

（4）通过调节仪将输出值设置为一个合适的值（50% ~70%）。

（5）合上电源低压断路器，打开变频器给磁力驱动泵上电打水，适当增加/减少智能仪表的输出量，使下水箱的液位处于某一平衡位置，记录此时的仪表输出值和液位值。

（6）待下水箱液位平衡后，突增（或突减）智能仪表输出量的大小，使其输出有一个正（或负）阶跃增量的变化（即阶跃干扰，此增量不宜过大，以免水箱中水溢出），于是水箱的液位便离开原平衡状态，经过一段时间后，水箱液位进入新的平衡状态，记录此时的仪表输出值和液位测量值，液位的响应过程曲线将如实验图 4 所示。

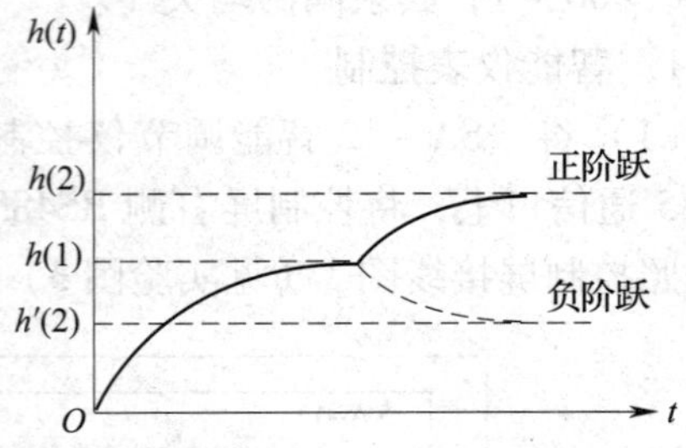

实验图 4　单容下水箱液位阶跃响应过程曲线

（7）根据前面记录的液位值和仪表输出值，按公式 $K=\dfrac{h(\infty)-h(0)}{x_0}$ 计算 K 值，再根据实验图 2 中的曲线求得 T 值，写出单容水箱的传递函数。

2．远程数据采集控制

（1）将“SA－22 远程数据采集模拟量输出模块”“SA－23 远程数据采集模拟量输入模块”挂件挂到屏上，并将挂件上的通信线插头插入屏内 RS485 通信口上，将控制屏右侧 RS485 通信线通过 RS485/232 转换器连接到计算机串口 1，并按照控制屏接线图 2（见实验图 5）连接实验系统。

（2）接通总电源低压断路器和钥匙开关，打开 24 V 开关电源，给压力变送器上电，按下启动按钮，给变频器及远程数据采集模块上电。

（3）打开上位机 MCGS 组态环境，打开“远程数据采集系统”工程，然后进入 MCGS 运行环境，在主菜单中单击“实验 1　单容自衡水箱液位特性的测试”，进入实验 1 的监控界面。

（4）以下步骤参考前面“智能仪表控制”的步骤（4）~步骤（7）。

3．S7－200 PLC 控制

（1）将“SA－42 S7－200 PLC 控制”挂件挂到屏上，并用 PC/PPI 通信电缆线将 S7－200 PLC 连接到计算机串口 1，并按照如实验图 5 所示连接实验系统。

（2）接通总电源低压断路器和钥匙开关，打开 24 V 开关电源，给压力变送器上电，按下启动按钮，给变频器及 PLC 上电。

（3）打开 Step 7－Micro/WIN 32 软件，并打开“S7－200 PLC”程序进行下载，然后将 S7－200 PLC 置于运行状态。运行 MCGS 组态环境，打开“S7－200 PLC 控制系统”工程，然后进入 MCGS 运行环境，在主菜单中单击“实验 1 单容自衡水箱液位特性的测试”，进入实验 1 的监控界面。

（4）以下步骤参考前面“智能仪表控制”的步骤（4）~步骤（7）。

五、实验报告要求

1．画出单容水箱液位特性测试实验的结构框图。

2．根据实验得到的数据及曲线，分析并计算出单容水箱液位对象的参数及传递函数。

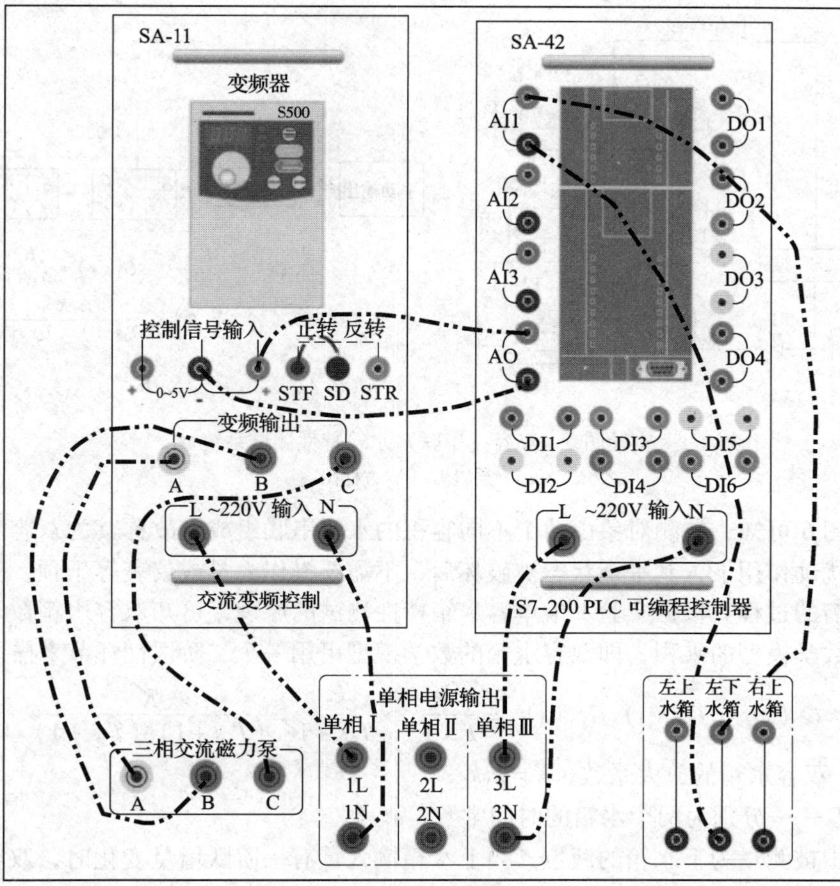

实验图 5　控制屏接线图 2

六、思考题

1. 做本实验时，为什么不能任意改变出水阀 F1－11 开度的大小？

2. 用响应曲线法确定对象的数学模型时，其准确度与哪些因素有关？

3. 如果采用上水箱做实验，其响应曲线与下水箱的有什么异同？并分析差异原因。

实验 2　双容（串联）水箱液位特性的测试

一、实验目的

1. 掌握双容（串联）水箱特性的阶跃响应曲线测试方法。

2. 根据由实验测得的双容液位的阶跃响应曲线，确定其特征参数 K、T_1、T_2 及传递函数。

3. 掌握同一控制系统采用不同控制方案的实现过程。

二、实验设备及器材（同实验 1）

三、实验原理

双容（串联）水箱特性测试系统如实验图 6 所示。

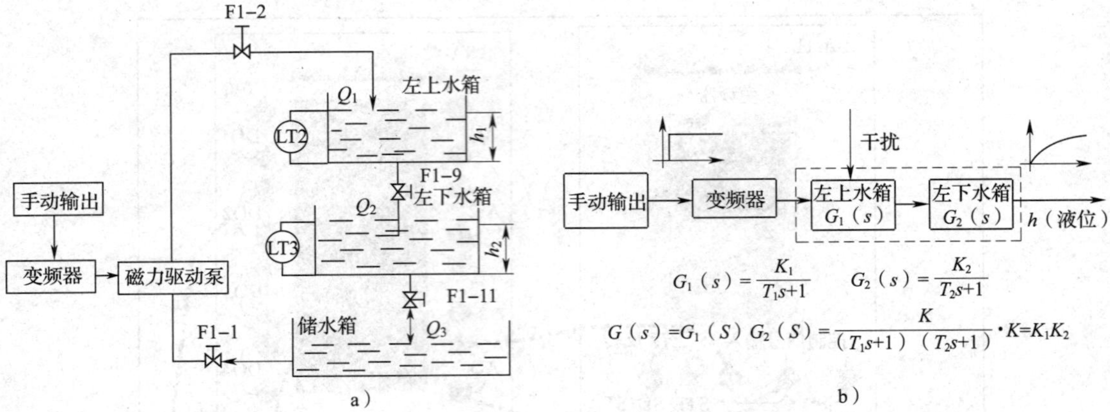

实验图6　双容（串联）水箱特性测试系统

a）结构图　b）方框图

由实验图6可知，被测对象由两个不同容积的水箱串联组成，故称其为双容对象。自衡是指对象在扰动作用下，其平衡状态被破坏后，不需要操作人员或仪表等干预，依靠其自身重新恢复平衡的过程。根据实验1中单容水箱特性测试的原理，可知双容水箱数学模型是两个单容水箱数学模型的乘积，即双容水箱的数学模型可用一个二阶惯性环节来描述：

$$G(s)=G_1(s)G_2(s)=\frac{k_1}{T_1s+1}\times\frac{k_2}{T_2s+1}=\frac{K}{(T_1s+1)(T_2s+1)}$$

式中　K——双容水箱的放大系数，$K=k_1k_2$；

　　T_1、T_2——分别为两个水箱的时间常数，s。

本实验中被测量为下水箱的液位，当上水箱输入量有一阶跃增量变化时，双容水箱液位的阶跃响应曲线如实验图7所示。由实验图7可知，上水箱液位的响应曲线为一单调上升的指数函数（见实验图7a）；而下水箱液位的响应曲线则呈S形（见实验图7b），即下水箱的液位响应滞后了，它滞后的时间与阀F1－9和F1－11的开度大小密切相关。

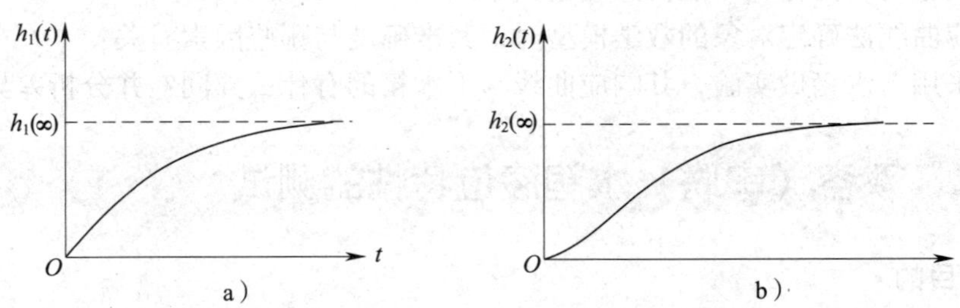

实验图7　双容水箱液位的阶跃响应曲线

a）上水箱液位　b）下水箱液位

双容对象两个惯性环节的时间常数可按下述方法来确定：

在如实验图7所示的阶跃响应曲线上求取：

（1）$h_2(t)\big|_{t=t_1}=0.4h_2(\infty)$ 时曲线上的点 B 和对应的时间 t_1。

（2）$h_2(t)\big|_{t=t_2}=0.8h_2(\infty)$ 时曲线上的点 C 和对应的时间 t_2。

双容水箱液位的阶跃响应曲线如实验图 8 所示。

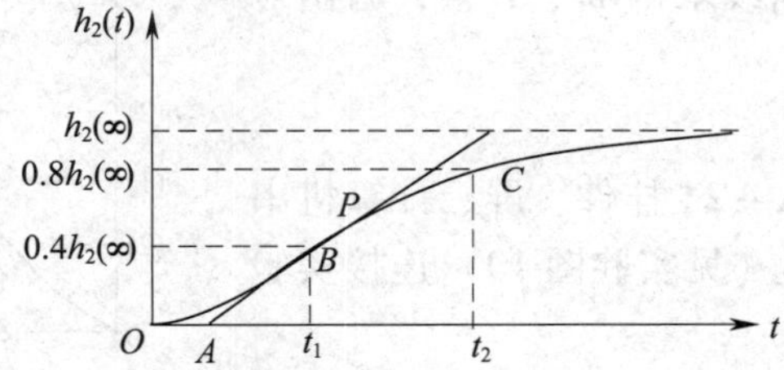

实验图 8　双容水箱液位的阶跃响应曲线

然后，利用下面的近似公式计算：

$$K = \frac{h_2(\infty)}{x_0} = \frac{\text{输入稳态值}}{\text{阶跃输入量}}$$

$$T_1 + T_2 \approx \frac{t_1 + t_2}{2.16}$$

$$\frac{T_1 T_2}{(T_1 + T_2)^2} \approx \left(1.74\frac{t_1}{t_2} - 0.55\right)$$

$$0.32 < t_1/t_2 < 0.46$$

解出 T_1 和 T_2。

在改变相应的阀门开度后，对象可能出现滞后特性，这时可由 S 形曲线的拐点 P 处作一切线，它与时间轴的交点为 A，OA 对应的时间即为对象响应的滞后时间 τ。于是得到双容滞后（二阶滞后）对象的传递函数为

$$G(s) = \frac{K}{(T_1 s + 1)(T_2 s + 1)} e^{-\tau s}$$

四、实验内容及步骤

本实验选择左上水箱和左下水箱串联作为被测对象。实验之前先将储水箱中储足水量，然后将阀门 F1－1、F1－2 全开，将左上水箱出水阀门 F1－9、左下水箱出水阀门 F1－11 开至适当开度（要求 F1－9 开度稍大于 F1－11 的开度），其余阀门均关闭。

1. 智能仪表控制

（1）连接 SA－12 挂件、屏及计算机串口，并按本章实验 1 的实验图 3 连接实验系统。

（2）给压力变送器、变频器及智能仪表上电。

（3）打开“THKGK－3 智能仪表控制系统”工程，进入 MCGS 运行环境，在主菜单中单击“实验 2　双容（串联）水箱液位特性的测试”，进入其监控界面。

（4）将输出值设置为一个合适的值（一般为最大值的 50%～70%，不宜过大，以免水箱中水溢出）。

（5）启动变频器，调节智能仪表的输出量，使水箱液位处于某一平衡位置，记录此时的仪表输出值和液位值。

（6）液位平衡后，调节输出量使其有一个正（或负）阶跃增量的变化，水箱的液位离开原来的平衡位置，经过一段时间后进入新的平衡状态，记录此时的仪表输出值和液位值，双容水箱液位阶跃响应曲线将如实验图 9 所示。

（7）根据前面记录的液位和仪表输出值，计算 K 值，再根据实验图 8 中的曲线求得 T_1、T_2 值，写出对象的传递函数。

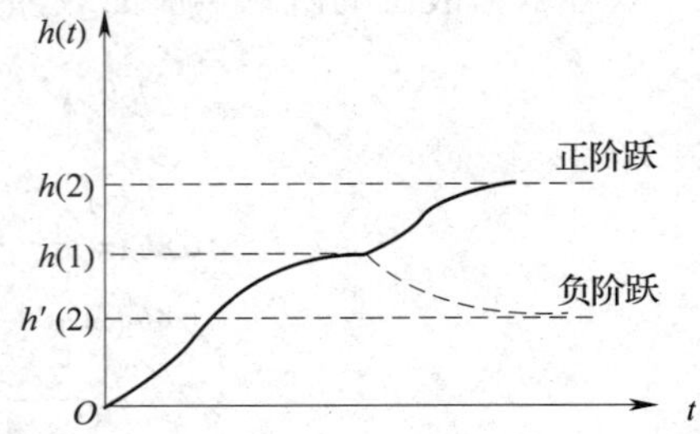

实验图 9　双容水箱液位阶跃响应曲线

2．远程数据采集控制

（1）连接 SA－22、SA－23 挂件、屏、计算机串口，并按照控制屏接线图 3（见实验图 10）连接实验系统。

（2）给压力变送器、变频器及远程数据采集模块上电。

（3）打开“远程数据采集系统”工程，进入 MCGS 运行环境，在主菜单中单击“实验 2 双容（串联）水箱液位特性的测试”，进入其监控界面。

（4）以下步骤参考前面“智能仪表控制”的步骤（4）～步骤（7）。

3．S7－200 PLC 控制

（1）连接 SA－42、S7－200 PLC 控制挂件、屏及计算机串口，并按照控制屏接线图 3（见实验图 10）连接实验系统。

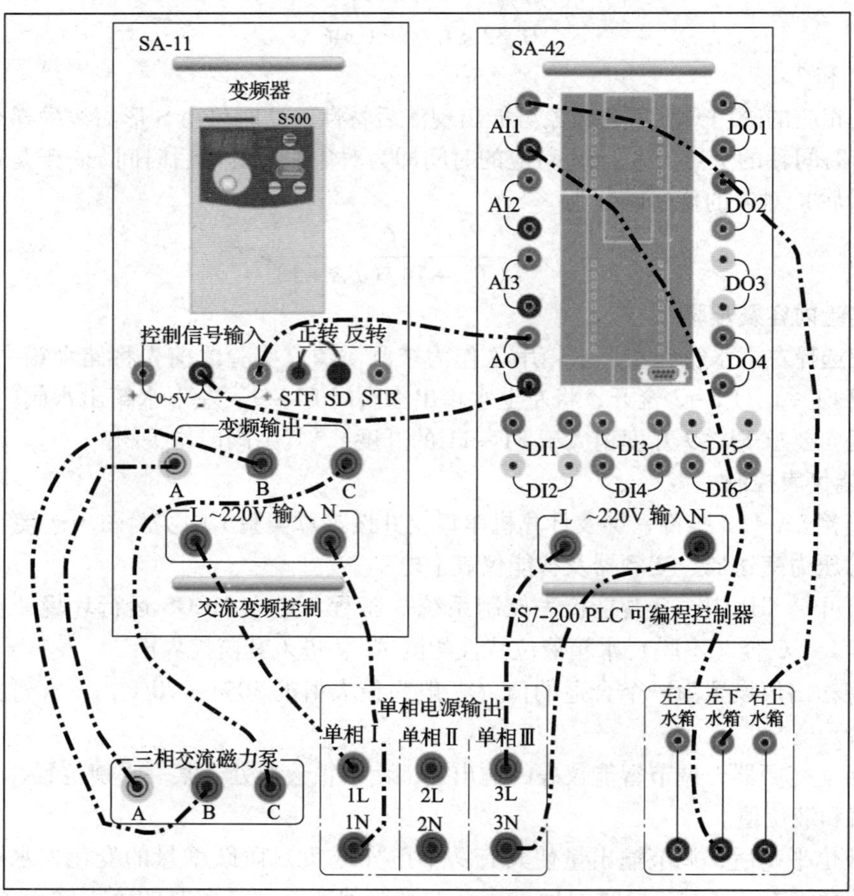

实验图 10　控制屏接线图 3

（2）给压力变送器、变频器及 PLC 上电。

（3）打开“S7－200 PLC 控制系统”工程，进入 MCGS 运行环境，在主菜单中单击“实验2　双容（串联）水箱液位特性的测试”，进入其监控界面。

（4）以下步骤参考前面“智能仪表控制”的步骤（4）～步骤（7）。

五、实验报告要求

1. 画出双容（串联）水箱液位特性测试实验的结构框图。
2. 根据实验得到的数据及曲线，分析并计算出双容水箱液位对象的参数及传递函数。
3. 综合分析几种控制方案的实验效果。

六、思考题

1. 做本实验时，为什么不能任意改变两个出水阀门开度的大小？
2. 用响应曲线法确定对象的数学模型时，其准确度与哪些因素有关？
3. 引起双容对象滞后的因素主要有哪些？

实验 3　双容（并联）水箱液位特性的测试（选做）

一、实验目的

1. 掌握双容（并联）水箱特性的阶跃响应曲线测试方法。
2. 根据由实验测得双容（并联）液位的阶跃响应曲线，确定其特征参数 K、T_1、T_2 及传递函数。
3. 掌握同一控制系统采用不同控制方案的实现过程。

二、实验设备及器材（同实验 1）

三、实验原理

双容（并联）水箱特性测试系统如实验图 11 所示。

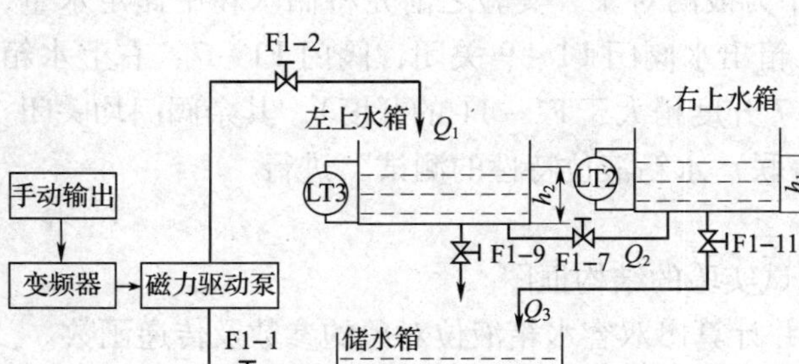

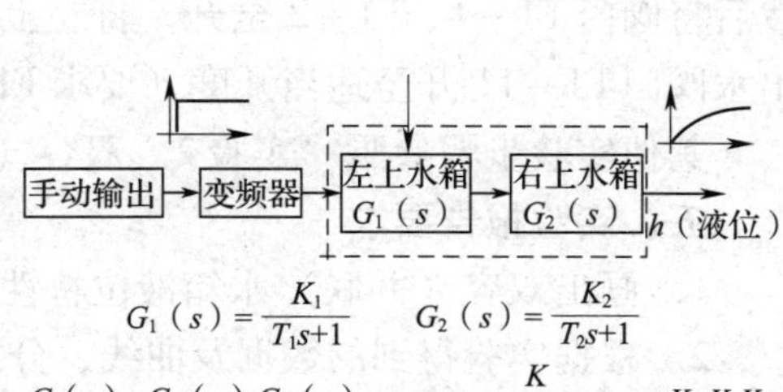

实验图 11　双容（并联）水箱特性测试系统

a）结构图　b）方框图

由实验图 11 可知，被测对象由两个不同容积的水箱并联组成，故称其为双容对象。自衡是指对象在扰动作用下，其平衡状态被破坏后，不需要操作人员或仪表等干预，依靠其自身重新恢复平衡的过程。根据实验 1 中单容水箱特性测试的原理，可知双容水箱数学模型是两个单容水箱数学模型的乘积，即双容水箱的数学模型可用一个二阶惯性环节来描述：

$$G(s) = G_1(s)\ G_2(s) = \frac{k_1}{T_1 s+1} \times \frac{k_2}{T_2 s+1} = \frac{K}{(T_1 s+1)(T_2 s+1)}$$

式中　K——双容水箱的放大系数，$K=k_1k_2$；

T_1、T_2——分别为两个水箱的时间常数，s。

本实验中被测量为右上水箱的液位，当左上水箱输入量有一阶跃增量变化时，双容水箱液位的阶跃响应曲线如实验图 12 所示。由图可知，左上水箱液位的响应曲线为一单调上升的指数函数（见实验图 12a）；而右上水箱液位的响应曲线则呈 S 形（见实验图 12b），即右上水箱的液位响应滞后了，它滞后的时间与阀 F1－7 和 F1－11 的开度大小密切相关。

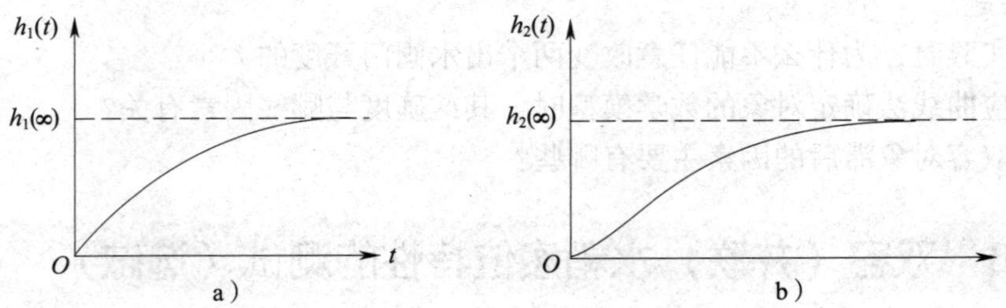

实验图 12　双容水箱液位的阶跃响应曲线

a）左上水箱液位　b）右上水箱液位

双容对象两个惯性环节的时间常数 T_1 和 T_2 的确定方法参照“实验 2　双容（串联）水箱液位特性的测试”。

对应的双容滞后（二阶滞后）对象的传递函数为：

$$G(s) = \frac{K}{(T_1 s+1)(T_2 s+1)} e^{-\tau s}$$

四、实验内容及步骤

本实验选择左上水箱和右上水箱并联作为被测对象。实验之前先将储水箱中储足水量，然后将阀门 F1－1、F1－2 全开，将左上水箱出水阀门 F1－9 关闭，阀门 F1－7、右上水箱出水阀门 F1－11 开至适当开度（要求 F1－7 开度稍大于 F1－11 的开度），其余阀门均关闭。

其他实验步骤参照“实验 2　双容（串联）水箱液位特性的测试”进行。

五、实验报告要求

1. 画出双容（并联）水箱液位特性测试实验的结构框图。
2. 根据实验得到的数据及曲线，分析并计算出双容水箱液位对象的参数及传递函数。
3. 综合分析多种控制方案的实验效果。

六、思考题

参照“实验 2　双容（串联）水箱液位特性的测试”。

第3章　常见过程测控仪表

学习目标

1. 了解过程测控仪表的组成，掌握过程测控仪表信号的标准。
2. 了解测量误差的基本概念，掌握常用数字滤波的方法。
3. 了解安全场所的划分和仪表防爆的基本知识。
4. 了解物位、成分等检测仪表的工作原理与使用。
5. 了解过程控制中软测量技术的基本概念。
6. 掌握过程测控仪表的几种接线方式，以及相互之间的区别。
7. 掌握热电偶、热电阻等温度检测仪表的使用，以及温度检测仪表的选型和安装。
8. 掌握常用压力、流量等检测仪表的工作原理以及选型和安装。

§3—1　测控仪表组成及接线方式

一、过程检测仪表的组成

过程检测仪表主要用于确定被控变量的当前值，一般包括传感器和变送器两部分，将变量检测基本过程细化如图3—1—1所示。

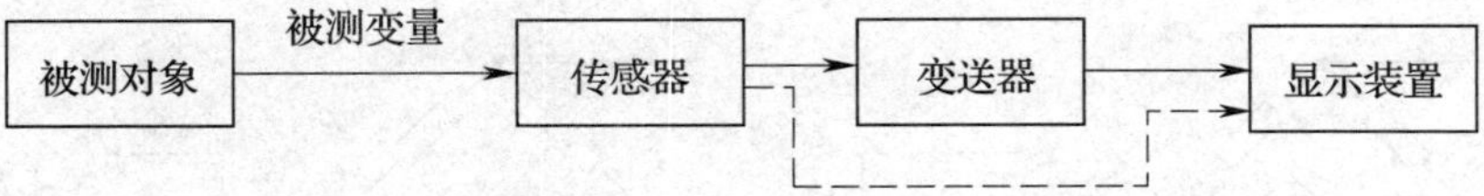

图3—1—1　变量检测的基本过程

1．传感器

传感器（含敏感元件）是检测仪表中的重要部件，它直接与被测对象发生关联（但不一定直接接触），感受被控参数的变化，并传送出与之相对应的电量或非电量信号。工程上通常也把这个过程称为一次测量，所用仪表称为一次仪表。

2．变送器

将传感器送来的检测信号进行转换、放大、整形和滤波等处理后，调制成相应的标准信号，并输出给控制器采样或进行模拟、数字显示，这部分电路称之为变送电路。标准信号是物理量的形式和数值范围都符合国际标准的信号，如直流电流4～20 mA，空气压力20～100 kPa都是当前通用的标准信号。其中直流电流4～20 mA可用于远距离3～5 km的传输。如果仅用于电气控制柜内的短距离传输，也可采用直流（DC）1～5 V。

工程上习惯将传感器后面的计量显示仪表称为二次仪表，有时也将传感器和变送电路统称为变送器。

二、过程检测仪表的接线方式

1. 电流二线制和四线制

电流二线制检测仪表的接线如图 3—1—2a 所示，电动模拟式过程检测仪表串入直流电源，该电源电压一般为 DC24 V。由于两根导线同时传送所需的电源和输出电流信号，因此线路简单，节省了电缆。电流四线制检测仪表的接线如图 3—1—2b 所示，电动模拟式过程检测仪表的电源与检测回路相互独立，分别采用一对导线传输。仪表的工作电源可为直流，也可为交流。

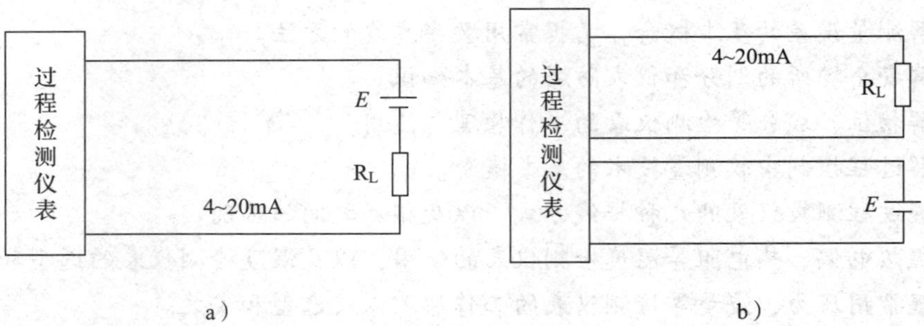

图 3—1—2 电流二线制、四线制检测仪表的接线

a）电流二线制 b）电流四线制

2. 电阻三线制

对于电阻型输入，如铜、铂热电阻，常采用三线制接线，有两种接线方式。

（1）接两根电桥线和一根电源线，如图 3—1—3a 所示。

（2）接三根电桥线，如图 3—1—3b 所示。

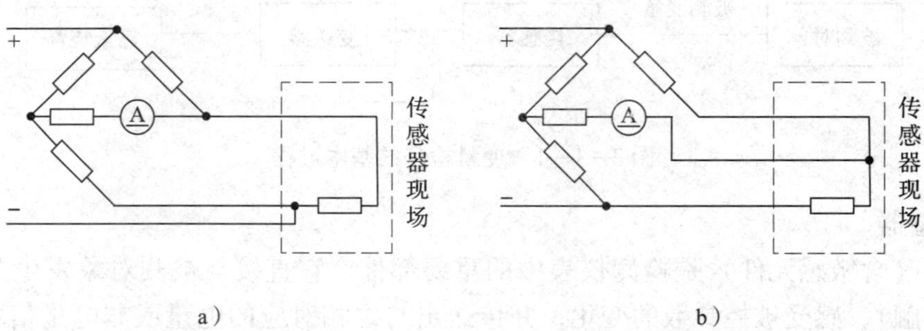

图 3—1—3 电阻三线制检测仪表的接线

a）接两根电桥线和一根电源线 b）接三根电桥线

由图 3—1—3 可知，若仅采用两根导线将热电阻接入电桥，将会由于远距离连接导线的电阻而引入误差。

3. 现场总线方式

现场总线是新近发展起来的一种通信协议方式，这里以数字式仪表中使用较多的 HART 协议为例。HART 是 Highway Addressable Remote Transducer 的缩写，具有 HART 通信协议的变送器可以在一条电缆上同时传输直流 4 ~ 20 mA 的模拟信号和数字信号。

HART 信号的传输基于 Bell 202 通信标准，采用频移键控（Frequency Shift Keying，FSK）方法，在直流 4 ~ 20 mA 基础上叠加幅值为 ± 0.5 mA 的正弦调制波作为数字信号，1 200 Hz 频率代表逻辑“1”，2 200 Hz 频率代表逻辑“0”。这种类型的数字信号通常称为 FSK 信号，如图 3—1—4 所示。

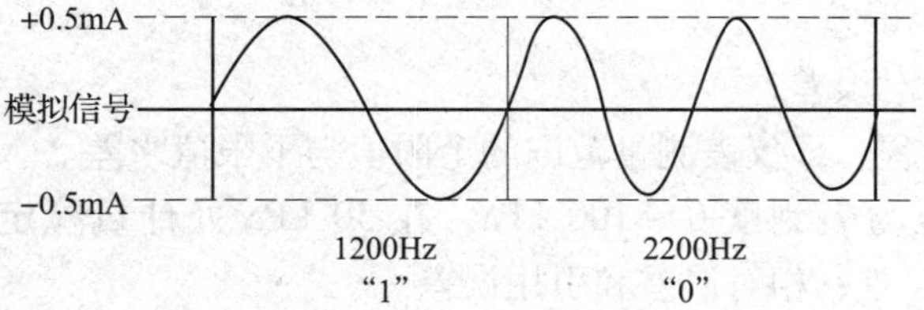

图 3—1—4　FSK 信号

由于数字 FSK 信号相位连续，其平均值为零，故不会影响直流 4 ~ 20 mA 的模拟信号。

HART 通信的传输介质为电缆线，通常单芯带屏蔽双绞电缆距离可达 3 000 m，多芯带屏蔽双绞电缆可达 1 500 m，短距离可以使用非屏蔽电缆。HART 协议一般可以有点对点模式、多点模式和阵发模式三种不同的通信模式。

§ 3—2　测量误差及处理

测量的最终目的是求得被测变量的真实值。测量值与真实值之间总是存在着一定的差别，这个差别就是测量误差。

一、测量误差的基本概念

1. 真值

被测变量本身所具有的真实值，称为真值，它是一个理想的概念，一般是无法得到的。所以在计算误差时，一般用约定真值或相对真值来代替。

约定真值是一个接近真值的值，它与真值之差可忽略不计。实际测量中以在没有系统误差的情况下，足够多次的测量值的平均值作为约定真值。相对真值是指当高一级标准器的误差仅为低一级的 1/20 ~ 1/3 时，可认为高一级的标准器表示值为低一级的相对真值。

2. 误差

绝对误差是指仪表输出信号所代表的被测值与被测参数真值之差。显然，绝对误差只能是被测值与约定真值或相对真值之差。即：

$$\Delta = M - A$$

式中　Δ——被测值的绝对误差值；

　　　M——约定真值或相对真值。

仪表绝对误差的求法是用精确度高的标准仪表和实用测量仪表，在相同的条件下，对同一参数进行测量，然后进行数据比较，这项工作就叫作仪表的校验。工业用仪表要定期进行校验，校验合格后才能投入使用。

绝对误差与约定真值的百分比，定义为仪表的相对误差，即：

$$\delta = \frac{\Delta}{A} \times 100\%$$

绝对误差与仪表量程的百分比，称为仪表的引用误差，即：

$$\delta_m = \frac{\Delta}{X} \times 100\%$$

式中 δ_m——仪表引用误差；

Δ——仪表的绝对误差；

X——仪表的量程，即仪表测量范围的上限值与下限值之差。

例 3—2—1 某压力表刻度 0 ~ 100 kPa，在 50 kPa 处计量检定值为 49.5 kPa，求在 50 kPa 处仪表的绝对误差、相对误差和引用误差。

解：仪表的绝对误差：$\Delta = 50 - 49.5 = 0.5$ kPa

仪表的相对误差：$\delta = \frac{0.5}{50} \times 100\% = 1\%$

仪表的引用误差：$\delta_m = \frac{0.5}{100} \times 100\% = 0.5\%$

此外，在仪表制造厂保证的条件下（包括温度、相对湿度、电源电压和安装方式等）仪表的误差，称为仪表的基本误差。相对应地，在非规定的参比工作条件下使用时另外产生的误差，称为仪表的附加误差。如电源波动附加误差，温度附加误差等。

3．精度等级

仪表的精度等级是衡量仪表准确程度的一个品质指标。常用引用误差作为判断精度等级的尺度。例如，在规定的使用条件下引用误差不超过量程的 ±0.5%，就用这个引用误差的百分数的分子作为等级标志，即 0.5 级。

精度等级又称准确度级，是按国家统一规定的允许误差大小划分成的等级。我国生产的仪表，其精度等级有 0.001、0.005、0.02、0.05、0.1、0.2、0.4、0.5、1.0、1.5、2.5、4.0 等。级数越小，精度（准确度）就越高。

通常，科学实验用的仪表精度等级在 0.05 级以上；工业检测用仪表多在 0.1 ~ 4.0 级，其中校验用的标准仪表多为 0.1 或 0.2 级，现场使用多为 0.5 ~ 4.0 级。

自动仪表的精度等级应根据工艺要求、产品质量指标、变量的重要程度等因素来合理选用。因为仪表精度越高，误差越小，但是仪表的使用维护要求也越高，价格也越贵，所以不能片面追求高精度。一般应在满足上述要求的前提下，同时考虑经济性原则来合理选取。通常构成控制回路的各种仪表的精度要求互相匹配。例如，记录仪表的的精度不应低于 1.0 级，指示仪表精度不应低于 1.5 级。

二、测量变送中的几个问题

1．纯滞后问题

由于测量元件安装位置不当及测量仪表本身特性等容易引入纯滞后，为了消除纯滞后的影响，应当合理选择测量元件及其安装位置，尽量减小纯滞后。

2．测量滞后问题

测量滞后主要是由测量元件本身的惯性造成的。在系统设计中可选用快速测量元件，一般选其时间常数为控制通道时间常数 1/10 以下为宜。要注意正确选择测量元件的安装位置，将其安装在被控参数变化较灵敏的位置，也可在测量变送器的输出端加入微分环节。

3. 信号传送滞后问题

这里主要是指气动仪表气压信号在管路传送过程中所造成的滞后，电动仪表不存在这方面的问题。克服信号传送滞后，可采取以下措施：

（1）尽量缩短气动信号传递管线，一般不能超过 300 m。

（2）应用气—电和电—气转换器，将气压信号变换为电信号传送。

（3）在气压管线上安装气动继电器，或用气动阀门定位器，以提高气压信号的传输功率，减小信号传送滞后。

三、测量信号的处理

测量信号的处理包括对测量信号进行线性化处理和滤波处理等。例如，对差压流量信号进行开平方处理，对热电偶信号进行折线化处理等，实现测量信号的线性化。而关于测量信号的滤波，可以采用模拟电路，如由运算放大器构成的低通、高通、带通或带阻滤波电路，也可以采用计算机构成的软件滤波算法来消除噪声（干扰）。

数字滤波是一种程序滤波，即利用计算机自身能够进行运算与判断的特点，通过计算机软件滤去干扰信号，以提高信号的真实性。采用数字滤波可以消除低频干扰。

一般常用的数字滤波方法有算术平均值滤波、程序判断滤波、中位值法滤波和一阶惯性滤波 4 种。

1. 算术平均值滤波

算术平均值滤波又称为递推平均滤波，它对周期性等幅振荡的干扰有较明显的滤波效果。其公式为：

$$\overline{Y} = \frac{1}{n}\sum_{i=1}^{n} X_i$$

式中 $\overline{Y}$——n 次采样的平均值，即滤波器的输出；

X_i——第 i 次的采样值，即滤波器的输入；

n——采样次数。

2. 程序判断滤波

当 $|X_i - X_{i-1}| < B$ 时，则 X_i 为输入计算机的采样值；当 $|X_i - X_{i-1}| \geqslant B$ 时，则将 X_{i-1} 采样值作为第 i 次采样值输入计算机。其中，X_{i-1} 为上次采样值；X_i 为本次采样值；B 为阈值，B 值的选择主要取决于对象被测参数的变化速度。

程序判断滤波可以有效滤除现场的随机干扰。

3. 中位值法滤波

连续采样三次以上的值，从中选择大小居中的那个值作为有效的测量信号，对某些变化速度不是太快的参数，为了去掉干扰脉冲，经常采用这种滤波方法。

4. 一阶惯性滤波

实质上是通过计算机的算法来实现动态的 RC 低通滤波。其传递函数为：

$$\frac{Y(s)}{X(s)} = \frac{1}{T_f s + 1}$$

式中 $Y(s)$ ——滤波器输出的拉普拉斯变换；

$X(s)$ ——滤波器输入的拉普拉斯变换；

T_f——滤波器的时间常数，s。

数字滤波要根据具体情况进行分析采用。在实际应用中，一般先对采样值进行程序判断滤波，然后再应用算术平均滤波或一阶惯性滤波等方法处理，以保证测量值的真实性。

§3—3 安全防爆基础

一、危险场所划分

在许多工业过程中，需要处理一些易燃材料，任何渗漏或溅出都可能形成爆炸环境。为了工厂和人员的安全，必须确保这个环境不会被点燃。含有这些易燃材料的场合通常被认为是危险场合，如原油及其衍生物、酒精、天然气和合成气、金属屑、炭尘、粉尘、浆料、晶粒、纤维及飞扬物等。它们与空气混合成为具有火灾或爆炸危险的混合物，使其周围空间成为具有不同程度爆炸危险的场所。安装在这类场所的检测仪表和执行器产生的火花如果具有点燃这些危险混合物的能量，则产生火灾或爆炸。

根据国际电工委员会（International Electrotechnical Commission，IEC）和相应的国家标准以及行业标准，根据可燃物质的形态、形成爆炸混合物的频度和爆炸混合物的持续时间，将危险区分为三类八级，见表3—3—1。

表3—3—1　　危险区分类说明

类别	级别	说明
气体和蒸汽爆炸危险环境	0区	连续地出现爆炸性气体环境，或预计会长期出现或频繁出现爆炸性气体的环境区域
	1区	在正常操作时，预计会周期性地（或偶然的）出现爆炸性气体的环境区域，也可能是短时存在的环境区域
	2区	在正常操作时，预计不会出现爆炸性气体的环境，即使出现爆炸性气体，也只是短时间存在的场所
粉尘爆炸危险环境	10区	连续地出现爆炸性粉尘混合物，或预计会长期出现或频繁出现爆炸性粉尘混合物的环境区域
	11区	有时会将积留下的粉尘扬起而偶然形成爆炸性粉尘混合物的环境区域
火灾危险环境	21区	具有闪点高于环境温度的可燃液体，在数量和配置上能引起火灾的危险区域
	22区	具有悬浮状、堆积状的可燃粉尘或可燃纤维，虽不能形成爆炸混合物，但在数量和配置上能引起火灾的危险区域
	23区	具有固体状可燃物质，在数量和配置上能引起火灾的危险区域

根据自燃温度 T 将易燃性气体或蒸汽混合物分为五组，即 a、b、c、d、e 组。其自燃温度分别为 450℃、300℃、200℃、135℃和 100℃。

为了确保电子设备在这些场合的安全使用，发展了隔爆型（d）、增安型（e）、本安型（i）、正压型（p）、油浸型（o）、充砂型（q）等多种防爆技术，每一种防爆方法的技术规范都由国际和国家的标准强制规定。不同的防爆技术适合不同的场合，需用不同的测量仪表。下面主要介绍常用的隔爆型和本安型。

1. 隔爆型

隔爆型防爆形式是把设备可能点燃爆炸性气体混合物的部件全部封闭在一个外壳内，其外壳能够承受通过外壳接合面或结构间隙渗透到外壳内部的任何可燃性混合物在内部引起的爆炸而不被损坏，并且不会引起外部由一种、多种气体或蒸汽形成的爆炸性环境的点燃，从而达到隔爆目的。隔爆型设备适用于 1、2 区场所。

2. 本安型

本安型防爆形式是设备内部的所有电路都是在标准规定条件（包括正常工作和规定的故障条件）下，产生的任何电火花或任何热效应均不能点燃规定的爆炸性气体环境的本质安全电路。

本安型是从限制电路中的能量入手，通过可靠的控制电路参数将潜在的火花能量降低到规定的可点燃气体混合物的能量以下，导线及元件表面发热温度限制在规定的气体混合物的点燃温度以下。

该防爆形式只能应用于弱电设备中，该类型设备适用于 0、1 或 2 区。

二、防爆安全栅

控制系统是由功能各异的多种仪表构成的，一部分是安装在安全区控制室内的非防爆型仪表，一部分是安装在危险区的安全防爆仪表，如电动仪表中的变送器、执行器和电气转换器等。两部分仪表经防爆安全栅连接，当两者距离较远时，还要采用分布参数较小的连接电缆。

安全栅安装在安全场所，作为控制室仪表和现场仪表的关联设备。一方面传输信号，另一方面将流入危险场所的能量控制在爆炸性气体或混合物的点火能量以下，当本安防爆系统的本安仪表发生故障时，安全栅能将串入到故障仪表的能量限制在安全值以内，从而确保现场设备、人员和生产的安全。

可见，从原理上讲，防爆安全栅是本安系统中连接本安设备与非本安设备的关联设备，用以限制进入危险场所设备的电能量，实现危险场所设备的防爆。它安装在安全场所，分齐纳式安全栅（齐纳栅）和隔离式安全栅（隔离栅）两种。

1. 齐纳式安全栅

齐纳式安全栅是通过快速熔断丝和限压、限流电路实现能量限制作用，使得在本安防爆系统中，不论现场本安仪表发生何种故障，都能保证传输到现场（危险区）的能量处于一个安全范围内（不会点燃规定的分级、分组爆炸性气体的混合物），从而保证现场安全。

2. 隔离式安全栅

隔离式安全栅分输入式安全栅（从现场到控制室）和输出式安全栅（从控制室到现场）两种。

输入隔离式安全栅接收变送器的输出电流，经调制变成交流方波信号，通过信号变压器耦合到安全侧，经解调放大还原为直流信号输出，实现电源隔离和危险侧输入信号与安全侧输出信号隔离。

输出隔离式安全栅安全侧的输入直流信号通过调制变成交流方波信号，经信号变压器耦合到危险侧，送入解调放大器，输出直流信号，实现安全侧输入信号与危险侧输出信号之间的隔离。在危险侧输入（或输出）信号端通过快速熔丝、限压电路及限流电路组成齐纳式限压限流电路，把通往现场的电压和电流限制在一个安全值内，以确保现场安全。

隔离式安全栅中使用较多的是隔离变压器式安全栅。输入电源经 DC/AC 变换器变成交流方波，再经电源耦合、整流滤波得到直流稳压电源，通过电流、电压限制电路，提供给现场的隔离电源。

与齐纳式安全栅相比，隔离式安全栅具有以下突出优点：

（1）隔离式安全栅通用性强，使用时不需要特别本安接地，系统可以在危险区或安全区认为合适的任何一方接地，使用十分方便。

（2）隔离式安全栅的电源、信号输入、信号输出均通过变压器耦合，实现信号的输入、输出完全隔离，使安全栅的工作更加安全可靠。

（3）隔离式安全栅由于信号完全浮空，大大增强了信号的抗干扰能力，提高了控制系统正常运行的可靠性。

§3—4　温度测量

温度是表征物体冷热程度的一个物理量，反映了物体内部分子运动平均动能的大小。温度高，表示分子动能大，运动剧烈；温度低，表示分子动能小，运动缓慢。

温标是将温度数值化的一套规则和方法，它同时确定了温度的单位。温标有起点、单位和方向。温标有华氏、摄氏及开氏温标（热力学温标）。华氏温标与摄氏温标之间的换算公式为：

$$t'\ (°\mathrm{F}) = \frac{9}{5}t\ (℃) + 32$$

一、接触式与非接触式测温

根据敏感元件与被测物体接触与否，可将温度检测方法分为接触式与非接触式两大类。接触式测温方法主要包括基于物体受热体积膨胀的膨胀式温度检测仪表，基于导体或半导体电阻随温度变化的热电阻式温度检测仪表，基于热电效应的热电偶式温度检测仪表等。接触式测温方法简单、可靠、准确度高，但测量时常伴有时间上的滞后，测温元件有时可能会破坏被测介质的温度场或与被测介质发生化学反应。另外，因受到耐高温材料的限制，测温上限有界。

非接触式测温方法利用的是物体的热辐射特性与温度之间的对应关系。辐射式测温一是要有一个热辐射源（被测对象）；二是有辐射能量传输通道，可以是大气、光导纤维或真空等；三是有接收和处理辐射信号的仪器。例如，用于测定 800℃以上高温和可见光范围的辐射式仪表有单色辐射光学高温计、全辐射高温计和比色高温计等。接收低温与红外线范围辐射信号则用红外测温仪、红外热像仪等。显然，这种测温方法的上限原则上不受限制，并且也不会破坏被测介质的温度场，误差小，反应速度快，但会受到被测物体热辐射率及环境因素（物体与仪表间的距离、烟尘和水汽等）的影响。

各种温度检测方法均有自己的特点与应用场合，现按接触式测温与非接触式测温的分类进行综合比较，表 3—4—1 所列为工业测温仪表的分类及测温范围。

表 3—4—1　　工业测温仪表的分类及测温范围

<table>
<tr><th>方式</th><th colspan="2">温度计类型</th><th>测温原理</th><th>测温范围/℃</th><th>主要特点</th></tr>
<tr><td rowspan="7">接触式</td><td rowspan="2">膨胀式温度计</td><td>固体膨胀式</td><td rowspan="2">利用液体（水银、酒精等）或固体（金属片）受热时产生热膨胀的特性测温</td><td rowspan="2">−200 ~ 600</td><td rowspan="2">结构简单，价格低廉，适用于就地测量</td></tr>
<tr><td>液体膨胀式</td></tr>
<tr><td rowspan="3">压力表式温度计</td><td>气体式</td><td rowspan="3">利用封闭在一定容积中的气体、液体或饱和蒸汽在受热时体积或压力变化的特性测温</td><td rowspan="3">−120 ~ 600</td><td rowspan="3">结构简单，具有防爆性，不怕振动，适宜近距离传送，时间滞后较大，准确度不高</td></tr>
<tr><td>液体式</td></tr>
<tr><td>蒸汽式</td></tr>
<tr><td colspan="2">热电阻温度计</td><td>利用导体或半导体电阻值随温度变化的特性测温</td><td>−270 ~ 900</td><td>准确度高，能远距离传送。适用于低、中温测量</td></tr>
<tr><td colspan="2">热电偶温度计</td><td>利用金属的热电效应测温</td><td>−200 ~ 1 800</td><td>测温范围广，准确度高，能远距离传送，适用于中、高温测量</td></tr>
<tr><td rowspan="3">非接触式</td><td rowspan="3">辐射式温度计</td><td>红外式</td><td rowspan="3">利用物体辐射能随温度变化的特性测温</td><td rowspan="3">700 以上</td><td rowspan="3">适用于不宜直接接触测温的场合，测温范围广，测量准确度受环境条件的影响</td></tr>
<tr><td>光学式</td></tr>
<tr><td>比色式</td></tr>
</table>

二、热电偶

热电偶测温方法使用极广，其主要优点是：测温准确度高；热电动势与温度在小范围内基本上呈单值、线性关系；稳定性和复现性较好；响应时间较快；测温范围宽，常用热电偶可测温度范围为 −50 ~ 1 600℃，若采用特殊材料时，测温范围可扩大为 −200 ~ 2 800℃。

热电偶是利用热电效应制成的温度传感器，分为标准热电偶和非标准热电偶两大类。所谓标准热电偶是指按国家规定定型生产、有标准化分度表和允许误差的热电偶。而非标准化热电偶主要用于特殊场合的测温。

工业上常用的标准热电偶有如下几种：铂铑$_{10}$—铂热电偶（分度号 S），铂铑$_{30}$—铂铑$_6$热电偶（也称双铂铑热电偶，分度号 B）和镍铬—镍硅（镍铬—镍铝）热电偶（分度号 K）等。

随着现代科学技术的发展，大量非标准化的热电偶也得到迅速发展，以满足某些特殊测温要求。例如，铠装式热电偶就是一种新型结构的快速热电偶，特别适合做温度控制系统中的测温元件。它将热电极、绝缘材料和金属保护套管加工成一个坚实的整体，经复合拉伸后形成一个很细、很长的热电偶，一般直径为 1 ~ 8 mm，最小可达 0. 2 mm，长度一般为 1 ~ 20 m，最长可达 100 m。通常不用补偿导线，直接接到显示仪表上。铠装热电偶与普通热电偶相比，具有体积小、准确度高、动态响应快、可靠性高及可挠性好等特点。其时间常数以 ϕ1 mm 的热电偶为例：露头型为 0. 01 s；接底型为 0. 1 s；绝缘型为 0. 2 s。

另外，还有薄膜式热电偶，采用真空蒸膜或化学涂层等制造工艺将两种热电极材料蒸镀到绝缘基板上，形成薄膜状热电偶，其热端接点极薄，为 0.01 ~ 0.1 μm。它适合于壁面温度的快速测量，测温范围一般在 300℃以下，反应时间为数毫秒。

1. 热电偶的主要特性

我国从 1988 年起，热电偶全部按 IEC 国际标准生产，并指定 S、B、K、T、E、J 等标准化热电偶为中国统一设计型号，现将其中使用较多的几类标准化热电偶的主要特性汇总在表 3—4—2 中。

表 3—4—2　　　　标准化热电偶的主要特性

热电偶名称	分度号	适用条件	等级	测温范围/℃	允许误差
铂铑$_{10}$—铂	S	适宜在氧化性气氛中测温；长期使用时测温范围为 0 ~ 1 300℃，短期使用最高可达 1 600℃；短期可在真空中测温	I	0 ~ 1 100 1 100 ~ 1 600	±1 ± [1 + (t − 1 100) ×0. 003]
			I	0 ~ 600 600 ~ 1 600	±1. 5 ± (0. 25%) ×t
铂铑$_{30}$—铂铑$_6$	B	适宜在氧化性气氛中测温；长期使用可达 1 600℃，短期测温最高为 1 800℃；稳定性好；自由端在 0 ~ 100℃内可不用补偿导线；可短期在真空中测温	I	600 ~ 1 700	± (0. 25%) ×t
			I	600 ~ 800 800 ~ 1 700	±4 ± (0. 5%) ×t
镍铬—镍硅 （镍铬—镍铝）	K	适宜在氧化及中性气氛中测温；测温范围为 − 200 ~ 1 300℃；可短期在还原性气氛中使用，但必须外加密封保护管	I	− 40 ~ 1100	±1.5 或 ± (0.4%) ×t
			I	− 40 ~ 1300	±2. 5 或 ± (0. 75%) ×t
			Ⅱ	− 200 ~ 40	±2. 5 或 ± (1.5%) ×t

续表

热电偶名称	分度号	适用条件	等级	测温范围/℃	允许误差
铜—铜镍（康铜）	T	适宜在 -200 ~ 400℃范围内测温；准确度高、稳定性好；测低温时灵敏度高；价格低廉	Ⅰ	-40 ~ 350	±0.5 或 ±（0.4%）×t
			Ⅰ	-40 ~ 350	±1 或 ±（0.75%）×t
			Ⅱ	-200 ~ 40	±1 或 ±（1.5%）×t
镍铬—铜镍（康铜）	E	适宜在各种气氛中测温；测温范围为 -200 ~ 900℃；稳定性好；灵敏度高；价格低廉	Ⅰ	-40 ~ 800	±1.5 或 ±（0.4%）×t
			Ⅰ	-40 ~ 900	±2.5 或 ±（0.75%）×t
			Ⅱ	-200 ~ 40	±2.5 或 ±（1.5%）×t
铁—铜镍（康铜）	J	适宜在各种气氛中测温；测温范围为 -40 ~ 750℃；稳定性好；灵敏度高；价格低廉	Ⅰ	-40 ~ 750	±1.5 或 ±（0.4%）×t
			Ⅱ	-40 ~ 750	±2.5 或 ±（0.75%）×t

2. 热电偶的冷端补偿

由热电偶测温原理可知，只有当其冷端温度保持不变时，热电动势才是被测温度的单值函数，即：

$$E(t, 0) = E(t, t_0) + E(t_0, 0)$$

也就是说，在应用热电偶测温时，只有将冷端温度保持为0℃，或者进行一定补偿修正才能得到准确的测量结果，并称之为热电偶冷端温度补偿。

在实际应用中，由于热电偶的工作端与冷端离得很近，而且冷端又暴露在空间中，易受到周围环境温度波动的影响，因而冷端温度难以保持恒定。当然也可以把热电偶做得很长，使冷端远离工作端，但是这样做会多消耗许多贵重金属材料。解决这个问题的途径如下：

（1）冰点槽法，即将冷端温度保持为0℃。

（2）对冷端温度进行修正，具体包括温度修正（$t = t' + kt$）和热电动势修正（查表法）。

（3）冷端温度自动补偿，包括电桥补偿法和 PN 结补偿法。

（4）采用导线补偿法，即用一种专用导线，将热电偶的冷端延伸出来，并称这种专用导线为补偿导线。

在使用热电偶补偿导线时，要注意型号相配，极性不能接错，热电偶与补偿导线连接端所处的温度不应超过100℃。在实际使用中，找到了适合于各种型号热电偶配用的补偿导线，具体见表3—4—3。

表3—4—3　　热电偶配用的补偿导线

热电偶名称	补偿导线			
	正极		负极	
	材料	颜色	材料	颜色
铂铑$_{10}$—铂（S）	铜	红	铜镍	绿
镍铬－镍硅（K）	铜	红	铜镍	蓝
镍铬－铜镍（E）	镍铬	红	铜镍	棕
铜－铜镍（T）	铜	红	铜镍	白

例3—4—1　用分度号为K的镍铬—镍硅热电偶测量温度，在没有采取冷端温度补偿的情况下，显示仪表指示值为500℃，而这时冷端温度为60℃。实际温度应为多少？如果热端温度不变，设法使冷端温度保持在20℃，此时显示仪表的指示值应为多少？

解：显示仪表指示值为500℃时，查阅相关手册可得此时显示仪表的实际输入电动势为20.64 mV，由于这个电动势是由热电偶产生的，即：

$$E(t,\ t_0)=20.64\ \text{mV}$$

同样，查表可得：

$$E(t_0,\ 0)=E(60,\ 0)=2.436\ \text{mV}$$

$$E(t,\ 0)=E(t,\ t_0)+E(t_0,\ 0)=20.64+2.436=23.076\ (\text{mV})$$

由$E(t,\ 0)=23.076$ mV查表，可得$t=557$℃，即实际温度为557℃。当热端为557℃，冷端为20℃时，由于$E(20,\ 0)=0.798$ mV，故有：

$$E(t,\ t_0)=E(t,\ 0)-E(t_0,\ 0)=23.076-0.798=22.278\ \text{mV}$$

由此电动势，查表可得显示仪表指示值应为538.4℃。

三、热电阻

由于在中、低温区热电偶输出的热电动势很小，因而对显示仪表及抗干扰措施的要求都较高。另外，在较低的温度区域内，冷端温度的漂移及环境温度的变化所引起的误差，相对来说也就更大，并且不易得到完全补偿。所以，在中、低温区使用热电阻比用热电偶作为测温元件时的测量准确度更高。

电阻温度计由热电阻、显示仪表和连接导线组成，利用某些导体或半导体的电阻值随温度的变化而改变的性质来测定温度。实验证明，大多数的金属导体在温度每升高1℃时，其电阻值约增加0.4%～0.6%，而具有负温度系数的半导体电阻值要减小3%～6%。

金属热电阻的电阻值和温度之间的关系一般可以近似表示为：

$$R_t=R_0\left[1+\alpha\ (t-t_0)\right]$$

式中 R_t——温度 t 时对应的电阻值；

R_0——温度 t_0（通常 $t_0=0$℃）时对应的电阻值；

α——温度系数。

半导体热电阻（也称热敏电阻）的阻值与温度之间的关系一般可以近似表示为：

$$R_t = Ae^{B/t}$$

式中 R_t——热敏电阻在温度 t 时对应的电阻值；

A、B——取决于半导体材料和结构的常数。

相比较而言，半导体热敏电阻温度系数更大，常温下阻值更高（通常在数千欧以上，但互换性较差，非线性严重，测温范围为 -50～300℃，大量用于家电和汽车等制造业中的温度检测。制造热敏电阻的材料多为锰、镍、铜、钛和镁等金属的氧化物，将这些材料按一定比例混合，经成形高温烧结而成热敏电阻。根据其温度系数可分为负温度系数（NTC）型、正温度系数（PTC）型和临界温度系数（CTR）型三种。三种类型热敏电阻的特性如图 3—4—1 所示，NTC 型热敏电阻常用于温度测量，PTC 型和 CTR 型在一定温度范围内阻值随温度而急剧变化，可用于特定温度点的检测。

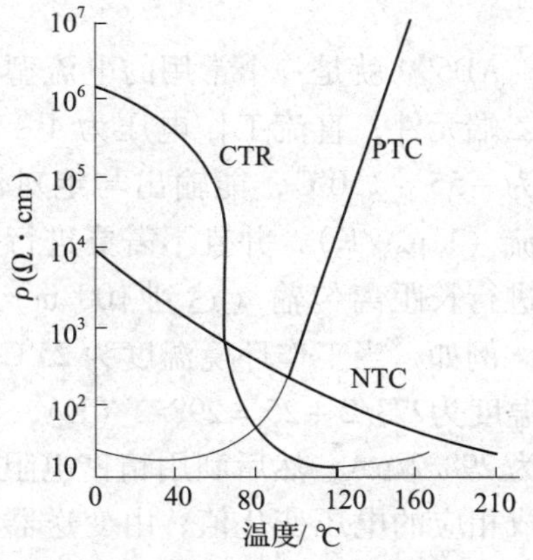

图 3—4—1　三种类型热敏电阻的特性

金属热电阻测温的最大特点是性能稳定、测量精度高，一般可在 -270～900℃范围内使用，在过程控制领域中使用广泛。

从电阻值随温度的变化来看，大部分金属导体都具有这种性质，但并不是都能用作测温热电阻。工业用热电阻金属材料的一般要求为电阻温度系数大；电阻率大；热容量小；在测温范围内具有稳定的物理和化学性能、良好的复制性以及电阻随温度的变化呈单值线性关系等特性。

目前世界上用作热电阻的材料主要有铂、铜及镍。我国镍储量较少，故只采用铂、铜两种金属热电阻。其中，铂热电阻精度高，适用于中性和氧化性介质，稳定性好，具有一定非线性，温度越高电阻变化率越小，价格较贵，测温范围为 -200～850℃；铜电阻在测温范围内电阻值和温度之间呈线性关系，温度系数大，适用于无腐蚀介质，超过 150℃易被氧化，价格便宜，测温范围为 -50～150℃。

常用的铂热电阻有 $R_0=10\ \Omega$ 和 $R_0=100\ \Omega$，它们的分度号分别标为 Pt10 和 Pt100；铜热电阻有 $R_0=50\ \Omega$ 和 $R_0=100\ \Omega$，它们的分度号分别标为 Cu50 和 Cu100。其中 Pt100 应用最为广泛。工业上常用金属热电阻的主要性能见表 3—4—4，表中电阻比 W_{100} 值越高，电阻纯度一般也越高。

四、集成式温度传感器

利用 PN 结的伏安特性与温度之间的关系研制的一种集成电路式固态传感器具有体积小、热惯性小、反应快、测温准确度高、稳定性好和价格低等特点。根据输出信号的不同可以分为电压型和电流型两种，电压型温度系数约 10 mV/K，电流型温度系数约1 μA/K。

表 3—4—4　　　　　　　　　　　　工业常用金属热电阻的主要性能

热电阻名称	代号	分度号	温度为零度时的电阻值 R_0/Ω		电阻比 $W_{100}=R_{100}/R_0$	
			名义值	允许误差	名义值	允许误差
铜热电阻	WZC	Cu50	50	±0.05	1.428	±0.002
		Cu100	100	±0.1		
铂热电阻	WZP	Pt10	10（0～850℃）	A 级 ±0.006 B 级 ±0.012	1.385	±0.001
		Pt100	100 （-200～850℃）	A 级 ±0.06 B 级 ±0.12		

AD590 就是一个常用的电流型集成式温度测量二端元件，直流工作电压为 4～30 V，测温范围为 -55～150℃，能输出与绝对温度成比例的电流（1 μA/K），并且不需要进行线性补偿，可以进行长距离传输（达到 100 m），使用非常方便。例如，当工作环境温度为 25℃时，相应的绝对温度为273.2 + 25 = 298.2（K），则对应输出电流为 298.2 μA，然后利用精密电阻可将该电流转换成相应的电压变化值，由变送器进行显示或者送给计算机系统进行 A/D 采样。该转换电路如图 3—4—2 所示，当调整 R_1，保证 $R_1+R_2=1\,000\ \Omega$ 时，则当 AD590 所测温度每变化1 K，其输出电压变化值为 1 mV。

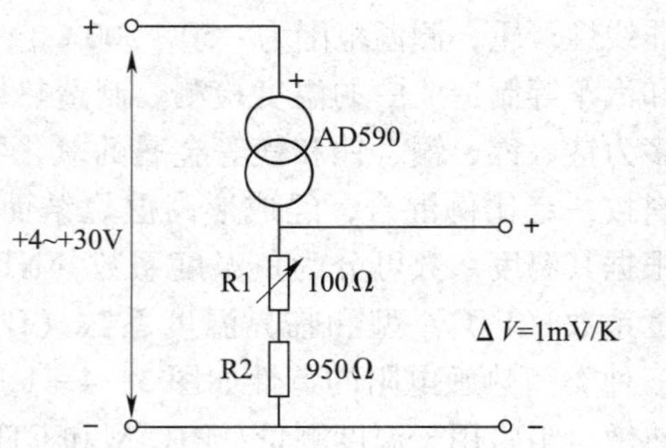

图 3—4—2　AD590 转换电路

DS18B20 是美国 DALLAS 公司生产的新型单总线数字温度传感器，供电电压为 3.0～5.5 V，测温范围为 -55～125℃，可以直接与计算机系统进行接口。分辨率默认为 12 位。读出数据或写入命令只需一根 I/O 端口线，以串行方式与微控制器通信，并进行 CRC 校验。该电路将半导体温敏器件、A/D 转换器、存储器等集成在一个很小的芯片上。一条单总线上可以挂接若干个数字温度传感器，每个传感器对应有一个唯一的地址编码。传感器直接输出的就是温度信号数字值，使用非常方便。

五、接触式测温元件的选型与安装

1. 接触式测温元件的选型

（1）仪表的精度等级应根据生产工艺对参数允许偏差值的大小确定。

（2）仪表选型应力求操作方便、运行可靠、经济合理等。在同一工程中，应尽量减小仪表的品种和规格差异。

（3）温度仪表的测量上限应选得比实际使用的最高温度略高一些，一般取实测最高温度为仪表上限值的 90%，而 30% 以下的刻度原则上最好不用。

（4）热电偶测温反应速度快，适用于远距离传送，并且便于与计算机连接，价格也低廉，故一般优先选用热电偶测温，只在测温范围低于 150℃时才选用热电阻。

（5）热电偶、补偿导线及显示仪表的分度号要一致。

（6）保护套管的耐压等级应不低于所在管线或设备的耐压等级，材料应根据最高使用温度及被测介质的特性来选择。

2. 接触式测温元件的安装

（1）在测量管道内流动介质温度时，应保证传感器与介质充分接触，要求传感器与被测介质成逆流状态安装，至少呈正交式安装，切勿与被测介质形成顺流状态。传感器的感温点应处于管道中流速最大的地方。

（2）为了减小测量误差，应尽可能增大传感器的插入深度。温度计应斜插或在管道弯头处插入。

（3）当测温管道过细（直径小于 80 mm）时，安装测温元件需加装扩充管。

（4）在安装热电偶及热电阻时，应使其接线盒的面盖朝上，以免雨水或其他污物渗漏而影响测量的准确性。

（5）安装在负压管道上的温度计，必须要保证良好的密封性，以防外界冷空气进入。

（6）用热电偶测量炉膛温度时，应避免与火焰直接接触，否则将使测量值偏高；还应避免把热电偶安装在炉门旁或与热物体距离过近之处。接线盒不应碰到被测介质的器壁，以免热电偶冷端温度过高。

§3—5 压力测量

压力是工业生产中的重要参数，如高压容器的压力超过额定值时便不安全，必须进行测量和控制。在某些工业生产过程中，压力还直接影响产品的质量和生产效率，如生产合成氨时，氮和氢不仅需在一定的压力下合成，而且压力的大小直接影响产量高低。此外，在一定的条件下，测量压力还可间接得出温度、流量和液位等参数。

所谓压力是指均匀而垂直作用于单位面积上的力，也就是物理学中的压强，用符号 P 表示。在国际单位制中，压力的单位是帕斯卡（简称帕，用符号 Pa 表示，1 Pa = 1 N/m²，它是中国的法定计量单位。但在工程上也使用其他一些压力单位，例如工程大气压、巴、毫米汞柱和毫米水柱等。表 3—5—1 给出了各种压力单位之间的换算关系。

表 3—5—1　各种压力单位之间的换算关系

单位	帕（Pa）	巴（bar）	毫米水柱（mmH_2O）	标准大气压（atm）	工程大气压（at）	毫米汞柱（mmHg）
帕（Pa）	1	1×10^{-5}	1.019716×10^{-1}	0.986923×10^{-5}	1.019716×10^{-5}	0.75006×10^{-2}
巴（bar）	1×10^{5}	1	1.019716×10^{4}	0.986 923	1.019 716	0.75006×10^{3}
毫米水柱（mmH_2O）	0.980665×10^{1}	0.980665×10^{-4}	1	0.967841×10^{-4}	1×10^{-4}	0.735559×10^{-1}
标准大气压（atm）	1.01325×10^{5}	1.013 25	1.033227×10^{4}	1	1.033 227	0.76×10^{3}
工程大气压（at）	0.980665×10^{5}	0.980 665	1×10^{4}	0.967 841	1	0.735559×10^{3}
毫米汞柱（mmHg）	1.333224×10^{2}	1.333224×10^{-3}	1.35951×10^{1}	1.31579×10^{-3}	1.35951×10^{-3}	1

由于参考点不同，在工程技术中流体的压力可分为以下几种：

（1）差压（又称压差）：两个压力之间的相对差值。

（2）绝对压力：相对于零压力（绝对真空）所测得的压力。

（3）表压力：绝对压力与当地大气压之差。

（4）负压（又称真空表压力）：当绝对压力小于大气压时，大气压与绝对压力之差。

（5）大气压：它是地球表面上的空气质量所产生的压力，大气压随当地的海拔高度、纬度和气象情况变化。

压力的表示方法有三种：绝对压力 p_a，表压力 p，负压或真空度 p_h，关系如图 3—5—1 所示。

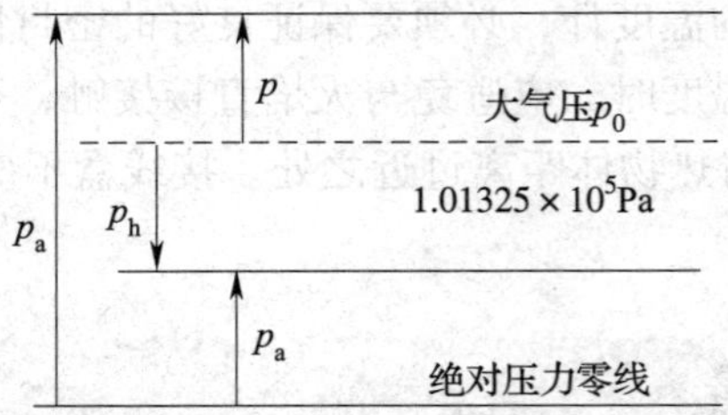

图 3—5—1　绝对压力、表压力、真空度的关系

由于在现代工业生产过程中测量压力的范围很宽，测量的条件和精度要求各异，所以压力检测仪表的种类很多，各类压力表的性能及应用场合见表 3—5—2。

表 3—5—2　　各类压力表的性能及应用场合

类别	液柱式压力表	弹性式压力表	活塞式压力表	电气式压力表
测量原理	根据流体静力学原理，把被测压力转换成液柱高度。如单管压力计、U形管压力计及斜管压力计等	根据弹性元件受力变形的原理，将被测压力转换成位移。如弹簧管式压力表、膜片（或膜盒式）压力表和波纹管式压力表等	根据液压机传递压力的原理，将被测压力转换成活塞上所加平衡砝码的重量。通常作为标准仪器对弹性压力表进行校验与刻度	将被测压力转换成电势、电容及电阻等电量的变化来间接测量压力。如应变片式压力计、霍尔片式压力计和热电式真空计等
主要特点	（1）结构简单，使用方便 （2）测量精度要受工作液毛细管作用、密度及视差等影响 （3）测压范围较窄，只能测量低压与微压 （4）若用水银为工作液，则易造成环境污染	（1）测压范围宽，可测高压、中压、低压、微压和真空度 （2）使用范围广，若添加记录机构、控制元件或电气转换装置，则可制成压力记录仪、电接点压力表、压力控制报警器和远传压力表等，供记录、指示、报警及远传等用 （3）结构简单、使用方便、价格低廉，但有弹性滞后现象	（1）测量精度高，可以达到 0.02%～0.05% （2）结构复杂，价格较高 （3）测量精度受温度、浮力与重力加速度的影响，故使用时应进行修正	（1）按作用原理不同，除前述种类外，还有振频式、压电式、压阻式和电容式等压力表 （2）根据不同形式，输出信号可以是电阻、电流、电压或频率等 （3）适用范围宽

续表

类别	液柱式压力表	弹性式压力表	活塞式压力表	电气式压力表
应用场合	用于测量低压与真空度，作为标准计量仪器	用于测量压力或真空度，可就地指示、远传、记录、报警和控制。还可测易结晶与腐蚀性介质的压力与真空度	作为标准计量仪器用于检定低一级活塞式压力表或检验精密压力表	用于远传、发信与自动控制，与其他仪表连用可构成自动控制系统，广泛应用于生产过程自动化，可测压力变化快、脉动压力、高真空与超高压场合

一、弹性式压力检测

弹性式压力表是利用各种弹性元件，在被测介质压力作用下产生弹性变形（服从胡克定律）的原理来测量压力的。工业上常用的弹性元件如图 3—5—2 所示。

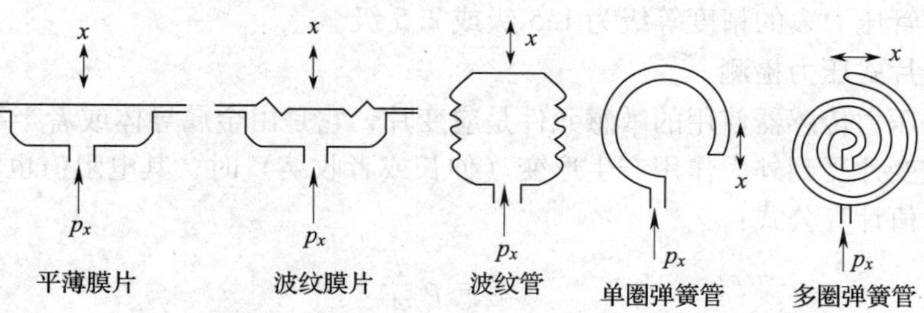

图 3—5—2　弹性元件

1. 膜片

膜片是一种沿外缘固定的片状圆形薄板或薄膜，按剖面形状可分为平薄膜片和波纹膜片。波纹膜片是一种压有环状同心波纹的圆形薄膜，其波纹数量、形状、尺寸和分布情况与压力测量范围及线性度有关。有时也可以将两块膜片沿周边对焊起来，形成一个薄膜盒子，两膜片内部充液体（如硅油），称为膜盒。

当膜片两边压力不等时，就会发生形变进而产生位移，当膜片位移很小时，位移与压力之间具有良好的线性关系，这就是利用膜片进行压力检测的基本原理。膜片受压力作用产生的位移，可直接带动传动机构进行指示。但是，由于膜片的位移较小，灵敏度低，指示准确度不太高，一般为 2.5 级。在更多的情况下，都是把膜片和其他转换环节结合起来使用，通常膜片和转换环节把压力转换成电信号，例如膜盒式差压变送器、电容式压力变送器等。

2. 波纹管

波纹管是一种具有同轴环状波纹，能沿轴向伸缩的测压弹性元件。当它受到轴向力作用时能产生较大的伸长或收缩位移，通常在其顶端安装传动机构，带动指针直接读数。波纹管的特点是灵敏度较高（特别是在低压区），适合检测低压信号（$\leqslant 10^6$ Pa），但波纹管时滞较大，测量精度一般只能达到 1.5 级。

3. 弹簧管

弹簧管是弯成圆弧形的空心管子（中心角 θ 通常为 270℃，其横截面积呈非圆形（椭圆或扁圆形）。弹簧一端是开口的，另一端是封闭的，单圈弹簧管结构示意如图 3—5—3 所示。

开口端作为固定端，被测压力从开口端接入到弹簧管内腔；封闭端作为自由端，可以自由移动。当被测压力从弹簧管的固定端输入时，由于弹簧管的非圆横截面，使它有变成圆形并伴有伸直的趋势，导致自由端产生位移并改变中心角 $\Delta\theta$。由于输入压力 P 与弹簧管自由端的位移成正比，所以只要测得自由端的位移量就能够反映出压力 P 的大小，这就是弹簧管测量压力的基本工作原理。

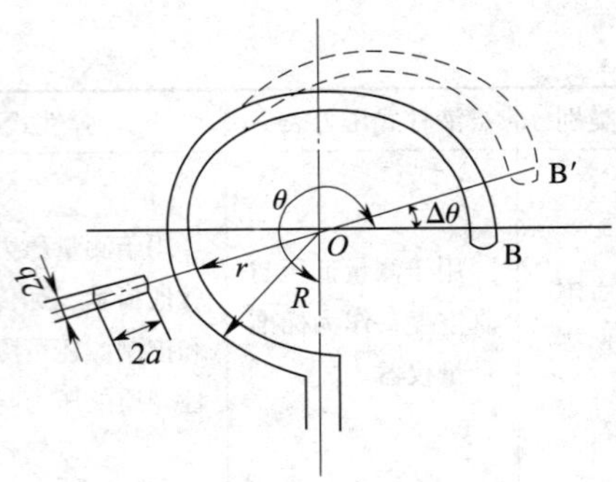

图 3—5—3　单圈弹簧管结构示意

弹簧管有单圈和多圈之分。单圈弹簧管的中心角变化量较小，而多圈弹簧管的中心角变化量较大，二者的测压原理是相同的。弹簧管可以通过传动机构直接指示被测压力，也可以用适当的转换元件把弹簧管自由端的位移变换成电信号输出。弹簧管压力表结构简单、使用方便、价格低廉、测量范围宽，应用十分广泛。一般的工业用弹簧管压力表的精度等级为 1. 5 级或 2. 5 级。

二、应变片式压力检测

应变片式压力传感器使用的敏感元件是应变片，它是由金属导体或者半导体材料制成的电阻体。当应变片受到外力作用产生形变（伸长或者收缩）时，其电阻值也将发生相应的变化。根据电阻值计算公式：

$$R = \rho \frac{l}{A}$$

可以求得，在应变片的测压范围内，其电阻值的相对变化量为：

$$\frac{\mathrm{d}R}{R} = \frac{\mathrm{d}\rho}{\rho} + \frac{\mathrm{d}l}{l} - \frac{\mathrm{d}A}{A}$$

可见，电阻值的相对变化量与应变系数成正比，也就是与被测压力之间具有良好的线性关系。

应变片一般要和弹性元件结合使用，将应变片粘贴在弹性元件上，当弹性元件受压形变时带动应变片也发生形变，其阻值发生变化，通过电桥输出测量信号。

由于应变片具有较大的电阻温度系数，会造成应变片电阻值随环境温度变化，所以必须考虑补偿措施。目前最常用的方法是采用两个或者四个以上静态性能完全相同的应变片，使它们处在同一电桥的不同桥臂上，实现温度的补偿。

如图 3—5—4a 所示为应变片式压力传感器的原理，图中应变片 r1、r2 的静态性能完全相同，r1 轴向粘贴，r2 径向粘贴。当膜片受到外力作用时，弹性筒轴向受压，使应变片 r1 产生轴向应变，阻值变小；而应变片 r2 受到轴向压缩，引起径向拉伸，阻值变大。实际上，r2 的变化量比 r1 的变化量要小，r2 的主要作用是温度补偿。

如图 3—5—4b 所示为应变片阻值变化量的测量电桥，图中 R3 和 R4 是两个阻值相等的精密固定电阻。由此可见，由于压力作用时，r_1 和 r_2 一减一增，使电桥有较大的输出；当环境温度发生变化时 r_1、r_2 同时增减，不影响电桥的平衡。如果仪表能把电桥输出电压 U_o 进一步转换为标准信号输出，则该仪表即可称为应变片式压力变送器。

应变片式压力检测仪表具有较大的测量范围，被测压力可达几百兆帕，并具有良好的动态性能，适用于快速变化的压力测量。但是，尽管测量电桥具有一定的温度补偿作用，应变片式压力检测仪表仍有比较明显的温漂和时漂，因此，这种压力检测仪表较多地用于一般要求的动态压力检测，测量精度一般为 0.5% ~1.0% 。

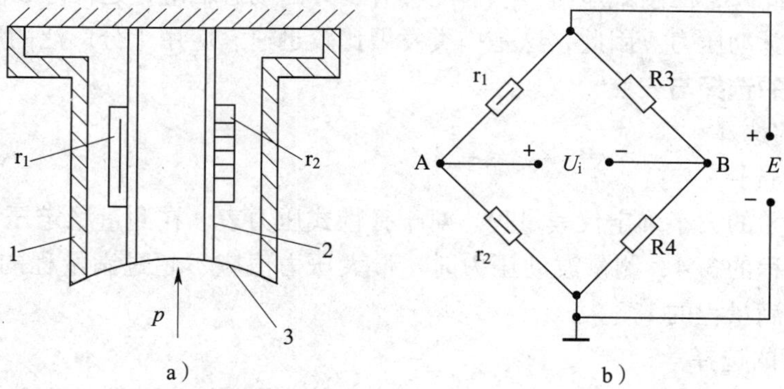

图 3—5—4　应变片式压力传感器示意

a）传感器　b）测量电桥

1—外壳　2—弹性筒　3—膜片

三、压阻式压力检测

压阻式压力传感器是根据压阻效应制造的，其压力敏感元件就是在半导体材料的基片上利用集成电路工艺制成的扩散电阻，当受到外力作用时，扩散电阻的阻值由于电阻率的变化而改变。

用作压阻式传感器的基片材料主要为硅片和锗片，由于单晶硅材料纯、功耗小、滞后和蠕变极小、机械稳定性好，而且传感器的制造工艺和硅集成电路工艺有很好的兼容性，以扩散硅压阻式压力传感器作为检测元件的压力检测仪表得到了广泛的应用。

如图 3—5—5 所示是压阻式压力传感器的结构示意图，其核心部分是一块圆形的单晶硅膜片，膜片上用离子注入和激光修正方法布置有 4 个阻值相等的扩散电阻，形成惠斯通电桥。单晶硅膜片用一个圆形硅杯固定，并将两个气腔隔开，一端接被测压力，另一端接参考压力（如接入低压或者直接通大气压）。

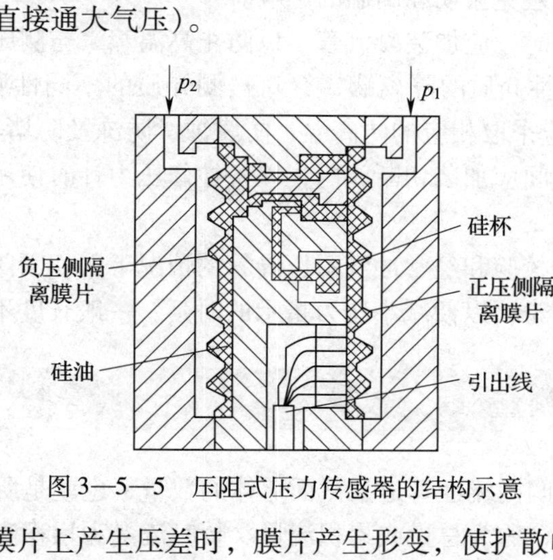

图 3—5—5　压阻式压力传感器的结构示意

当外界压力作用于膜片上产生压差时，膜片产生形变，使扩散电阻的阻值发生变化，电桥就会产生一个与膜片承受的压差成正比的不平衡输出信号。

压阻式压力传感器的主要优点是体积小、结构简单，其核心部分就是一个既是弹性元件又是压敏元件的单晶硅膜片。扩散电阻的灵敏系数是金属应变片的几十倍，能直接测量出微小的压力变化。此外，压阻式压力传感器还具有良好的动态响应，迟滞小，可用来测量几千赫兹乃至更高的脉动压力。因此，这是一类发展比较迅速、应用十分广泛的压力传感器。

四、压力表的选择与安装

1. 压力表的选择

（1）量程的选择

根据被测压力的大小确定仪表量程。对于弹性式压力表，在测量稳定压力时，最大压力值应不超过满量程的3/4；测量波动压力时，最大压力值应不超过满量程的2/3，最低测量压力值应不低于满量程的1/3。

（2）准确度的选择

根据生产允许的最大测量误差，以经济、实惠的原则确定仪表的准确度等级。一般工业用压力表选择1.5级或2.5级已足够，科研或精密测量选用0.05级或0.02级的精密压力计或标准压力表。

（3）使用环境及介质性能的考虑

根据环境条件的恶劣程度（如高温、腐蚀、潮湿和振动等）和被测介质的性能（如温度的高低、腐蚀性、易结晶、易燃和易爆等）来确定压力表的种类和型号。

（4）压力表外形尺寸的选择

一般应选用直径为150 mm的盘装压力表或矩形压力表。现场就地指示的压力表表面直径一般为100 mm，在标准较高或照明条件较差的场合选用表面直径为200～250 mm的压力表。

2. 压力表的安装

（1）测点的选择和安装必须保证仪表所测得的是介质的静压力。测点要选在前后有足够长的直管段上，取压管的端面要与生产设备连接处的内壁保持平齐，不应有凸出物或毛刺。

（2）安装地点应力求避免振动和高温的影响。

（3）在测量蒸汽压力时，应加装凝汽管，以防止高温蒸汽与测压元件直接接触；对于腐蚀性介质，应加装充有中性介质的隔离罐；针对被测介质的不同性质（高温、低温、腐蚀、脏污、结晶和黏稠等），应采取相应的防高温、防腐蚀、防冻及防堵等措施。

（4）测点与压力计之间应加装切断阀门，以备检修压力计时使用。切断阀门应安装在靠近测点的地方。

（5）在需要进行现场校验和经常冲洗引压导管的情况下，切断阀可改用三通开关。

（6）引压导管不宜过长，以便减小压力指示的时延，一般长度不大于50 m。

§3—6　流量测量

流量通常是指单位时间内流经管道某截面流体的数量，也就是所谓的瞬时流量。在某一段时间内流过流体的总和，称为总量或累积流量。瞬时流量和累积流量可以用体积表示，也可以用质量表示。

（1）体积流量。以体积表示的瞬时流量用 q_v 表示，单位为 m^3/s；以体积表示的累积流量用 Q_v 表示，单位为 m^3。根据上述定义，体积流量可用下式表示，即：

$$q_v = \int_0^A Av\mathrm{d}A = \bar{v}A$$

$$Q_v = \int_0^A q_v \mathrm{d}t$$

式中　v——截面 A 中某一微元面积 $\mathrm{d}A$ 上的流速；

$\bar{v}$——截面 A 上的平均流速。

（2）质量流量。以质量表示的瞬时流量用 q_m 表示，单位为 kg/s；以质量表示的累积流量用 Q_m 表示，单位为 kg。根据上述定义，质量流量可用下式表示，即：

$$q_m = \rho q_v$$

$$Q_m = \rho Q_v$$

式中　ρ——液体的密度。

（3）标准状态下的体积流量。由于气体是可压缩的，流体的体积会受工作状态的影响，为了便于比较，工程上通常把工作状态下测得的体积流量换算成标准状态（温度为20℃，压力为一个标准大气压）下的体积流量。标准状态下的体积流量用 q_{vn} 表示，单位为 m^3/s。

流量测量仪表种类繁多，其测量原理、结构特性、适用范围以及使用方法等各不相同。按测量原理不同，可将流量仪表划分为容积式、速度式和差压式三类。常见流量仪分类见表3—6—1。

表 3—6—1　常用流量仪分类

分类	原理	常用流量计
容积式	利用机械测量元件把流体连续不断地分隔成单位体积并进行累加而计量出流体总量的仪表	如腰轮流量计、椭圆齿轮流量计、刮板流量计和活塞流量计等
速度式	以测量管道内或明渠中流体的平均速度来求得流量的仪表	如涡轮流量计、涡街流量计、电磁流量计和超声流量计等
差压式	利用伯努利方程的原理测量流量的仪表。它可以输出差压信号来反映流量的大小	如节流式流量计、均速管流量计、楔形流量计、弯管流量计和质量流量计等

一、容积式流量计

容积式流量测量是采用固定的小容积来反复计量通过流量计的流体体积。所以，容积式流量计内部必须具有构成一个标准体积的空间，通常称其为“计量空间”或“计量室”。这个空间由仪表壳的内壁和流量计转动部分一起构成。

容积式流量计的工作原理为：流体通过流量计，就会在流量计进出口之间产生一定的压力差。流量计的转动部分在这个压力差作用下将产生旋转，并将流体由入口排向出口。在这个过程中，流体一次次地充满流量计的计量空间，然后又不断地送往出口。

在给定流量计条件下，该计量空间的体积是确定的，只要测得转子的转动次数，就可以得到通过流量计的流体体积的累积值。

设流量计的计量空间体积为 V（m^3），一定时间内转子转动次数为 N，则在该时间内流过的流体体积为：

$$V_{\Sigma} = NV$$

容积式流量计具有对上游流动状态变化不敏感、测量准确度高、可用于高黏度液体、并直接得到流体累积量等特点。在石油、化工和食品等工业过程中得到了广泛应用。

容积式流量计属于比较准确的一类流量计，为了适应生产中对流量测量的各种不同介质和不同工作条件的要求，主要分为椭圆齿轮式、腰轮式、螺杆式、刮板式和活塞式等多种形式。图 3—6—1 所示为椭圆齿轮型容积流量计（也称奥巴尔容积流量计）的工作示意图。

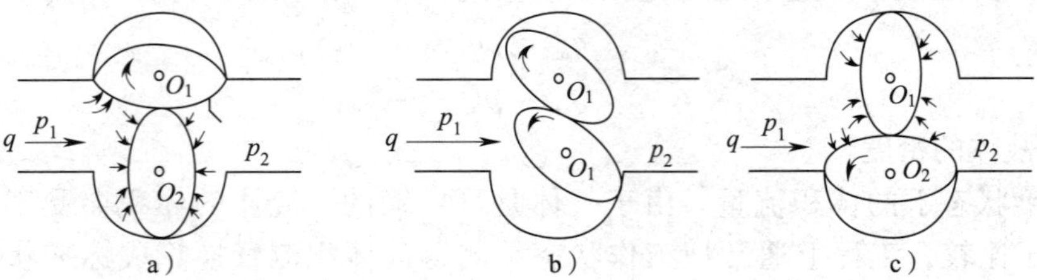

图 3—6—1　椭圆齿轮型容积流量计工作示意图

a）上主下从　b）均衡　c）上从下主

由图 3—6—1 可见，该流量计由两个椭圆齿轮相互啮合进行工作，p_1 表示流量计进口流体压力；p_2 表示出口流体压力，显然压力 $p_1 > p_2$。在图 3—6—1a 中，下面转子虽然受到流体的差压作用，但不产生旋转力矩，而上面齿轮在两侧差压作用下产生旋转力矩而转动。由于两个齿轮相互啮合，故各自以 O_1 和 O_2 为轴心按箭头方向旋转，同时上面的齿轮将半月形计量空间的流体排向出口。在此状态时，上齿轮为主动轮，下齿轮为从动轮。在图 3—6—1b 位置时，两个齿轮均在流体差压作用下产生旋转力矩，并在该力矩作用下沿箭头方向继续旋转，转变到如图 3—6—1c 所示位置。这时，齿轮位置与图 3—6—1a 相反，下齿轮为主动轮，上齿轮为从动轮。下齿轮在进出口流体差压作用下旋转，又一次将它与壳体之间的半月形计量空间中的流体排出。如此连续不断，椭圆齿轮每转一周，就排出 4 份计量空间流体体积。因此，只要读出齿轮的转数，就可以计算出排出液体的量。

二、速度式流量计

1．涡轮流量计

涡轮流量计是一种速度式流量仪，它利用置于流体中的叶轮旋转角速度与流体流速成比例的关系，通过测量叶轮的转速来反映通过管道的体积流量大小，是目前流量仪表中比较成熟的高精度仪表。涡轮流量计由涡轮流量传感器和流量显示仪表组成，可实现瞬时流量和累积流量的测量。传感器输出的与流量成正比的脉冲频率信号可以远距离传送给显示仪表，便于进行流量的显示。本类仪表适用于轻质成品油、石化产品等液体和空气、天然气等低黏度流体介质，通常用于流体总量的测量。

涡轮式流量检测方法是以动量矩守恒原理为基础，如图 3—6—2 所示，流体冲击涡轮叶片，使涡轮旋转，涡轮的旋转速度随流量的变化而变化，通过涡轮外的磁电转换装置可将涡轮的旋转转换成电脉冲。

涡轮流量计安装方便，磁电感应转换器与叶片间不需密封和齿轮传动机构，因而测量精度高，可达到0.5级以上；基于磁电感应的转换原理，使涡轮流量计具有较高的反应速度，可测脉动流量；流量与涡轮转速之间呈线性关系，量程比一般为10:1，主要用于中小口径的流量检测。但是，涡轮流量计仅适用于洁净的被测物质，通常要求在涡轮前安装过滤装置；流量计前后需有一定的直管段长度，以使流向比较稳定，一般流量计上、下侧直管段的长度要求在10D和50D（D为管道内径）以上；流量计的转换系数一般是在常温下用水标定的，当介质的密度和黏度发生变化时须重新标定或进行补偿。

2. 漩涡（涡街）流量计

漩涡流量计是利用流体振动原理来进行流量测量的，即在特定的流动条件下，流体一部分动能产生流体振动，且振动频率与流体的流速（或流量）有一定关系。这种流量计可分为自然振荡的卡门漩涡分离型和流体强迫振荡的漩涡进动型两种。前者称为涡街流量计，后者称为旋进漩涡流量计。漩涡流量计输出与流量成正比的脉冲信号，可以广泛用于液体、气体和蒸汽的流量测量。

涡街流量计把一个漩涡发生体（如圆柱体、三角柱体等非流线型对称物体）垂直插在管道中，当流体绕过漩涡发生体时会在其左右两侧后方交替产生旋转方向相反的漩涡，形成涡列，犹如街道旁的路灯，故又有“涡街”之称，如图 3—6—3 所示。

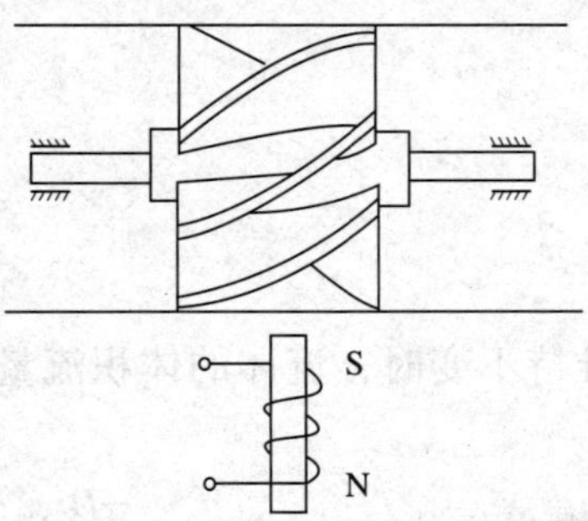

图 3—6—2　涡轮式流量检测原理

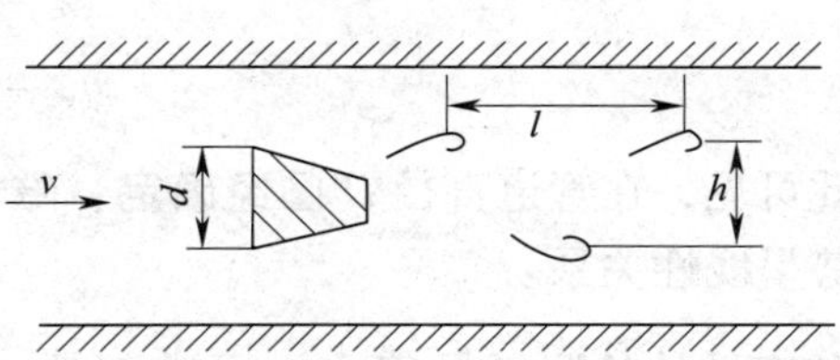

图 3—6—3　漩涡的形成原理

由于漩涡之间相互影响，漩涡列一般是不稳定的。实验证明，当两列漩涡之间的距离和同列的两个漩涡之间的距离 l 满足公式 $h/l=0.281$ 时，涡街是稳定的。此时漩涡的频率 f 与流体的平均速度 v 及漩涡发生体的宽度 d 有如下关系，即：

$$f = S_t \frac{v}{d}$$

其中，S_t 为斯特劳哈尔数，它主要与漩涡发生体宽度 d 和流体雷诺数有关。在雷诺数为5 000 ~ 150 000 的范围内，S_t 基本上为常数，而漩涡发生体宽度 d 也是定值，因此，漩涡产生的频率 f 与流体的平均流速 v 成正比。所以，只要测得漩涡的频率 f，就可以得到流体的流速 v，进而可求得体积流量 q_v。

一般来说，涡街流量计输出信号（频率）不受流体物性和组分变化的影响，仅与漩涡发生体形状和尺寸以及流体的雷诺数有关。其特点是管道内无可动部件，压损较小，精确度约为±（0.5% ~1%），量程比可达 20:1 或更大。但是，涡街流量计不适用于低雷诺数的情况，对于高黏度、低流速及小口径的使用有限制，流量计安装时要有足够的直管段长度，上下游的直管段分别不少于 20D 或 5D（D 为管道内径），应尽量杜绝振动。

3. 电磁流量计

电磁流量计是根据法拉第电磁感应定律进行流量测量的，它可以检测具有一定电导率的酸、碱、盐溶液，腐蚀性液体以及含有固体颗粒的液体，但不能检测气体、蒸汽和非导电液体的流量。

电磁式流量检测原理如图3—6—4所示，当导电的流体在磁场中以垂直方向流动而切割磁感线时，就会在管道两边的电极上产生感应电动势，其大小与磁场的强度、流体的速度和流体垂直切割磁感线有效长度成正比，即：

$$E_x = KBDv$$

式中 E_x——感应电动势，V；

K——比例系数；

B——磁场强度，I；

D——管道内径，m；

v——垂直于磁感线的流体流动速度，m/s。

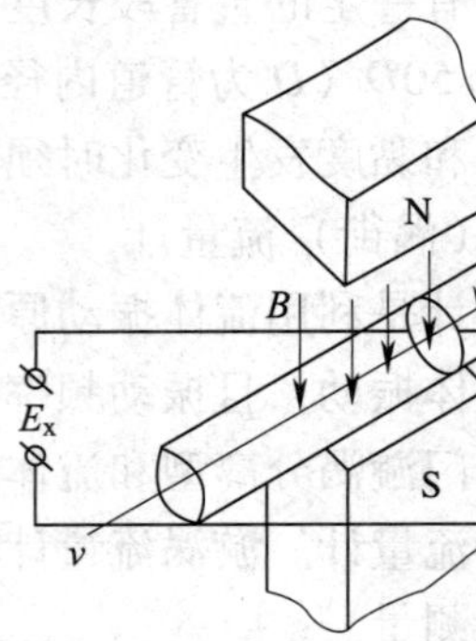

图3—6—4　电磁式流量检测原理

而体积流量 q_v 与流速 v 之间的关系为：

$$q_v = \frac{\pi D^2}{4} v$$

将 $E_x = KBDv$ 带入上式，可得：

$$q_v = \frac{\pi D}{4BK} E_x$$

由此可见，在管道直径 D 已经确定、磁场强度 B 维持不变时，流体的体积流量与磁感应电动势呈线性关系。

电磁流量计的测量导管内无可动部件，因而压力损失极小。由式 $q_v = \frac{\pi D}{4BK} E_x$ 可以看出，流量计的输出电流与体积流量呈线性关系，且不受液体的温度、压力、密度及黏度等参数的影响。电磁流量计反应迅速，可以测量脉动流量；其量程比一般为10∶1，准确度较高的量程比可达100∶1。电磁流量计的测量口径范围很大，可以从1 mm到2 m以上，测量准确度一般优于0.5级。但是电磁流量计要求被测流体必须是导电的，且被测流体的电导率不能小于水的电导率。另外，由于衬里材料的限制，电磁流量计的使用温度一般为0～200℃；因电极是嵌装在测量导管上的，这也使最高工作压力受到一定的限制。

电磁流量计在安装时还要注意以下几个问题。

（1）电磁流量计既可以水平安装，也可以垂直安装，但要求被测液体充满管道。

（2）电磁流量计的安装现场要远离外部磁场，以减小外部干扰。

（3）电磁流量计前后管道有时带有较大的杂散电流，一般要将流量计前后1～1.5 m处和流量计外壳连接在一起，共同接地。

（4）前后要有足够长的直管段，一般上下游的直管段分别不少于5D和3D（D为管道内径）。

4．超声波流量计

超声波在流体中传播时，会载有流体流速的信息。因此，通过接收穿过流体的超声波就可以检测出流体的流速，从而换算成流量。一般来说，超声波流量计可用来测量体积流量值，并且由超声波换能器、电子线路及流量显示和累积系统三部分组成。超声波换能器将电能转换为超声波能量，将其发射并穿过被测流体，接收器接收到超声波信号，经电子线路放大并转换为代表流量的电信号，供显示和计算。超声波流量计具有以下主要特点。

（1）适用于大管径、大流量测量。

（2）对介质无特别要求，超声波流量计不仅可以测量液体、气体，甚至对双相介质的流体流量也可以测量；由于采用非接触式测量方式，所以没有压力损失，并且可以测量强腐蚀性、非导电性和放射性的流体流量。

（3）超声波流量计的流量测量准确度几乎不受被测流体温度、压力、密度和黏度等参数的影响。

（4）超声波流量计的测量范围较宽，一般可达 20:1。

设超声波在静止流体中的传播速度为 c，流体的速度为 v，声波发送器和接收器之间的距离为 l。超声波测速原理如图 3—6—5 所示，若在管道上安装两对方向相反的超声波换能器，则声波从超声波发生器 T_1、T_2 到接收器 R_1、R_2 所需的时间分别为：

$$t_1 = l/(c+v),\quad t_2 = l/(c-v)$$

二者的时间差为：

$$\Delta t = t_1 - t_2 = 2lv/(c^2 - v^2) \approx 2lv/c^2$$

可见，当声速 c 和传播距离 l 已知时，只要测出声波的传播时间差 Δt，就可以求出流体的流速 v，进而可求得流量值。

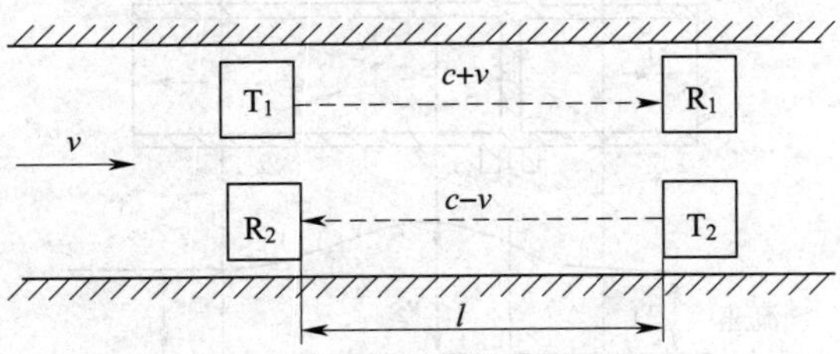

图 3—6—5　超声波测速原理

超声波流量计的换能器一般都斜置在管壁外侧，不用破坏管道，不会对管道内流体的流动产生影响，特别适合于大口径管道的液体流量检测。

除上述速度差法测量外，还有超声波频差法和多普勒法测量流体的流量。

三、差压式流量计

1．节流式流量计

节流式流量计是目前工业生产过程中最成熟、最常用的流量测量方法之一。如果在管道中安置一个固定的阻力件，中间开一个比管道截面积小的孔，当流体流过该阻力件时，由于流体流束的收缩而使流速加快、静压力降低，其结果是在阻力件前后产生一个较大的压差。压差的大小与流体流速的大小有关，流速越大，压差也越大，因此，只要测出压差就可以推算出流速，进而可以计算出流体的流量。

流体流过阻力件使流束收缩导致压力变化的过程称为节流过程，其中的阻力件称为节流件，并且分标准型和特殊型两种。标准节流件包括标准孔板、标准喷嘴和标准文丘里管，如图 3—6—6 所示。对于标准节流件，在设计计算时都有统一的标准规定、要求和计算所需的有关数据及程序，安装和使用时不必进行标定。特殊节流件主要用于特殊介质或特殊工况条件的流量检测，必须用实验方法单独标定。

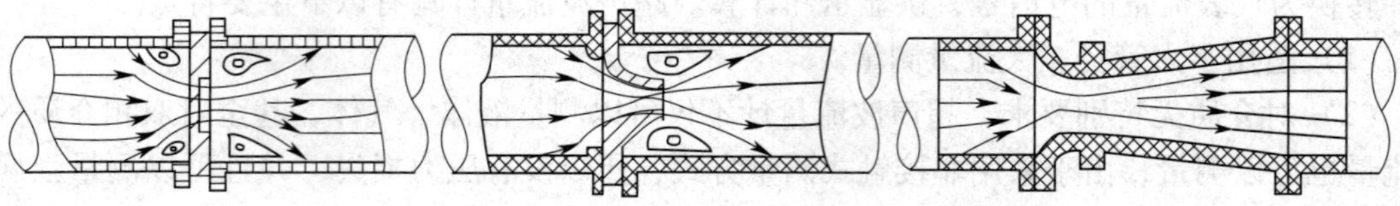

图 3—6—6　标准节流件

a）标准孔板　b）标准喷嘴　c）标准文丘里管

目前最常用的节流件是标准孔板，所以在以下的讨论中主要以标准孔板为例介绍节流式流量检测的原理、设计以及实现方法。

（1）节流原理

流动流体的能量有两种形式：静压能和动能。流体由于有压力而具有静压能，又由于有流动速度而具有动能，这两种形式的能量在一定条件下是可以相互转化的。

设稳定流动的流体沿水平管流经节流件，在节流件前后将产生压力和速度的变化。标准孔板的压力、流速分布如图 3—6—7 所示。

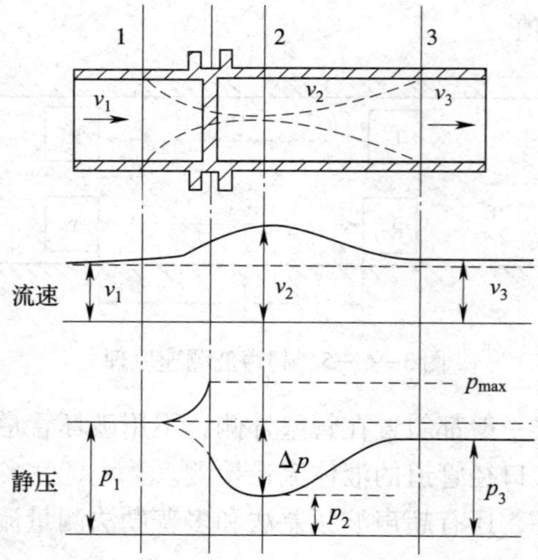

图 3—6—7　标准孔板的压力、流速分布

在截面 1 处流体不受节流件影响，流束充满管道，流体的平均速度为 v_1，静压力为 p_1；流体接近节流装置时，由于遇到节流装置的阻挡，使一部分动能转化为静压能，出现节流装置入口端面靠近管壁处流体的静压力升高至最大 p_{max}；流体流经节流件时，导致流束截面的收缩，流体流速增大，由于惯性的作用，流束截面经过节流孔以后继续收缩，到截面 2 处达到最小，此时流速最大为 v_2，静压力 p_2 最小；随后，流体的流束逐渐扩大，到截面 3 以后

完全复原，流速恢复到原来的数值，即 $v_3=v_1$，静压力逐渐增大到 p_3。由于流体流动产生的涡流和流体流经节流孔时需要克服的摩擦力，导致流体能量的损失，所以在截面 3 处的静压力 p_3 不能恢复到原来的数值 p_1，而产生永久的压力损失。

（2）伯努利方程

伯努利方程实际上就是能量守恒定律在运动流体中的具体应用。可以证明，当无黏性正压流体在有外力的作用下做定常运动时，其总能量（位置势能、压力能和流体动能之和）沿流线是守恒的。

对于不可压缩液体，伯努利方程可表示如下：

$$gz+\frac{p}{\rho}+\frac{v^2}{2}=\text{常数} \quad \text{或} \quad z+\frac{p}{\rho g}+\frac{v^2}{2g}=z+\frac{p}{\gamma}+\frac{v^2}{2g}=\text{常数}$$

式中 g——重力加速度，m/s^2；

z——垂直位置高度，m；

p——流体的静压力，Pa；

ρ——流体密度，kg/m^3；

v——流体的平均流速，m/s；

γ——流体重度，N/m^3。

“$gz+\frac{p}{\rho}+\frac{v^2}{2}=$常数”的左边三项表示单位质量流体的位置势能、压力能和流体动能。整个式子表示单位质量流体的总能量沿流线守恒。当然，其总能量可以不同。而“$z+\frac{p}{\rho g}+\frac{v^2}{2g}=z+\frac{p}{\gamma}+\frac{v^2}{2g}=$常数”的形式具有明显的几何意义，左边第一项代表流体质点所在流线的位置高度，称为位势头；第二项相当于液柱底面压力为 p 时液柱的高度，称为压力头；第三项代表流体质点在真空中以初速度沿直线向上运动所能达到的高度，称为速度头。其位势头、压力头和速度头之和沿流线不变。

将伯努利方程用于流量测量领域时，位置高度往往变化很小或基本不变，所以，不可压缩流体的伯努利方程可简化为：

$$\frac{p}{\rho}+\frac{v^2}{2}=\text{常数} \quad \text{或} \quad \frac{p}{\gamma}+\frac{v^2}{2g}=\text{常数}$$

以上两式说明不可压缩流体在流动过程中，流速增加必然导致压力的减小；相反，流速减小也必然导致压力的增加。

（3）节流装置的流量方程

节流装置的流量方程是在假定所研究的流体是理想流体、并在一定条件下根据伯努利方程和连续性方程推导出来的，并需对不符合假设条件的影响因素进行修正。

如图 3—6—7 所示取两个截面，截面 1 是流束收缩前的截面，截面 2 是流束最小截面。根据不可压缩理想流体的伯努利方程 $\frac{p_1}{\rho_1}+\frac{v_1^{\ 2}}{2}=\frac{p_2}{\rho_2}+\frac{v_2^2}{2}$ 和连续性方程 $A_1v_1=A_2v_2$，对于不可压缩流体，其密度 ρ 为常数，即 $\rho_1=\rho_2=\rho$，可以推得：

$$v_2=\frac{1}{\sqrt{1-\mu^2\beta^4}}\sqrt{\frac{2}{\rho}(p_1-p_2)},\quad \beta=\frac{d}{D}=\sqrt{\frac{A_0^2}{A_1^2}}$$

式中 p_1、p_2——截面 1 和截面 2 处的静压力，Pa；

v_1、v_2——截面 1 和截面 2 处的平均流速，m/s；

ρ_1、ρ_2——截面 1 和截面 2 处的流体密度，kg/m^3；

μ——流束收缩系数（$A_2=\mu A_0$），大小与节流件的形式及流动状态有关；

A_1、A_2——截面 1 和截面 2 处管道流体流通面积，m^2；

A_0——节流孔面积，m^2；

β——节流装置的直径比；

d，D——节流件的开孔直径，m，管道内径，m。

事实上，由于实际流体中的摩擦和黏性，会造成流动损失，以上两式中有关系数必须进行修正。另外，对于可压缩流体，不再满足 $\rho_1=\rho_2$，因此必须对式 $v_2=\frac{1}{\sqrt{1-\mu^2\beta^4}}\sqrt{\frac{2}{\rho}(p_1-p_2)}$ 进一步修正，从而将这两种情况统一起来。根据上述流速公式最终推得可压缩流体的统一流量方程为：

$$q_v = \alpha\varepsilon A_0\sqrt{\frac{2}{\rho}\Delta p}$$

$$q_m = \alpha\varepsilon A_0\sqrt{2\rho\Delta p}$$

式中 α——流量系数；

ε——可膨胀性系数；

A_0——节流件的开孔面积，m^2；

ρ——节流装置前的流体密度，kg/m^3；

Δp——节流装置前后实际测得的压差，Pa。

流量系数 α 主要与节流装置的形式、取压方式、流体的流动状态和管道条件等因素有关。因此，α 是一个影响因素复杂的综合性参数，也是节流式流量计能否准确测量流量的关键所在。对于标准节流装置，α 值可以从有关手册中查出；对于非标准节流装置，α 值由实验确定。

可膨胀性系数 ε 用来校正流体的可压缩性。对于不可压缩性流体，$\varepsilon=1$；对于可压缩性流体，则 $\varepsilon<1$。具体应用时可以查阅有关手册。

2. *浮子式流量计*

浮子式流量计主要由一个向上扩张的锥形管和一个置于锥管中可以上下自由移动的浮子组成，如图 3—6—8 所示。流量计的两端通过法兰连接或螺纹连接的方式垂直地安装在测量管路上，使流体自下而上地流过流量计，推动浮子。在稳定工况下，浮子悬浮的高度 h 与通过流量计的体积流量之间有一定的比例关系。所以，可以根据浮子的位置直接读出通过流量计的流量值，或通过远传信号方式将流量信号（即浮子的位置信号）远传给二次仪表显示和记录。

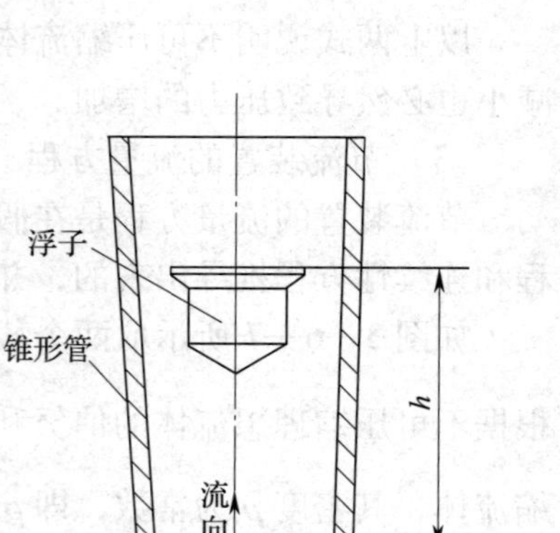

图 3—6—8 浮子式流量计基本结构

为了使浮子在锥形管中移动时不碰到管壁，通常采用两种方法：一种方法是在浮子上开几条斜的槽沟，流体流经浮子时，作用在斜槽上的力使浮子绕流束中心旋转以保持浮子工作时居中和稳定；另一种方法是在浮子中心加一导向杆或使用带棱筋的玻璃锥管起导向作用，使浮子只能在锥形管中心线上下运动，保持浮子的稳定性。

浮子式流量计中浮子的平衡条件是：

$$V(\rho_t - \rho_f)g = \Delta pA$$

式中 V——浮子的体积，m^3；

ρ_t、ρ_f——分别为浮子和流体的密度，kg/m^3；

g——重力加速度，m/s^2；

Δp——浮子前后的压差，Pa；

A——浮子的最大截面积，m^2。

浮子和锥形管间的环隙面积相当于节流式流量计的节流孔面积，但它是变化的，并与浮子高度呈近似的线性关系，因此，浮子流量计的流量公式可以表示为：

$$q_v = \phi h\sqrt{\frac{2}{\rho_f}\Delta p} = \phi h\sqrt{\frac{2V(\rho_t - \rho_f)g}{\rho_f A}}$$

式中 ϕ——仪表常数；

h——浮子浮起的高度，m。

上面所介绍的浮子式流量计只适用于就地指示。对配有电远传装置的浮子式流量计，可以把反映流量大小的浮子高度 h 转换成电信号，传送到其他仪表进行显示、记录或控制。

浮子式流量计主要有以下几个方面的特点：

（1）浮子式流量计主要适用于检测中小管径、较低雷诺数（判断流体在管道内流动状态的一个无量纲数）的中小流量。

（2）流量计结构简单，使用方便，工作可靠，仪表前直管段长度要求不高。

（3）流量计的基本误差约为仪表量程的 ±2%，量程比可达 10:1。

（4）流量计的测量准确度易受被测介质密度、黏度、温度、压力、纯净度及安装质量等的影响。

3. 质量流量计

目前，质量流量的检测方法主要分为三类，见表 3—6—2。

表 3—6—2　　质量流量的检测方法

类别	检测原理
直接式	检测元件的输出直接反映出质量流量
间接式	同时检测出体积流量和流体的密度，或同时用两个不同的检测元件检测出两个与体积流量和密度有关的信号，通过运算得到质量流量
补偿式	同时测量出流体的体积流量、温度和压力信号，根据密度和温度、压力之间的关系，求出工作状态下的密度，进而与体积流量组合，换算成质量流量

如图 3—6—9 所示的是较为成熟的、基于科里奥利力的质量流量检测方法。图中演示实验将充水的软管（水不流动）两端悬挂，使中间段下垂成 U 形，静止时，U 形的两管处于同一平面，并垂直于地面，左右摆动时，两管同时弯曲，仍然保持在同一曲面，如图 3—6—9a 所示。

若将软管与水源相接，使水从一端流入，另一端流出，如图 3—6—9b、图 3—6—9c 所示。当 U 形管受到外力作用而左右摆动时，它将发生弯曲，但扭曲的方向总是出水侧的摆动要早于入水侧。随着流量的增加，这种现象变得更加明显，这说明出水侧摆动的相位超前于入水侧更多。这就是科里奥利力质量流量检测的基本工作原理，它是利用两管的摆动相位差来反映流经该 U 形管的质量流量。

利用科里奥利力构成的质量流量计有直管、弯管、单管和双管等多种形式。但目前应用最多的是双弯管型，如图 3—6—10 所示。两根金属 U 形管与被测管路由连通器相接，流体按箭头方向分由两路弯管通过。在 A、B、C 三处各安装有一组压电换能器，在换能器 A 处外加交流电压产生交变力，使两个 U 形管彼此一开一合地振动，在 B 和 C 处分别检测两管的振动幅度。B 位于进口侧，C 位于出口侧。根据出口侧相位超前于进口侧的规律，C 处输出的交变电信号超前于 B 处一个相位差，此相位差大小与质量流量成正比。若将这两个交流信号相位差经过电路进一步转换成直流 4 ~ 20 mA 的标准信号，就成为质量流量变送器。

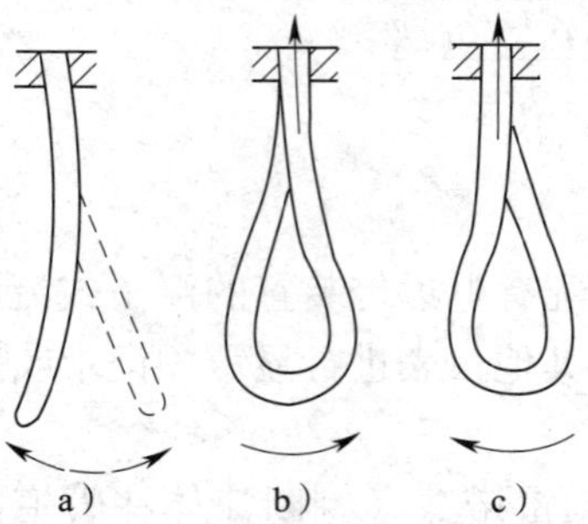

图 3—6—9　基于科里奥利力的质量流量检测方法

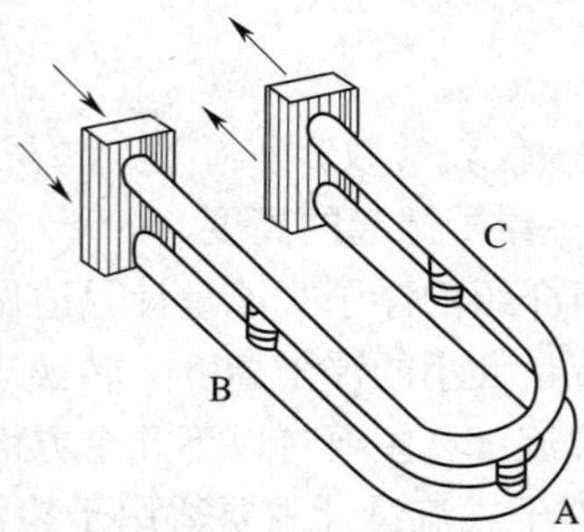

图 3—6—10　双弯管型科里奥利力质量流量计

四、多相流体的流量测量

多相流体就是在流体流动中不是单相物质，而是有两种或两种以上不同相物质同时存在并一起运动。因此，两相流动可能是液相和气相的流动、液相和固相的流动或固相和气相的流动。也有气相、液相和固相三相混合物的流动，如气井中喷出的流体以天然气为主，但也包含一定数量的液体和泥沙。

两相流体流量可分为两种：一种为两相混合物流量，即两相流体的总流量；另一种为各相的流量，各相流量之和就等于两相混合物流量。要确定各相流量，不仅需要测定两相混合物流量，还需要测定两相中任一相在混合物中的含量。以气液两相流为例，要确定气相或液相的质量流量就需要测定气液混合物的质量流量 q_m 和气相的流量质量含量 β_{Gm}。气相的流量质量含量等于气相质量流量 q_G 与气液混合物质量流量 q_m 之比。因此，$q_G = q_m\beta_{Gm}$，而液相质量流量 $q_L = q_m - q_G$。所以要对气液两相流流量进行完整的测量，一般需要测定两个参数，即气液混合物流量 q_m 和气相的质量流量含量 β_{Gm}。有些流量计（如电磁流量计、超声波流量计）的输出信号仅是体积流量，在用来测量两相流时，若知道轻相和重相的密度和流量体积比，则可计算出混合物平均密度，进而计算混合物和各相质量流量。

在实际的工程应用中，由于测量需要的多样性，有时只需测量两相混合物的质量流量或体积流量，有时只需测量轻相或重相的质量流量或体积流量。如湿蒸汽中的气相，油水混合物中的油。当然有时因测量装置的局限性或经济上的原因，只测量两相流中的部分参数。液体及其蒸汽或组分不同的气体及液体一起流动的现象称为气液两相流。前者称为单组分气液两相流，后者称为多组分气液两相流。气液两相流在动力、化工和石油等工业设备中是常见的，在流动时气相和液相之间存在多种流动结构。另外，热电厂锅炉用煤粉的流量测量是气固两相流测量问题，即气体带着煤粉颗粒流动，在流动的过程中，由于气体和煤粉颗粒密度不同，所以煤粉颗粒会被分离出来。

由于多相流体的流量测量非常复杂，目前还是一些研究课题，有时需要根据具体情况采取相应的措施，才能求得相应的流量值。这里就不再深入讨论。

§3—7 物位测量

物位是指存放在容器或工业设备中物质的高度或位置。如液体介质液面的高度称为液位；液体—液体或液体—固体的分界面称为界位；固体粉末或颗粒状物质的堆积高度称为料位。液位、界位及料位的测量统称为物位测量。物位测量仪表（简称物位仪）是测量液态和粉粒状材料的液面和装载高度的工业自动化仪表。

物位仪种类很多，常用的有直读式液位计、差压式物位仪、浮力式液位计、电容式物位仪、超声波式物位仪和核辐射式物位仪等。此外，还有电触点式、翻板式和机械叶轮探测式等物位测量仪表。

一、浮力式液位测量

浮力式液位测量是利用浮力原理测量液位的。它利用漂浮于液面上的浮子升降位移反映液位变化，或利用浮子浮力随液位浸没高度变化而变化。前者称为恒浮力法，后者称为变浮力法。

采用恒浮力式液位测量时，若液位上升，浮子被浸没的体积增加，因此浮子所受浮力增加，使原有平衡关系被破坏，浮子向上移动，直到重新满足平衡关系为止，浮子停留在新的液位高度上。反之亦然，因而实现了浮子对液位的跟踪。这种方法实质上是通过浮子把液位的变化转换为机械位移的变化。

变浮力式液位测量原理如图 3—7—1 所示，将一个截面相同、重力为 W 的圆筒形金属浮筒悬挂在弹簧上，浮筒的重力被弹簧的弹性力所平衡。当浮筒的一部分被液体浸没时，由于受到液体的浮力作用而使浮筒向上移动，当弹性力达到平衡时，浮筒停止移动，此时满足以下关系：

$$cx = W - AH\rho g$$

式中 c——弹簧刚度，N/m；

x——弹簧压缩位移，m；

A——浮筒的截面积，m^2；

H——浮筒被液体浸没的高度，m；

ρ——被测液体密度，kg/m^3；

g——重力加速度，m/s^2。

当液位变化时，由于浮筒所受浮力发生变化，浮筒的位置也要发生变化。如液位升高 ΔH，则浮筒要向上移动 Δx，此时的平衡关系为：

$$c(x - \Delta x) = W - A(H + \Delta H - \Delta x)\rho g$$

以上两式相减便得到：

$$c\Delta x = A\rho g(\Delta H - \Delta x)$$

$$\Delta x = \frac{A\rho g}{c + A\rho g}\Delta H = K\Delta H$$

由此可知，浮筒产生的位移 Δx 与液位变化 ΔH 成比例。如图 3—7—1 所示，在浮筒的连杆上安装了一个铁芯，通过差动变压器便可以输出相应的电信号，显示出液位的数值。

二、静压式液位测量

静压式液位测量的方法是通过测得液柱高度产生的静压来实现液位测量的。其原理如图 3—7—2 所示，设 p_A 为密封容器中 A 点的静压（气相压力），p_B 为 B 点的静压，H 为液位高度，ρ 为液体密度。根据流体静力学原理可知，A、B 两点的压力差为：

$$\Delta p = p_B - p_A = H\rho g$$

如果图 3—7—2 中的容器为敞口容器，则 p_A 为大气压，上式可改写为：

$$p = p_B = H\rho g$$

式中 p_B——B 点的表压力，Pa。

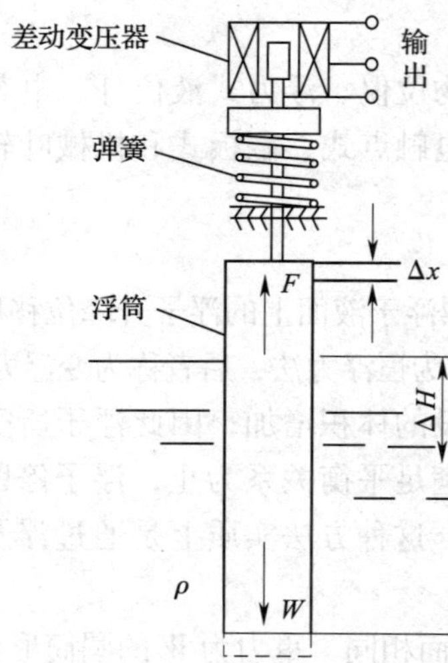

图 3—7—1 变浮力式液位测量原理示意图

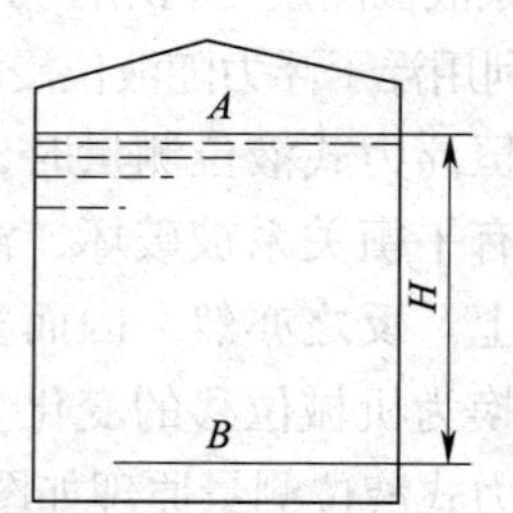

图 3—7—2 静压式液位测量原理示意图

由以上两式可知，液体的静压力是液位高度和液体密度的函数，当液体密度为常数时，A、B 两点的压力或压力差与液位高度有关。因此，可以通过测量 p 或 Δp 实现液位高度的测量。这样，液位高度的测量就转变为液体的静压测量，凡是能测量压力或差压的仪表，只要量程合适均可用于液位测量。

三、电容式物位测量

电容式物位计是基于圆筒电容器原理工作的。如图 3—7—3a 所示，由两个同轴圆柱极板组成的电容器，设极板长度为 l，内、外电极的直径分别为 d 和 D，当两极板之间填充介电常数为 ε_1 的介质时，两极板间的电容为：

$$C = \frac{2\pi\varepsilon_1 L}{\ln(D/d)}$$

当极板之间一部分介质被介电常数为 ε_2 的另一种介质填充时，如图 3—7—3b 所示，两种介质不同的介电常数将引起电容值发生变化。设被填充的物位高度为 H，可推导出相应的电容变化量 ΔC 为：

$$\Delta C = \frac{2\pi(\varepsilon_2 - \varepsilon_1)H}{\ln(D/d)} = KH$$

当电容器的几何尺寸和介电常数 ε_1、ε_2 保持不变时，电容变化量 ΔC 就与物位高度 H 成正比。因此，只要测量出电容的变化量就可以测得物位的高度，这就是电容式物位计的基本测量原理。

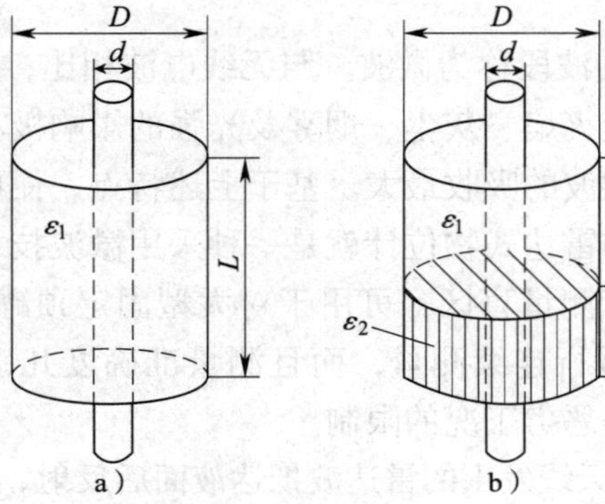

图 3—7—3　电容式物位计的测量原理

a）介电常数为 ε_1　b）介电常数为 ε_2

电容式物位计既可用于液位的测量，也可用于料位的测量，但要求介质的介电常数保持稳定。在实际使用过程中，当现场温度、被测液体的浓度及固体介质的湿度或成分等发生变化时，介质的介电常数也会发生变化，应及时对仪表进行校正后才能达到预想的测量准确度。

四、超声波式物位测量

超声波类似于光波，具有反射、透射和折射的性质。当超声波入射到两种不同介质的分界面上时就会发生反射、折射和透射现象，这就是应用超声波技术测量物位的原理之一。另外，也可以利用超声波在介质中传播的声学特性（如声速、声衰减和声阻抗等）来实现物位检测。其特点可概括如下：

（1）超声波在某种介质中以一定的速度传播，在气体、液体和固体等不同介质中，因声波被吸收而减弱的程度不同，从而区别出不同的介质。

（2）声波遇到两相界面时会发生反射，并且反射角与入射角相等。反射声强与介质的特性阻抗有关，特性阻抗为声速和介质密度的乘积。当声波垂直入射时，反射声强 I_R 与入射声强 I_E 间存在如下关系：

$$I_R = \left(\frac{\rho_2 v_2 - \rho_1 v_1}{\rho_2 v_2 + \rho_1 v_1}\right)^2 I_E$$

式中　ρ_1、ρ_2——两种不同介质的密度，kg/m^3；

v_1、v_2——声波在不同介质中的传播速度，m/s。

（3）声波在传送中，频率越高，声波扩散越小，方向性越好；而频率越低，则衰减越小，传输越远。也可根据该特点设计出超声物位计。

利用声换能器发射一定频率的声波。声换能器由压电元件制成，利用这种晶体元件的逆压电效应：交变电场（电能）→振动（声波）；正压电效应：振动→交变电场，做成声波发射器和接收器。

超声波物位测量的基本原理如图 3—7—4 所示。设超声波探头至物位的垂直距离为 H，由发射到接收所经历的时间为 t，超声波在介质中的传播速度为 v，则存在如下关系：

$$H = \frac{1}{2}vt$$

对于某种介质对应的 v 是已知的，因此，只要测得时间 t 即可确定距离 H，也就是被测物位高度。

五、雷达式物位测量

电磁波波长在 1 mm ~ 1 m 的波段称为微波。与无线电波相比，微波具有良好的定向辐射性和传输特性，在传输过程中受火焰、灰尘、烟雾及光强的影响极小。介质对微波的吸收与介质的介电常数成比例，水对微波的吸收最大。基于上述特点，便可用微波法对物位进行测量。当前广泛应用于石化领域的雷达式物位计就是一种采用微波技术的物位测量仪表。它没有可动部件、不接触介质、没有测量盲区，可用于对大型固定顶罐、浮顶罐内腐蚀性液体、高黏度液体和有毒液体的液位进行连续测量，而且测量准确度几乎不受被测介质温度、压力、相对介电常数及易燃易爆等恶劣工况的限制。

雷达液位计的基本原理：由天线发出的雷达波抵达液面后反射，被同一天线接收，雷达波往返的时间 t 正比于天线到液面的距离。如图 3—7—5 所示，其运行时间与物位距离关系为：

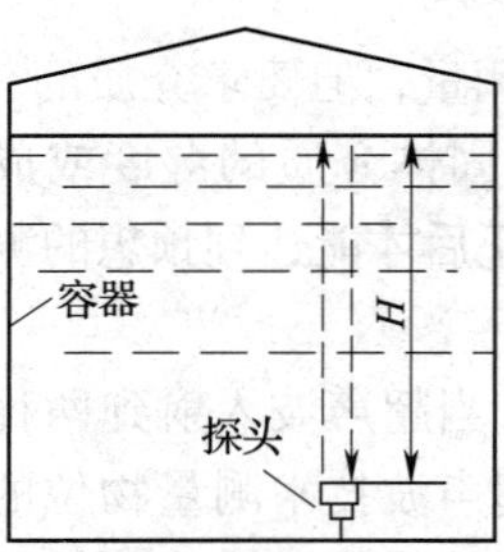

图 3—7—4　超声波物位测量基本原理

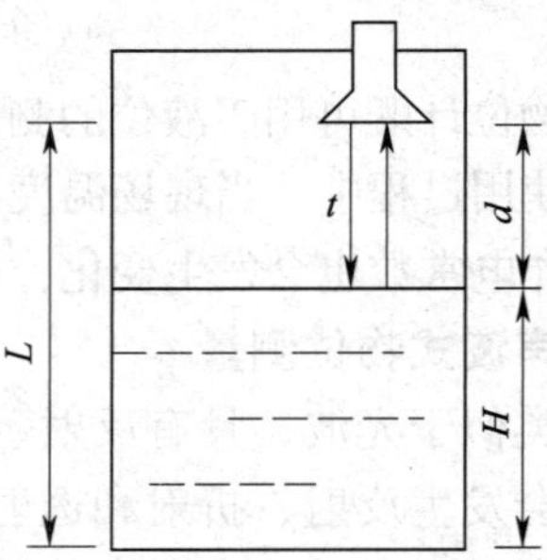

图 3—7—5　雷达式物位测量

$$t = 2\frac{d}{c}, d = c\frac{t}{2}$$

$$H = L - d = L - c\frac{t}{2}$$

式中　c——电磁波传播速度（3.0×10^8 m/s）；

d——被测介质与天线之间的距离，m；

t——天线发射与接收到反射波的时间差，s；

L——天线距罐底高度，m；

H——液位高度，m。

由以上各式可知，只要测得微波的往返时间 t，即可计算得到液位高度 H。

六、核辐射式物位测量

核辐射式物位测量主要是利用核辐射式物位计，其原理是利用放射源产生的核辐射线

（通常为 γ 射线）穿过一定厚度的被测介质时，射线的投射强度将随介质厚度的增加而呈指数规律衰减来测量物位。射线强度的变化规律表示如下：

$$I = I_0 e^{-\mu H}$$

式中 I_0——进入介质之前的射线强度，ci；

μ——介质的吸收系数，l/cm；

H——介质的厚度，m；

I——穿过介质后的射线强度，ci。

如图 3—7—6 所示为核辐射式物位计的测量原理示意图，在辐射源射出的射线强度 I_0 和介质的吸收系数 μ 已知的情况下，只要通过射线接收器测量出透过介质以后的射线强度 I，就可以检测出介质的厚度 H。

核辐射式物位计属于非接触式物位测量仪表，适用于高温、高压、强腐蚀及剧毒等条件苛刻的场合。辐射线还能够直接穿透钢板等介质，可用于高温熔融金属的液位测量，使用时几乎不受温度、压力和电磁场的影响。但由于射线对人体有害，因此对射线的剂量应严格控制，切实加强安全防护措施。

七、光纤式液位测量

随着光纤传感技术的不断发展，其应用范围日益广泛。在液位测量中，光纤传感技术的有效应用，一方面由于其高灵敏度；另一方面是由于它具有优异的电磁绝缘性能和防爆性能，从而为易燃易爆介质的液位测量提供了安全的检测手段。

全反射型光纤液位计由液位敏感元件、传输光信号的光纤、光源和光检测元件等组成。如图 3—7—7 所示为其结构原理图，棱镜作为液位的敏感元件，被烧结或黏结在两根大芯径石英光纤的端部。这两根光纤中的一根与光源耦合，称为发射光纤；另一根与光电元件耦合，称为接收光纤。棱镜的角度设计必须满足以下条件：当棱镜位于气体（如空气）中时，由光源经发射光纤传到棱镜与气体界面上的光线满足全反射条件，即入射光线被全部反射到接收光纤上，并传送到光电检测单元中；而当棱镜位于液体中时，由于液体折射率比空气大，入射光线在棱镜中全反射条件被破坏，其中一部分光线将透过界面而泄漏到液体中去，致使光电检测单元收到的光强减弱。

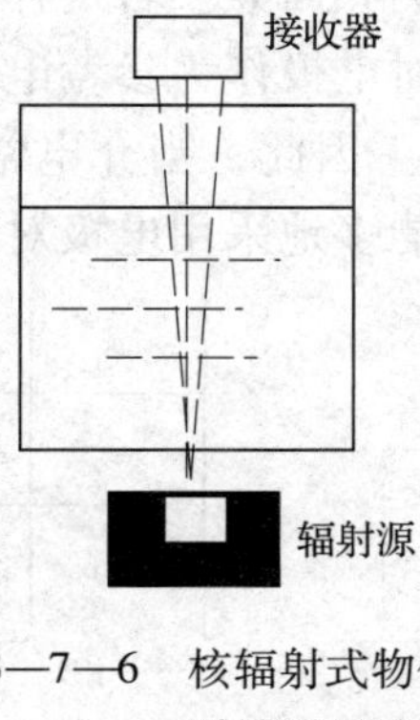

图 3—7—6　核辐射式物位计测量原理示意图

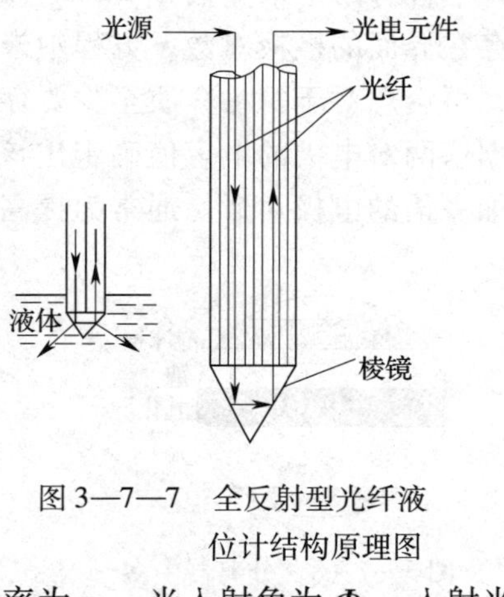

图 3—7—7　全反射型光纤液位计结构原理图

设光纤折射率为 n_1，空气折射率为 n_2，液体折射率为 n_3，光入射角为 Φ_1，入射光功率为 P_i，则单根光纤的端面裸露在空气中和淹没在液体中的输出光功率 P_{o1} 和 P_{o2} 分别为：

$$P_{o1} = P_i \frac{(n_1\cos\Phi_1 - \sqrt{n_2^2 - n_1^2\sin^2\Phi_1})^2}{(n_1\cos\Phi_1 + \sqrt{n_2^2 - n_1^2\sin^2\Phi_1})^2} = P_i E_{o1}$$

$$P_{o2} = P_i \frac{(n_1\cos\Phi_1 - \sqrt{n_3^2 - n_1^2\sin^2\Phi_1})^2}{(n_1\cos\Phi_1 + \sqrt{n_3^2 - n_1^2\sin^2\Phi_1})^2} = P_i E_{o2}$$

二者之差为

$$\Delta P_o = P_{o1} - P_{o2} = P_i(E_{o1} - E_{o2})$$

可见，只要检测出是否有差值 ΔP_o，便可确定光纤是否接触液面。

八、多相界面的测量

多相界面的测量包括液相—液相界面和液相—固相界面位置的测量，如油田的原油通常都含有大量的水、泥沙和天然气等介质，因此原油一般要输送到重力式三相分离器中进行分离，形成如图 3—7—8 所示的多相界面：泥沙/水、水/油、油/气等。由于存在过渡带，分界面是模糊的，例如，在油/水之间存在乳化层，在油/气之间存在泡沫层。

为了有效清除分离器中的泥沙和水，需要对多相界面进行检测。而常规的物位测量仪表，如电容式、超声波式和雷达式等传感器只能检测单一界面的位置，更难检测像乳化层、泡沫层等模糊界面。近年来研发的容栅式阵列电极传感器可实现多相界面的有效测量。

现以简单的平行板电容器为例，讨论多相界面的可测性。若各相介电常数 ε_1 和 ε_2 已知，如图 3—7—9 所示。其中，如图 3—7—9a 所示为一对平行板电容器中仅存在一种界面 h，其电容值可表示为：

$$C = f(\varepsilon_1, \varepsilon_2, h)$$

当 ε_1 和 ε_2 已知时，则 C 为 h 的单值函数，界面 h 可唯一确定，即：

$$h = f^{-1}(C)$$

如图 3—7—9b 所示为一对平行板电容器中存在两种界面，其电容值可表示为：

$$C = f(\varepsilon_1, \varepsilon_2, \varepsilon_3, h_1, h_2)$$

上式中含有两个未知数 h_1 和 h_2，即界面不能唯一确定。可见，独立方程的个数至少应等于存在界面的极板对数，方程中未知数的个数应等于被测界面数。若当各相介电常数未知时，可设想对于每种介质至少要存在两对电极，其中一对电极作为参考电极，那么便可以根据这两对电极的电容值确定出该介质的相对介电常数。因此，当介电常数未知时，需要增加一倍的电极对数。通常为提高测量准确度，应尽可能多地采用电极对结构。

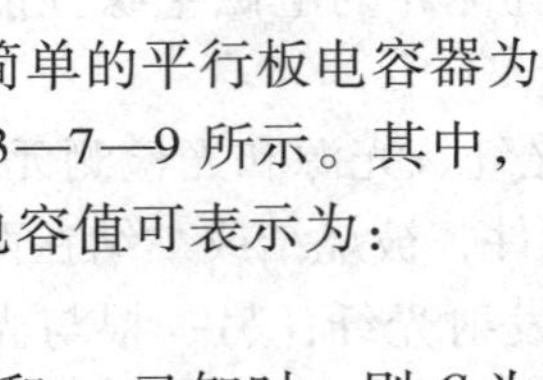

图 3—7—8　分离器中多相界面分布

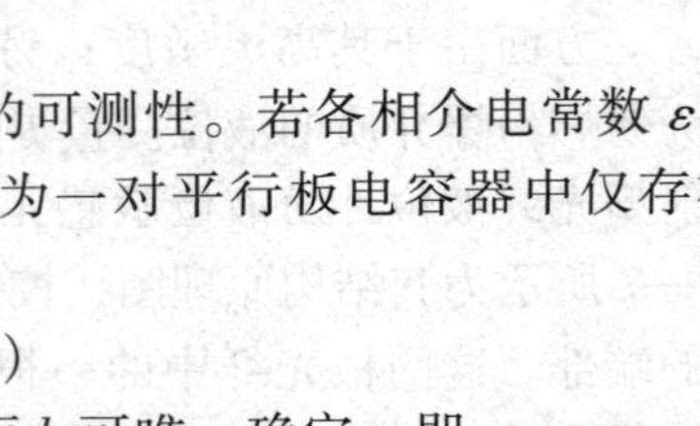

图 3—7—9　多相界面可测性分析

a）界面 h 可唯一确定

b）界面 h 不能唯一确定

§3—8 成分测量

工业生产中的成分和物性参数都是最直接的控制指标。例如，精馏塔系统中塔顶、塔底馏出物组分浓度的检测和控制，锅炉燃烧系统烟道气中 O_2、CO 及 CO_2 等气体含量的检测和控制，制药过程中 pH 值的检测和控制，啤酒生产过程中氧含量、浊度的检测和控制等。因此，下面简要介绍几种常用的成分和物性参数检测方法。

一、热导式气体成分测量

热导式气体成分检测是根据混合气体中待测组分热导率各不相同的原理进行测量的，当被测气体待测组分的含量改变时，将会引起总热导率的变化，通过热导池转换成电热丝电阻值的变化，从而间接获得待测组分的含量。利用上述原理制成的仪表称为热导式气体分析仪，是一种应用较广的物理式气体成分分析仪。

表征物质导热能力强弱的物理量是热导率 λ，λ 越大，说明该物质传热速率越快。几种常见气体相对于空气的热导率如图 3—8—1 所示。

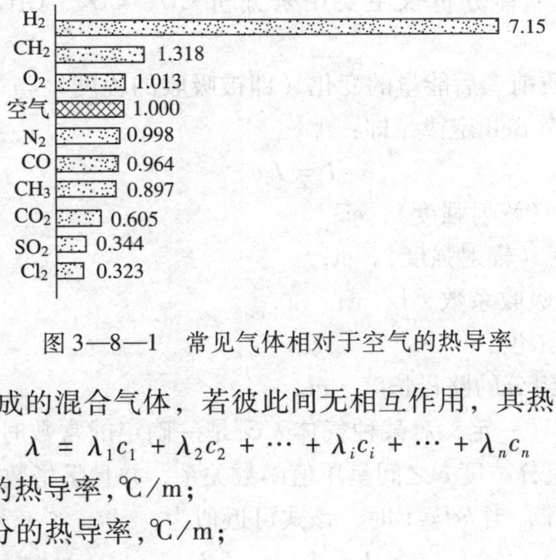

图 3—8—1　常见气体相对于空气的热导率

对于由多种气体组成的混合气体，若彼此间无相互作用，其热导率可近似为：

$$\lambda = \lambda_1 c_1 + \lambda_2 c_2 + \cdots + \lambda_i c_i + \cdots + \lambda_n c_n$$

式中　λ——混合气体的热导率，℃/m；

λ_i——第 i 种组分的热导率，℃/m；

c_i——第 i 种组分的浓度。

设待测组分的热导率为 λ_1，浓度为 c_1，其他气体组分的热导率近似相等，为 λ_2。利用上式可推出待测组分浓度和混合气体热导率之间的关系为：

$$c_1 = \frac{\lambda - \lambda_2}{\lambda_1 - \lambda_2}$$

可见，只要测得混合气体的热导率 λ，就可以测得待测气体的浓度 c_1。从上面的分析可以看出，热导式气体分析仪的使用必须满足两个条件：一是待测气体的热导率与其他组分的热导率要有显著的区别，差别越大，灵敏度越高；二是混合气体中其他组分的热导率应相同或者十分接近。如图 3—8—1 所示，H_2 的热导率是其他气体的数倍，CO_2、SO_2 的热导率则明显小于其他气体的热导率。因此，热导式气体分析仪可用于 H_2、CO_2 及 SO_2 等气体在一定条件下的浓度测量。

总之，热导式气体分析仪特别适合于分析两元混合气，或者两种背景组分的比例保持恒定的三元混合气。甚至在多组分混合气中，只要背景组分基本保持不变也可有效地进行分析，如分析空气中的一些有害气体等。由于热导分析法的选择性不高，在分析成分更复杂的气体时，效果较差。但可采用一些辅助措施，如采用化学的方法除去干扰组分，或采用差动测量法分别测量气体在某种化学反应前后的热导率变化等，可以显著地改善仪器的选择性，扩大仪器的应用范围。

二、红外式气体成分测量

红外线是一种不可见光，也是一种电磁波，波长为0.76～1 000 μm。红外线气体分析仪主要利用1～25 μm之间的一段红外光谱。

各种气体的分子本身都具有特定的振动和转动频率，只有当红外线光谱的频率和气体分子本身的特定频率相同时，这种气体分子才能吸收红外光谱辐射能，并部分地转化为热能，从而利用测温元件来测量红外辐射能的大小。这就是利用红外线进行气体成分分析的基本原理。但是各种惰性气体（如He、Ne和Ar等）以及相同原子组成的双原子气体（如O_2、H_2、Cl_2和N_2等）不能吸收红外辐射能，所以红外线气体分析仪不能分析这类气体。红外线气体分析仪主要用来分析CO、CO_2、CH_4、C_2H_4、C_2H_6及水蒸气等。

红外线通过某种物质前、后能量的变化（即被吸收的程度）与待分析组分的浓度有关，它们之间的定量关系遵循Bell定律，即：

$$I = I_0 e^{-kcl}$$

式中 I——透射光强度（辐射强度），ci；

I_0——入射光强度（辐射强度），ci；

k——待测组分的吸收系数，1/cm；

c——待测组分的浓度；

l——光通过待测组分的路径长度，m。

由上式可知，当I_0、l一定，对某种气体k又是一确定的常数时，则红外线通过待测组分后透光强度I与待测组分浓度c之间呈单值函数关系，并且呈指数规律变化。

将上式按幂级数展开，当$kcl \leqslant 1$时，该式可近似为：

$$I = I_0(1 - kcl)$$

此时，I与c之间呈线性关系。为了满足上述近似条件，当被测气体确定后k即确定，这时只能使cl的值较小。因此当被测气体的浓度c较大时，应选用较短测量（分析）气室；当c较小时（如微量分析），应选用较长的测量（分析）气室。

三、氧化锆氧量成分测量

氧化锆氧量分析仪是一种新型的测氧仪表。由于其探头可直接插入烟道内进行检测，并具有结构简单、准确度高、对氧含量变化反应快及测量范围宽等特点，所以在冶金、化工、炼油和电力等工业部门被广泛用来分析各种工业锅炉、轧钢加热炉及窑炉烟道气中的氧含量。

氧化锆是一种在高温时对氧离子具有良好传导特性的固体电介质，它是根据浓差电池原理进行工作的。

如图 3—8—2 所示为氧化锆浓差电池原理图。在氧化锆管内外固定了多孔性的铂膜电极，使其一侧与空气接触（空气中氧含量约为 20.95%），另一侧与烟道气接触（烟气中氧含量低于 10%），由于两侧氧含量的百分浓度不同，就构成了电化学中的氧浓差电池，即在两极间产生氧浓差电动势，该电动势阻碍了氧离子的进一步迁移，直至达到动平衡。根据电化学理论，在氧化锆两侧的铂电极间产生的氧浓差电动势为：

$$E = \frac{RT}{nF}\ln\frac{P_A}{P_B} = \frac{RT}{nF}\ln\frac{\varphi_A}{\varphi_B}$$

式中 E——氧浓差电动势，mV；

R——理想气体常数，R = 8.314 J/（mol · K）；

n——参加反应的电子数（对氧而言，$n = 4$）；

F——法拉第常数，$F = 96.487 \times 10^3$ C/mol；

φ_A、p_A——参比气体（空气）中氧的体积分数和氧分压，Pa；

φ_B、p_B——被分析气体（烟气）中氧的体积分数和氧分压，Pa；

T—被测气体的绝对温度，K。

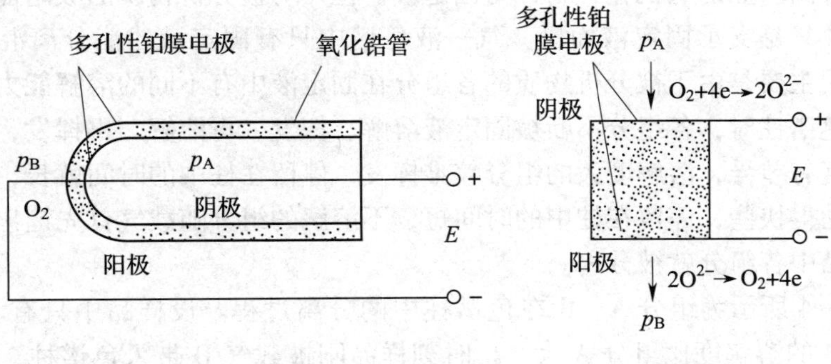

图 3—8—2 氧化锆浓差电池原理

可见，当参比侧（即空气）氧的体积分数 φ_A（p_A）已知（$\varphi_A = 20.95\%$）时，则在温度 T 保持不变（在氧化锆氧量分析仪中均有恒温系统）的条件下，所测氧浓差电动势 E 与被测氧的体积分数 φ_B（p_B）呈单值函数关系，这就是氧化锆氧量分析仪的测量原理。

四、气相色谱成分测量

气相色谱分析是近代提出的重要分析手段之一，它对被分析的多组分混合物采取先分离、后检测的方法进行定性、定量分析，具有取样量少、效能高、分析速度快及定量结果准确等特点，因此广泛应用于石油、化工、冶金和环境科学等领域。

气相色谱仪流程如图 3—8—3 所示，载气由高压气瓶供给，经减压阀、流速计提供恒定的载气流量，载气流经汽化室将被分析组分样品带入色谱柱进行分离。色谱柱是一根金属或玻璃管子，管内装有多孔性颗粒，具有较大的表面积，作为固定相，在其表面上涂固定液，起到分离各组分的作用，从而构成气—液色谱。待分析气样在载气带动下流进色谱柱，与固定液多次接触、交换，最终待分析混合气中的各组分将按时间顺序分别流经检测器而排入大气，检测器将分离出的组分转换为电信号，由记录仪记录峰形（色谱峰），每个峰形的面积大小即反映相应组分的含量多少。

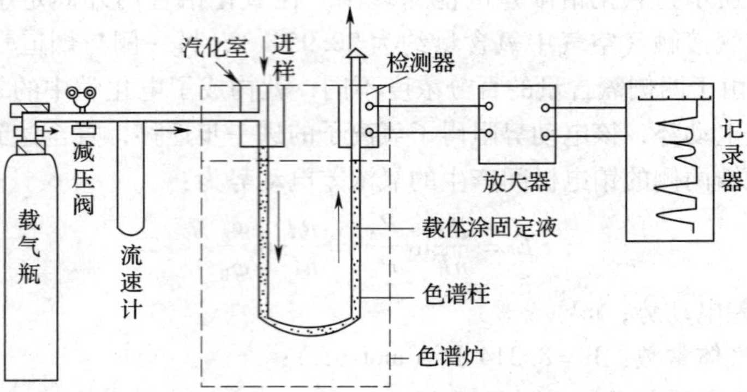

图 3—8—3　气相色谱仪流程

由于流动相可有气相和液相，固定相可有固相和液相，因此，色谱分析仪共有气—固色谱、气—液色谱、液—固色谱和液—液色谱四种。

气—液色谱中的固定相是涂在惰性固体颗粒（称为担体）表面的一层高沸点的有机化合物的液膜，这种高沸点的有机化合物称为固定液。担体对被分析物质的吸附能力相当弱，对分离不起作用，只是支承固定液而已。气—液色谱中只有固定液才能分离混合物中的各组分。其分离作用主要是由于被分析物质的各组分在固定液中有不同的溶解能力造成的。当被分析样品流经色谱柱时，各组分不断被固定液溶解、挥发、再溶解、再挥发，由于各组分在固定液中溶解度有差异，溶解度大的组分较难挥发，停留在柱中的时间就长，而溶解度小的组分，向前移动得快些，停留在柱中的时间短，不溶解的组分随载气首先馏出色谱柱，经过一段时间后样品中各组分就被分离。

如图 3—8—4 所示为组分 A、B 在色谱柱中的分离过程。设样品中只有 A 和 B 两种组分，并设组分 B 的溶解度比组分 A 大。t_1 时刻样品刚被载气 D 带入色谱柱，这时它们混合在一起，由于组分 B 容易溶解，它在气相中向前移动的速度比组分 A 慢。在 t_2 时已看出 A 超前，B 滞后，随着时间增长，两者的距离逐渐拉大，t_3 时得以完全分离。在不同时间 t_4 和 t_5 时，两组分先后流出色谱柱而进入检测器，最后由记录仪记录两组分相应的色谱峰。

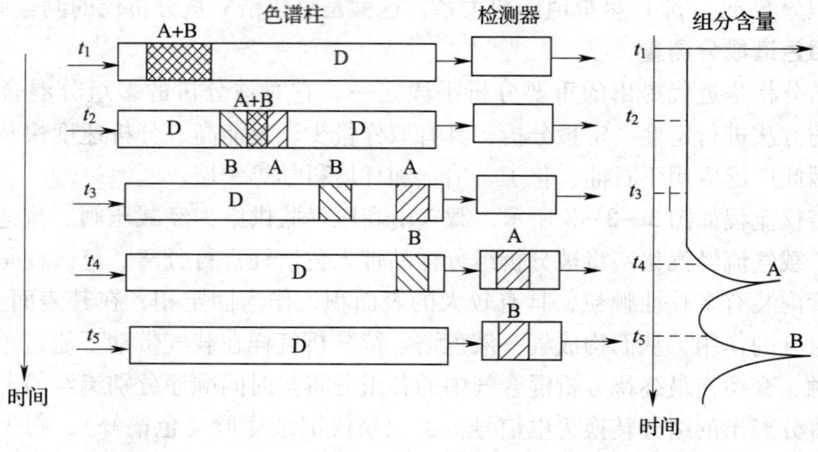

图 3—8—4　组分 A、B 在色谱柱中的分离过程

五、工业电导仪

工业电导仪是以测量溶液浓度的电化学性质为基础，通过测量溶液的电导而间接求得溶液的浓度。它既可用来分析一般的电解质溶液，如酸、碱、盐等溶液的浓度，又可用来分析气体的浓度。

用于分析酸、碱溶液的浓度时，工业电导仪常称为浓度计。用于测量水及蒸汽中含盐的浓度时，常称为盐量计。分析气体浓度时，要使气体溶于溶液中，或者为某电导液吸收，再通过测量溶液或电导液的电导，可间接得知被分析气体的浓度。电解质溶液中存在着正负离子，插入一对电极，并通以电流时，发现电解质溶液同样可以导电。其导电机理是溶液中离子在外电场作用下，分别向两个电极移动，形成电流通道。所以电解质溶液又称为液体导体，并且与金属导体一样遵守欧姆定律。溶液电阻 R 可以表示为：

$$R = \rho \frac{l}{A}$$

式中 l——导体的长度，即电极间的距离，m；

ρ——溶液的电阻率，Ω · m；

A——导体的横截面积，即电极的面积，m^2。

显然，电解质溶液导电能力的强弱与离子数有关，即主要取决于溶液的浓度，表现为其电阻值不同。由于金属导体的电阻温度系数是正的，而液体的电阻温度系数是负的，为了运算上的方便和区别起见，在液体中常常应用电导和电导率来表示其导电特性。因此，溶液的电导 G（S 或 Ω^{-1}）定义为：

$$G = \frac{1}{R} = \frac{1}{\rho} \times \frac{A}{l} = k \frac{A}{l}$$

式中 k——电导率，是电阻率的倒数，$k = \frac{1}{\rho}$，S/cm。

电导率的物理意义表示两个相距 1 cm、截面积为 1 cm^2 的平行电极间电解质溶液的电导，它仅仅表明 1 cm^3 电解质溶液的导电能力。若用电导表示，则为：

$$k = G \frac{l}{A}$$

电导率的大小既取决于溶液的性质，又取决于溶液的浓度。即对同一种溶液，浓度不同时，其导电性能也不同。为了比较电解质的导电能力，引入摩尔电导率的概念。摩尔电导率 Λ_m 是指将含 1 mol 电解质的溶液置于相距为 1 cm 的电导池的两个平行电极之间所具有的电导率，则 Λ_m（S · cm^2/mol）为：

$$\Lambda_m = kV_m$$

式中 V_m——含 1 mol 溶质的溶液体积，cm^3。

浓度不同，所含 1 mol 电解质的体积也不同。若电解质浓度为 C_m（mol/L），则电解质溶液的摩尔电导率与浓度之间的关系为：

$$\Lambda_m = k \frac{1\,000}{C_m} \text{或} k = \frac{\Lambda_m C_m}{1\,000}$$

将上式代入 $\Lambda_m = kV_m$，得：

$$G = \frac{\Lambda_m C_m}{1\,000} \cdot \frac{A}{l} = \frac{K}{1\,000}\Lambda_m C_m$$

式中　K——电极常数，$K = \frac{A}{l}$，它与电极几何尺寸和距离有关，对某电极来说是一个常数。

由上式可知，当电解质溶液的摩尔电导率为常数时，两电极间电导 G 仅与溶液浓度 C_m（mol/L）有关。所以，若能测得两极间的电导，则可以求得其对应的溶液浓度值。

六、工业酸度计

许多工业生产中都涉及水溶液酸碱度的测定。酸碱度对氧化、还原、结晶、吸附和沉淀等过程都有重要的影响，应该加以测量和控制。酸度计就是测量溶液酸碱度的仪表（也称 pH 计）。

酸、碱、盐水溶液的酸碱度统一用氢离子浓度表示。由于氢离子浓度的绝对值很小，为了方便，常用 pH 来表示。

由于直接测量氢离子的浓度是有困难的，故通常采用由氢离子浓度引起电极电位变化的方法来实现 pH 的测量。根据 pH 电极理论可知，电解电位与离子浓度的对数呈线性关系。这样，被测介质 pH 的测量问题就转化成了电池电动势的测量问题。

pH 电极包括一个测量电极（玻璃电极）和一个参比电极（甘汞电极），二者组成原电池。参比电极的电动势是稳定和准确的，与被测介质中的氢离子浓度无关；玻璃电极是 pH 测量电极，它可产生正比于被测介质 pH 的毫伏电动势。可见，原电池电动势的大小仅取决于介质的 pH。因此，通过对电池电动势的测量，即可计算氢离子浓度，也就实现了 pH 的检测，如图3—8—5 所示。如果把参比电极与测量电极封装在一起，就形成了复合电极。近年来，由于复合电极具有结构简单、维护量小和使用寿命长的特点，在各种工业领域中的应用十分广泛。

七、浊度的检测

液体的浊度是液体中许多反应、变化过程进行程度的指示，也是很多行业的中间和最终产品质量检测的主要指标。人们对液体浊度的测量已有很长的历史，从最初的目测比浊、目测透视深度发展到用光电方法进行检测。

目前，采用光电方法检测浊度基本上分为透射法和散射法两种。透射法是用一束光通过一定的待测液体，并测量因待测液中的悬浮颗粒对入射光的吸收和散射所引起的透射光强度的衰减量来确定被测液体的浊度；散射法则是利用测量穿过待测液的入射光束被待测液中的悬浮颗粒散射所产生的散射光的强度来实现的。其中，工业上常用的浊度计多是基于散射原理制成的。

散射式浊度计的工作原理如图 3—8—6 所示，光源发出的光经聚光镜以后，以一定的角度射向被测液体，入射光被分成三部分：液体表面的反射光、进入液体内部的折射光和因颗粒产生的散射光。经过设计，只有因颗粒产生的向上的散射光才能进入物镜，其他光线将被侧壁吸收。向上的反射光经物镜的聚光后，照射到光电池上，再经光电池转换成电压输出。

随着被测液体中颗粒的增加，散射光增强，光电池输出增加。当被测液体中不含固体颗粒时，光电池的输出为零。因此，只要测量出光电池的输出电压就可以测出液体的浊度。为了提高测量准确度，浊度计还设有亮度补偿和恒温装置。

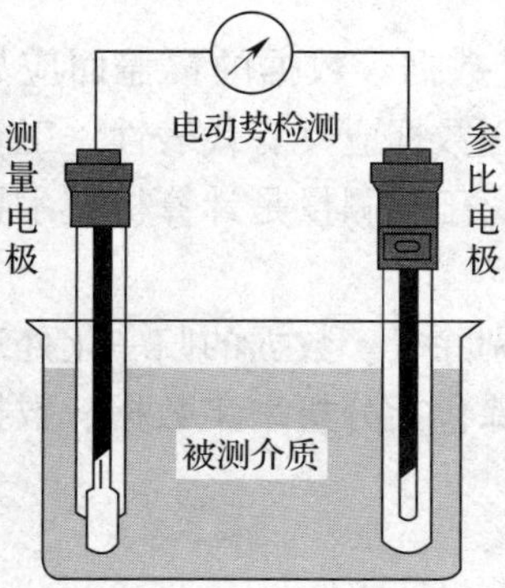

图 3—8—5　pH 检测

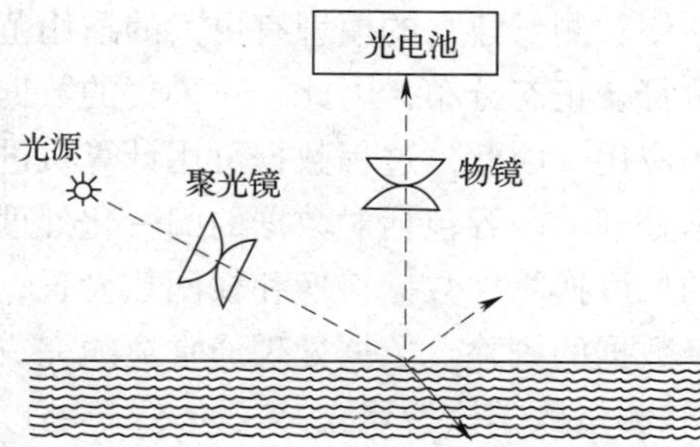

图 3—8—6　散射式浊度计的工作原理

§3—9　过程控制中的软测量技术

一、软测量技术

为了实现良好的质量控制，必须对产品质量或与产品质量密切相关的重要过程变量进行控制。由于在线分析仪表或传感器的价格昂贵、维护复杂，加上分析仪表滞后大，会造成控制质量下降。此外，如精馏塔的产品成分、塔板效率、干点、闪点、反应转化率及生物发酵过程的菌体浓度等部分产品质量指标或与产品质量密切相关的重要过程变量目前尚无法测量。为了解决这类过程变量的测量，提出了软测量的概念。

软测量的基本思路是基于一些过程变量与过程中其他变量之间的关联性，采用计算机技术，根据一些容易测量的过程变量（称为辅助变量），推算出一些难于测量或暂时还无法测量的过程变量（称为主导变量）。推算是根据辅助变量与主导变量之间的数学模型进行的。

软测量技术由辅助变量选择、数据的采集和处理、软测量数学模型建立和模型在线校正等部分组成。

1. 辅助变量选择

软测量技术根据辅助变量与主导变量之间的数学模型进行推算，因此，辅助变量的选择是关系到软测量技术精确度的重要内容。其选择原则如下。

（1）关联性：辅助变量应与主导变量有关联，最好能够直接影响主导变量。

（2）特异性：辅助变量应具有特异性，用于区别其他过程变量。

（3）工程适用性：辅助变量应容易在工程应用中获得，并能够反映生产过程的变化。

（4）准确性：辅助变量本身具有一定的测量准确度，并且模型应具有足够的准确度。

（5）鲁棒性：辅助变量对模型误差不敏感。

为了使模型方程具有唯一解，辅助变量数应至少等于主导变量数，通常应与工艺技术人员一起确定。同时，还应根据辅助变量与主导变量的相关分析进行取舍，辅助变量不宜过多，其原因是当某一辅助变量与主导变量关联性不强时，反而会影响模型精确度。

2. 数据的采集和处理

需要采集的数据是软测量主导变量对应时间的辅助变量数据。数据的覆盖面应尽量宽些，以便使软测量建立的模型有更大的适用范围。采集的过程数据应具有代表性，工业生产过程变量符合正态分布，因此，对采集的数据应进行处理。由于软测量是计算机技术在检测技术中的应用，因此，过程数据可用计算机进行采集。

数据处理的内容包括对数据的归一化处理、不良数据的剔除等。数据的归一化处理包括对数据的标度换算、数据转换和权函数设置；不良数据的剔除包括分析采集数据、数据的检验和不良数据的剔除。数据处理通常离线完成。

3. 软测量数学模型建立

软测量数学模型是软测量技术的核心。建立软测量数学模型的方法有机理建模、经验建模及机理和经验混合建模等。机理建模可充分利用已知的过程知识，有较大的适用范围，但有些过程较复杂，难以用机理方法建立模型。经验建模根据实际测量的过程数据，用数学方法对数据进行回归或建立神经网络拟合。由于只需要实测过程数据，因此，对工艺过程的影响小，但建立的数学模型适用范围不宽，准确度较差。机理和经验结合的建模方法可兼取两者的优点，例如，以机理建模为主线，根据实际采集的数据确定部分模型参数；根据机理分析，结合实测数据建立数学模型的结构，然后估计模型参数；从机理出发，通过计算和仿真获得数据，并根据这些数据建立数学模型。

4. 模型在线校正

数学模型在线校正的过程是模型结构和参数的优化过程。校正的主要原因是：由于模型是根据一定操作条件下的数据建立的，操作条件变化会造成模型的误差；建立模型时，一些过程变量因未发生变化，因此也就没有考虑在模型中，而这些变量一旦发生了变化，将会引起模型结构或参数的改变；过程本身的时变性（如催化剂的变化）也将使模型参数改变。

在线校正分短期校正和长期校正两种。根据统计过程控制的有关规则一般可对模型进行短期校正；长期校正通常是在短期校正的误差长期存在时才实施，一般采用重新建模的方法。

二、软测量方法

从20世纪80年代开始，软测量技术已经在许多工业装置中获得了成功应用。概括起来，软测量方法通常可分为工艺机理分析、回归分析、状态估计、模式识别、人工神经网络、模糊数学、过程层析成像、相关分析和现代非线性信息处理技术九种。相对而言，前六种软测量技术的研究较为深入，在过程控制和检测中有更多成功的应用。

1. 基于工艺机理分析的软测量

基于工艺机理分析的软测量主要是应用化学反应动力学、物料平衡及能量守恒等原理，通过对过程对象的机理分析，找出不可测主导变量与可测辅助变量之间的关系，建立机理模型，从而实现对某一参数的软测量。

对于工艺机理较为清楚的工业过程，该方法能够构造出性能较好的软仪表。但是对于机理了解不充分、尚不完全清楚的复杂工业过程，就难以建立合适的机理模型。此时，该方法就需要与其他参数估计方法相结合才能构造出软仪表。这种测量方法是工程中最容易接受的，其特点是简单明了，工程背景清晰，便于实际应用，但其效果依赖于对工艺机理的了解程度。

2. 基于回归分析的软测量

经典的回归分析是一种建模的基本方法，应用范围相当广泛。以最小二乘原理为基础的一元和多元线性回归技术目前已相当成熟，经常用于线性模型的拟合。对于辅助变量较少的情况，一般采用多元线性回归中的逐步回归技术可获得较好的软测量模型。对于辅助变量较多的情况，通常要借助机理分析，首先获得模型各变量组合的大致框架，然后再采用逐步回归方法获得软测量模型。总的来说，基于回归分析法的软测量，特点是简单实用，但需要大量的样本（数据），且对测量误差较为敏感。

3. 基于状态估计的软测量

基于状态估计的软测量方法需要建立系统对象的状态空间模型。如果系统的状态变量作为主导变量，且关于辅助变量是完全可观的，那么软测量问题就转化为典型的状态观测和状态估计问题。使用 Kalman 滤波器和 Luenberger 观测器是解决问题的有效方法。目前，这两种方法均已从线性系统推广到非线性系统，前者适用于白色或静态有色噪声的过程，而后者则适用于观测值无噪声且所有过程输入均已知的情况。

由于基于状态估计的软仪表可以反映出主导变量和辅助变量之间的动态关系，有利于处理各变量间动态特性的差异和系统滞后等情况。但由于复杂的工艺过程，常常难以建立系统的状态空间模型，这在一定程度上限制了该方法的应用。同时在许多工业生产过程中，常常会出现持续缓慢变化的不可测扰动，在这种情况下此种软仪表可能会导致显著的误差。

4. 基于模式识别的软测量

该种软测量方法是采用模式识别对工业过程的操作数据进行处理，从中提取系统的特征，构成以模式描述分类为基础的模式识别模型。

不同于传统的数学模型，基于模式识别方法建立的软测量模型是一种以系统的输入、输出数据为基础，通过对系统特征提取而构成的模式描述式模型。该方法的优势在于它适用于缺乏系统先验知识的场合，可利用日常操作数据来实现软测量建模。在实际应用中，该种软测量方法常常和人工神经网络以及模糊技术结合在一起应用。

5. 基于模糊数学的软测量

模糊数学模仿人脑逻辑思维特点，是处理复杂系统的有效手段之一，在过程测量中也得到了大量的应用。基于模糊数学的软测量方法所建立的相应模型是一种知识性模型，该种软测量方法特别适合于复杂工艺过程中被测对象呈现亦此亦彼的不确定性、难以用常规数学定量描述的场合。实际应用中常将模糊技术和其他人工智能技术相结合，例如，将模糊数学和人工神经网络相结合构成模糊神经网络，将模糊数学和模式识别相结合构成模糊模式识别，这样可取长补短以提高软仪表的效能。

6. 基于过程层析成像的软测量

基于过程层析成像的软测量与其他软测量方法不同，是一种以医学层析成像技术为基础的、可在线获取过程参数二维或三维的实时分布信息的先进检测技术，采用该技术可获取相关变量的时空分布信息。

国内外对过程层析成像的研究始于20世纪80年代中后期，目前在解决两相流和多相流系统参数测量上已取得了不少进展，例如，两相管流的流型判别、分相流量的测量以及流化床反应器的空隙率的检测等，这是现代检测技术领域中一个重要的研究方向。由于技术发展水平的制约，该种软测量方法目前离工业应用还有一定距离，在过程控制中的直接应用还不多。

7. 基于相关分析的软测量

基于相关分析的软测量方法是以随机过程中的相关分析理论为基础，利用两个或多个可测随机信号之间的相关特性来实现某一参数的在线测量。

该种软测量方法大多采用的是相关分析方法，即利用各辅助变量（随机信号）间的互相关函数特性来进行软测量。目前，这种方法主要应用于难测流体流速或流量的在线测量和故障诊断等（如流体输送管道泄漏的检测和定位）。

8. 基于现代非线性信息处理技术的软测量

基于现代非线性信息处理技术的软测量是利用易测过程信息（辅助变量，通常是一种随机信号），采用先进的信息处理技术，通过对所获信息的分析处理提取信号特征量，从而实现某一参数的在线检测或过程状态的识别。

这种软测量技术的基本思路也是通过信号处理来解决软测量问题，具体的信息处理方法大多是各种先进的非线性信息处理技术，如小波分析、混沌和分形技术等，因此适用于常规的信号处理手段难以适应的复杂工业系统。

三、基于人工神经网络的软测量

除了上述8种软测量方法外，基于人工神经网络的软测量方法是近年来研究最多、发展最快和应用范围最广泛的一种软测量技术。由于人工神经网络具有自学习、联想记忆、自适应和非线性逼近等功能，因此这种软测量方法可在不具备对象先验知识的条件下，根据对象的输入/输出数据直接建模，将辅助变量作为人工神经网络的输入，而主导变量则作为网络的输出，通过网络的学习来解决不可测变量的测量问题。这种方法还具有模型在线校正能力，并适用于高度非线性和严重不确定性系统。需要指出的是，人工神经网络的种种优点，使得这种软测量方法备受关注，但这种软测量技术不是万能的。在实际应用中，网络学习训练样本的数量和质量、学习算法、网络的拓扑结构和类型等的选择对所构成的软仪表性能都有重大影响。

采用人工神经网络建模的方法可以在不了解过程稳态和动态先验知识的情况下进行，同时，模型还可以通过学习及时校正。因此，人工神经网络建模方法正成为软测量和推断控制建模的主要方法。人工神经网络有多种模型与方法，下面简单介绍用于软测量建模的反向传播 BP 算法。关于神经网络的进一步知识可参阅其他相关文献。

采用反向传播算法的人工神经网络称为反向传播网，它由输入层、隐层和输出层组成。隐层可以是一层或多层。已经证明，采用一个隐层组成的三层 BP 网络可以表示任意的非线性函数关系。

三层 BP 神经网络如图 3—9—1 所示。输入信号 p_j（$j=1, 2, \cdots, r$）从输入节点 A_j 进入 BP 网络，并进行一定的加权 $V_{j,s}$ 和偏置 b_j，后经转移函数后作为隐层 B_s 的输入，当有多个隐层时，前一层的输出加权后作为后一层的输入。最后，隐层的输出同样经加权、偏置和转移函数 $W_{s,p}$ 后作为输出层 C_p 的输入，各输出层将隐层的输入相加后作为该输出节点的输出。

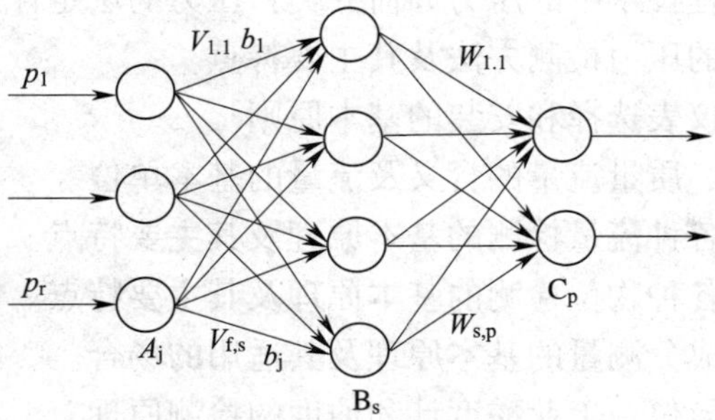

图 3—9—1 三层 BP 神经网络

典型的转移函数采用 Sigmoid 函数。由于反传网络的期望输出与实际输出之间存在误差，根据误差从输出向输入逐层调整加权值，因此，该算法称为反向传播算法。权函数的调整是在函数梯度的负方向进行。标准的反向传播算法是梯度下降法。

BP 算法收敛速度慢，容易收敛到局部极小，而不是全局最优，算法需要预先设置有关算法的因子，如训练次数、转移函数等。为此提出了一些改进算法，如串级 BP 算法等。BP 算法的这些缺陷也阻碍了它在实时在线、快速、要求高准确度等场合的应用。

例 3—9—1 乙烯精馏塔塔底浓度 x_B 与精馏塔提馏段灵敏板温度 T 有明显关联，为此，采用软测量技术对塔底浓度进行测量。基于最小二乘法的软测量回归模型为：

$$x_B = -0.63309 - 0.143143T - 0.010693T^2 - 0.000266T^3$$

式中 T——灵敏板温度，样本范围是 $-23 \sim 11$℃。

同时，建立了 BP 神经网络的软测量模型，这是一个单输入（提馏段灵敏板温度 T）单输出（塔底乙烯浓度 x_B）的 BP 网，隐层用 7 个神经元节点，经 13627 次迭代计算后，建立的模型输出与实际输出的误差平方和达到设定的最小值。其相对误差（4.23%）较回归模型的误差（9.06%）小，外延时数据的泛化能力也较回归模型强，其误差为 5.66%，远小于回归模型的外延误差 12.87%。

思考与练习

1. 以某型号实际仪表为例说明检测仪表的组成及各部分的作用。
2. 试简述检测仪表电压型和电流型两类输出信号各有什么特点。
3. 试简述场所危险程度和仪表防爆等级的划分及其基本含义。
4. 试列表说明在工业生产过程中，常用的温度测量方法有哪些？各有什么主要特点？
5. 热电偶测温原理是什么？热电偶回路产生热电动势的必要条件是什么？
6. 利用热电偶温度计测温时为什么要用补偿导线对冷端进行温度补偿？
7. 测量低温时为什么一般采用热电阻温度计，而不采用热电偶温度计？
8. 试简述测温元件的选型及其安装原则。
9. 用分度号为 K 的镍铬—镍硅热电偶测量温度，在无冷端温度补偿的情况下，显示仪表指示值为 600℃，此时冷端温度为 30℃。试问实际温度为多少？如果热端温度不变，设法使冷端温度保持在 20℃，此时显示仪表指示值应为多少？

10. 什么是压力？工程技术中的压力如何分类？压力的法定计量单位是什么？
11. 试列表说明常用的压力检测方法及其主要特点。
12. 试简述压力检测仪表选择和安装的基本原则。
13. 试简述体积流量、质量流量的含义及流量的基本单位。
14. 试列表比较分析各种流量检测的基本原理及其主要特点。
15. 试列表比较分析各种物位检测的基本原理及其主要特点。
16. 简述红外式气体成分测量的基本原理及其适用的场合。
17. 列表比较工业电导仪、工业酸度计和浊度的检测原理。
18. 什么叫软测量技术？它与常规仪表的检测有什么本质区别？

第 4 章　简单过程控制系统

学习目标

1. 掌握过程控制系统设计的基本要求、主要内容、设计步骤。
2. 掌握简单控制系统各环节的设计原则。
3. 掌握被控变量、操纵变量的选择方法及原则。
4. 掌握简单控制系统调节器参数 4 种工程整定方法。
5. 掌握简单控制系统的投运步骤。
6. 能进行简单控制系统调节器调节规律的选择及调节器正、反作用选择。

§4—1　简单控制系统

一、简单控制系统的构成

如图 4—1—1 所示的是几个典型控制系统。其中，图 4—1—1a 所示的是液位控制系统。液位控制系统的控制目的是使水箱液位保持在生产所希望给定的值上。当某些扰动引起液位偏离给定值时，调节器将根据偏差输出适当的控制信号改变调节阀的开度，调整出水量，使液位恢复到给定值。如图 4—1—1b 和图 4—1—1c 所示的分别是压力控制系统和温度控制系统，其控制原理基本相同。这些控制系统都有一个需要控制的变量，如液位、压力和温度，称为被控变量，它们是控制系统的输出。在实际生产中，有些因素，如进水管压力变化、出口阀开度变化、水泵转速变化等，都会使被控变量偏离给定值，这些因素统称为扰动变量。为了使被控变量与给定值保持一致，都有相应的控制手段。如图 4—1—1a 中的出水流量、图 4—1—1b 中的旁路流量、图 4—1—1c 中的加热蒸汽流量，这种用于克服扰动对被控变量影响的变量称为操纵变量或操作变量。

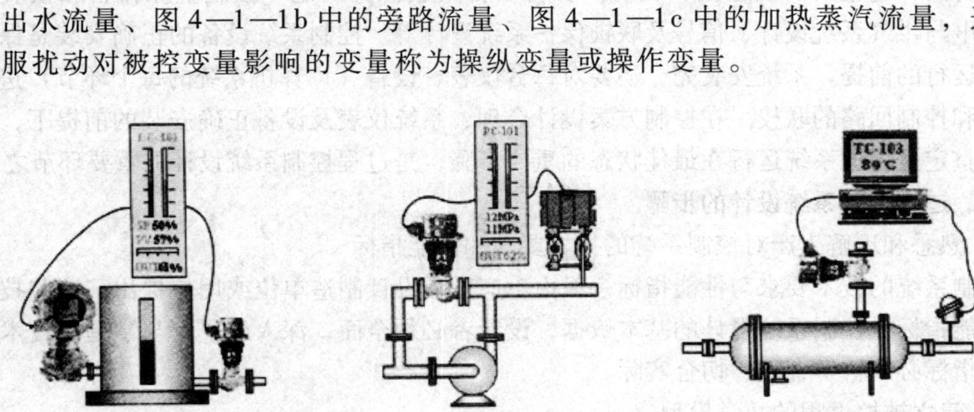

a) 液位控制系统　　b) 压力控制系统　　c) 温度控制系统

图 4—1—1　典型控制系统

这些控制系统的共同特点是它们都包含一个被控对象（由工业设备及相关的管道组成）、一个测量变送器、一个执行装置、一个调节器，采用负反馈控制原理，克服扰动对被控变量的影响，实现被控变量的定值或随动跟踪控制。由于其结构简单、目标单一，是最基本、最常见、应用最广泛的控制系统，占控制回路的80%以上，因此被称为简单控制系统，其通用结构框图如图1—2—1所示。

二、过程控制系统设计的基本要求

生产过程对过程控制系统的要求是多种多样的，可简要归纳为安全性、稳定性和经济性三个方面。

1. 安全性

安全性是指在整个生产过程中，过程控制系统应该确保人员和设备安全（并兼顾环境卫生、生态平衡等安全性要求），这是对过程控制系统最重要也是最基本的要求，通常采用参数越限报警、事故报警、联锁保护等措施加以保证。

2. 稳定性

稳定性是过程控制系统保证生产过程正常工作的必要条件。稳定性指在扰动作用下，过程控制系统将工艺参数控制在规定的范围内，维持设备和系统长期稳定运行，使生产过程平稳、持续地进行。由自动控制理论的知识可知，过程控制系统除了要满足绝对稳定性（并具有适当的稳定裕量）的要求外，还需要具有良好的响应特性（过渡过程时间短，稳态误差小等）。

3. 经济性

经济性是指过程控制系统在提高产品质量、产量的同时，节省原材料，降低能源消耗，提高经济效益与社会效益。采用有效的控制手段对生产过程进行优化控制是满足工业生产对经济性要求不断提高的重要途径。

三、过程控制系统设计的主要内容

过程控制系统设计包括系统控制方案设计、工程设计、工程安装和仪表调校、调节器参数整定四个主要内容。

系统控制方案的设计是过程控制系统设计的核心。工程设计是在控制方案正确设计的基础上进行的，它包括仪表选型、现场仪表与设备安装位置确定、控制室操作台和仪表盘设计、供电与供气系统设计、信号及联锁保护系统设计等。控制系统设备的正确安装是保证系统正常运行的前提。系统安装完，还要对每台仪表、设备（计算机系统的每个环节）进行单体调校和控制回路的联校。在控制方案设计合理、系统仪表及设备正确安装的前提下，调节器参数整定是保证系统运行在最佳状态的重要步骤，是过程控制系统设计的重要环节之一。

四、过程控制系统设计的步骤

1. 熟悉和理解生产对控制系统的技术要求和性能指标

控制系统的技术要求与性能指标一般由生产过程设计制造单位或用户提出，这些技术要求和性能指标是控制系统设计的基本依据，设计者必须全面、深入地了解与掌握。技术要求和性能指标必须科学合理、切合实际。

2. 建立被控过程的数学模型

被控过程数学模型是控制系统分析与设计的基础，建立数学模型是过程控制系统设计的第一步。在控制系统设计中，首先要解决如何用适当的数学模型来描述被控过程的动态特性的问题。只有掌握了被控过程的数学模型，才能深入分析被控过程的特性、选择正确的控制方案。

3．控制方案的确定

控制方案包括控制方式的选定和系统组成结构的确定，是过程控制系统设计的关键步骤。控制方案的确定既要依据被控过程的工艺特点、动态特性、技术要求与性能指标，还要考虑控制方案的安全性、经济性和技术实施的可行性、使用和维护的简单性等因素，进行反复比较与综合评价，最终确定合理的控制方案。必要时，可在初步的控制方案确定后，应用系统仿真等方法进行系统静态、动态特性分析计算，验证控制系统的稳定性、过渡过程特性是否满足工艺要求，对控制方案进行修正、完善和优化。

4．控制设备选型

根据控制方案和过程特性、工艺要求，选择合适的传感器、变送器与执行器等。

5．实验（或仿真）验证

实验（或仿真）验证是检验系统设计正确与否的重要手段。有些在系统设计过程中难以确定和考虑的因素，可以在实验（或仿真）中引入，并通过实验检验系统设计的正确性，以及系统的性能指标是否满足要求。若系统性能指标与功能不能满足要求，则必须进行重新设计。

§4—2　简单控制系统设计

一、被控变量的选择

控制系统的价值体现在能否在工业生产的安全、优质、稳产、高产、低耗、改善劳动条件等方面发挥相应的作用。被控变量选择合理与否，决定着控制系统有无价值。被控变量的选择必须根据工艺操作要求，结合检测仪表的现状，合理地确定具体检测参数。通常情况下，可以直接将流量、液位、压力、温度等工艺控制指标作为被控变量，称为直接指标控制。但是，对于化学反应速度、收率、混合物各组分的组成、物料的黏度等指标，由于目前尚无相应的检测设备，或者检测过程长、设备过于昂贵等因素，不能作为被控变量。此时，需要选择能表征工艺控制指标的其他变量作为被控变量，称为间接指标控制。采用间接指标控制时，需要注意以下几个方面：

1．单值性

在工艺允许的操作范围内，工艺控制指标与被控变量之间保持单值关系，如图 4—2—1 中 A—C 区间；但如果工作在 B—D 区间就不合适了。

2．线性或确定的函数关系

当采用常规模拟仪表作为控制设备时，要求在工艺允许的操作范围内，工艺控制指标与被控变量之间保持良好的线性关系，如图 4—2—1 中 A—B 区间；但是，若工作在 A—C 区间，则线性误差很大，线性度校正难度较高，不宜采用。若采用计算机控制，可以不要求线性度，但是应该有确定的函数关系。

3．灵敏度

工艺控制指标在操作范围内变化时，被控变量应有足够的变化量，以保证控制精度，如图 4—2—1 中 A—B 区间的灵敏度比 B—C 区间的灵敏度大。

另外，对于有多个控制变量的场合，还要考虑变量之间是否相互独立。在实际工程设计中，往往可以借鉴现有同类装置的使用经验。

二、操纵变量的选择

一个具体的工业过程往往存在多个输入变量。其中，有些是可以控制的，有些则不能控制。当选择其中的一个作为操纵变量后，其他的输入便是扰动，如图 4—2—2 所示为干扰通道与控制通道的关系。显然，操纵变量是用来克服扰动变量对被控变量影响的，所以它必须是可控的。当过程存在两个或多个可控输入变量时，需要合理地选择操纵变量，使控制通道和扰动通道的特性匹配合理，以便获得较好的性能指标。

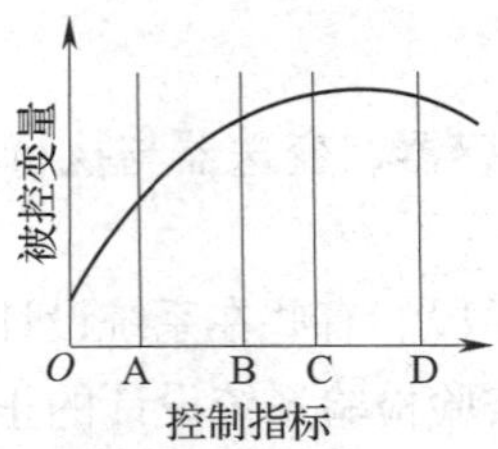

图 4—2—1　控制指标与被控变量的关系

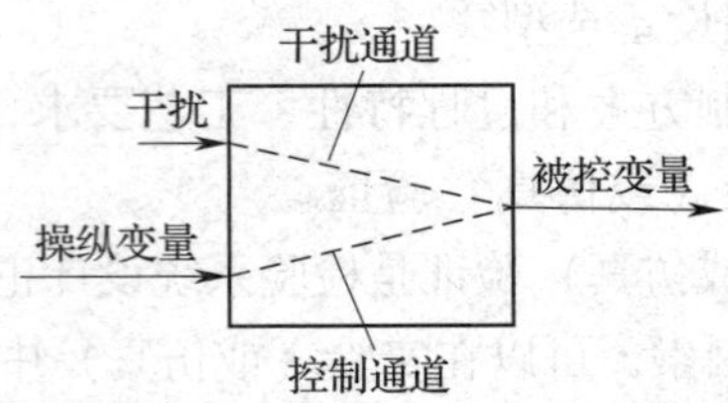

图 4—2—2　干扰通道与控制通道的关系

干扰变量由干扰通道施加到对象上，起着破坏作用，使被控变量偏离给定值。操纵变量由控制通道施加到对象上，使被操纵变量恢复到给定值，起着校正作用。这是一对相互矛盾的变量，它们对被控变量的影响都与对象特性有密切的关系。因此，在选择操纵变量时，要认真分析对象特性，以提高控制系统的控制质量。

1. 对象静态特性的影响

在选择操纵变量构成自动控制系统时，一般希望控制通道的放大系数越大越好，这是因为放大系数越大，表示控制作用对被控变量影响越显著，控制作用越有效。当然，如果放大系数过大，会引起控制通道过于灵敏，使控制系统不稳定。另外，对象干扰通道的放大系数则越小越好，放大系数小表示干扰对被控变量的影响不大，过渡过程的超调量不大。因此，确定控制系统时，也要考虑干扰通道的静态特性。总之，在诸多变量都要影响被控变量时，从静态特性考虑，应尽量选择放大系数较大的可控变量作为操纵变量。

2. 控制通道动态特性的影响

（1）控制通道时间常数的影响

调节器的控制作用，是通过控制通道施加于对象去影响被控变量的，所以控制通道的时间常数不能过大，否则会使操纵变量的校正作用迟缓、超调量大、过渡时间长。要求对象控制通道的时间常数 T 小一些，使其反应灵敏、控制及时，从而获得良好的控制质量。

（2）控制通道纯滞后 τ_0 的影响

控制通道的物料输送或能量传递都需要一定的时间，因此造成纯滞后 τ_0 对控制质量的影响。如图 4—2—3 所示为纯滞后对控制质量影响的示意图。图中，C 表示被控变量在干扰作用下的变化曲线（这时无校正作用）；A 和 B 分别表示无纯滞后和有纯滞后时操纵变量对被控变量的校正作用；D 和 E 分别表示无纯滞后和有纯滞后情况下被控变量在干扰与校正同时作用下的变化曲线。

对象控制通道无纯滞后时，调节器在 t_0时间接收正偏差信号而产生校正作用 A，使被控

变量从 t_0 以后沿曲线 D 变化；对象控制通道有纯滞后 τ_0 时，调节器虽在 t_0 时间后发出了校正信号，但由于纯滞后的存在，使之对被控变量的影响推迟了 τ_0 时间，即对被控变量的实际校正作用是沿曲线 B 变化的，因此被控变量是沿曲线 E 变化的。比较 E、D 曲线，可见纯滞后使超调量增加；反之，当调节器接收负偏差信号而产生校正作用，由于存在纯滞后，使被控变量继续下降，可能造成过渡过程的振荡加剧，以致时间变长，稳定性变差。所以，在选择操纵变量构成控制系统时，应使对象控制通道的纯滞后时间 τ_0 尽量小。

3. 干扰通道动态特性的影响

（1）干扰通道时间常数的影响

干扰通道时间常数 T_f 越大，表示干扰对被控变量的影响越缓慢，越有利于控制。所以，在确定控制方案时，应设法使干扰通道时间常数加大。

（2）干扰通道纯滞后 τ_f 的影响

如果干扰通道存在纯滞后 τ_f，即干扰对被控变量的影响推迟了时间 τ_f，则控制作用也推迟了时间 τ_f，使整个过渡过程曲线推迟了时间 τ_f，只要控制通道不存在纯滞后，就不会影响控制质量，如图 4—2—4 所示。

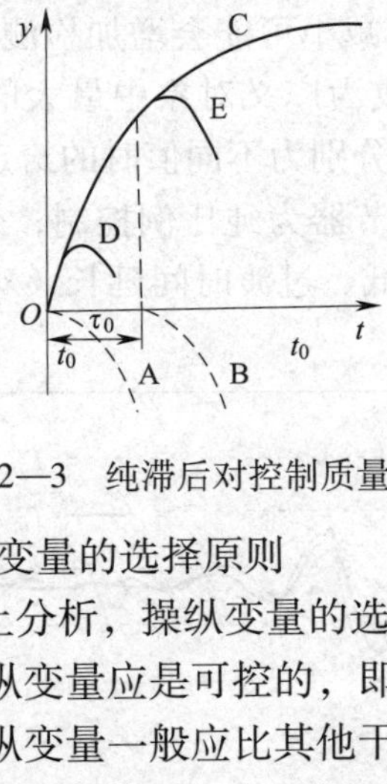

图 4—2—3　纯滞后对控制质量的影响

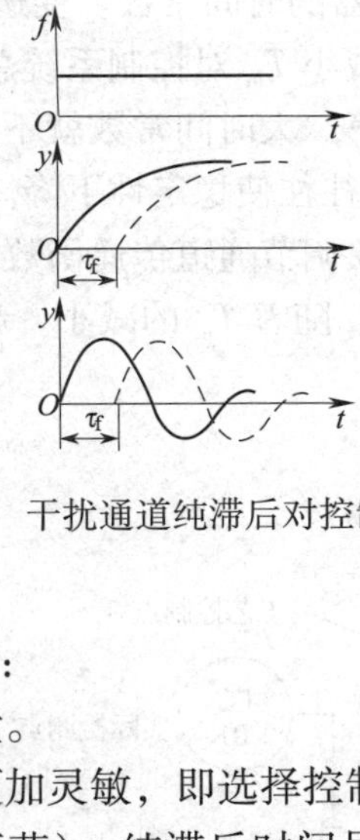

图 4—2—4　干扰通道纯滞后对控制质量的影响

4. 操纵变量的选择原则

根据以上分析，操纵变量的选择原则主要有以下三点：

（1）操纵变量应是可控的，即工艺上允许调节的变量。

（2）操纵变量一般应比其他干扰对被控变量的影响更加灵敏，即选择控制通道的放大系数适当大、时间常数适当小（但不宜过小，否则易引起振荡）、纯滞后时间尽量小，同时使干扰通道的放大系数尽可能小，时间常数尽可能大。

（3）在选择操纵变量时，除了从控制角度考虑外，还要考虑工艺的合理性与生产的经济性。一般不宜选择生产负荷作为操纵变量，因为生产负荷直接关系到产品的产量，不宜经常波动。另外，从经济性考虑，应尽可能地降低物料与能量的消耗。

三、系统设计中的测量变送问题

检测变送器作为控制系统的眼睛，将工业过程参数转换为标准信号。设计控制系统时，需要考虑仪表本身性能、测量信号的处理及安装与使用条件等方面问题。

1. 仪表性能的考虑

通常将检测变送器等效表示为一阶加纯滞后环节，即：

$$G_m(s) = \frac{K_m}{(T_m s + 1)} e^{-\tau_m s}$$

τ_m 对控制系统性能指标的影响与调节通道的纯滞后时间一样，减小它对控制系统有利。τ_m 的产生主要有两种因素，一是检测仪表本身不连续输出，如一些分析仪表样品进入分析仪，到分析仪输出相应的信号需要一定的时间间隔；二是安装位置所造成。一些检测元件对检测条件有严格的要求，如温度、压力、流速等检测必须在规定的范围内，否则无法保证检测精度。

如图 4—2—5 所示的采样预处理系统是实践中常用的方案。通过对采样管内的物料进行必要的恒温、恒压、恒流速等处理，使检测点处的物料状态符合检测元件的要求。物料从工艺控制点到实际检测点需要一定的传输时间，即产生了一定的纯滞后。管线越长、速度越慢，则滞后时间越长。另外，有些分析仪表即使不需要对被测物料进行恒温、恒压、恒流速处理，但是也不能安装在生产现场，需要安装在专门的分析室，这时要利用采样管将物料从控制点传送到分析室，也会引起纯滞后。实际使用中，可能两种因素都有。

K_m 与变送器的量程有关，量程的大小取决于工艺操作要求，量程小则 K_m 大。作为广义对象的一部分，K_m 本身不影响控制系统的性能指标。然而，当变送器精度等级一定时，量程小有利于减小显示误差。

T_m 是变送器的时间常数。变送器是广义对象的一部分，只要不是广义对象中最大的一个时间常数，减小 T_m 对控制系统总是有利的。由于 T_m 的减小可能会增加检测仪表的费用，一般只要小于第二大时间常数就不必进一步减小了。T_m 成为广义对象中最大的一个时间常数时，减小 T_m 往往使稳定性下降。图 4—2—6 给出了 T_m 分别为不同值时的给定值阶跃响应曲线，被控对象调节通道传递函数如图 4—2—6 所示，调节器为纯比例控制，余差按 5% 考虑，故 $K_c=19$。随着 T_m 的减小，超调量增加、稳定性降低、过渡时间延长，对控制系统不利。

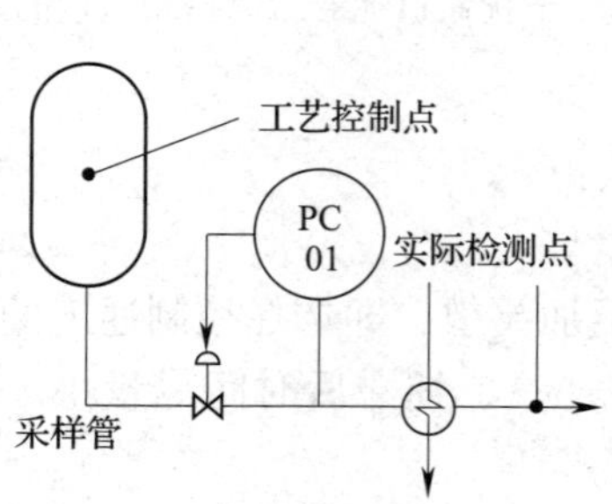

图 4—2—5　采样预处理系统

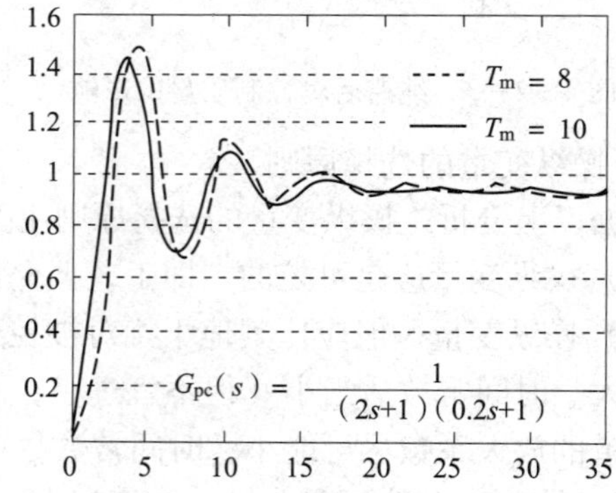

图 4—2—6　T_m 为不同值时的给定值阶跃响应曲线

2. 测量信号的处理

（1）测量信号的线性化处理

当变送器输出信号与工艺控制指标之间呈非线性关系时，为了使广义对象具有一定的线性，需要对测量参数作线性化处理。例如，采用节流装置与差压变送器测量流量时，变送器输出信号与流量之间呈二次方关系，当操作范围比较大时，工作点的变化将严重影响控制系统的质量，因而有必要进行线性化处理。有时，为了指示的方便也需要进行线性化处理。

（2）测量信号的滤波处理

有些流体输送设备，如往复式压缩机，流量呈脉动变化状态，因而流量信号也将随之脉动变化。这种脉动显然对控制系统很不利。实际应用中通常对信号进行低通滤波处理。

对测量过程中存在的某些高频噪声，如沸腾状态的液位、振动明显的管道流量等，也需要对测量信号进行低通滤波处理。

具体滤波处理时，可以采用模拟 RC 电路，也可以采用数字滤波。

对于其他类型的噪声，可以采用具有针对性的抗干扰方法。例如，对于尖峰型干扰可以采用程序判别滤波的方法，其计算公式为：

$$\overline{y}(i)=\begin{cases}\overline{y}(i-1)+\Delta(i) & |y(i)-\overline{y}(i-1)|>\delta \\ y(i) & |y(i)-\overline{y}(i-1)|\leqslant\delta\end{cases}$$

式中 $\overline{y}(i)$——经过滤波后的输出值；

$y(i)$——滤波前的实际采样值；

$\Delta(i)$——预估输出值增量；

δ——规定的阈值。

阈值 δ 限制了一次采样间隔可能的最大变化量。超过此值，说明受到了尖峰干扰，系统将丢弃本次采样值，以上次输出值与预估输出值增量之和作为本次输出值。预估输出值增量 $\Delta(i)$ 通常设定为 0 或 $\Delta(i)=\overline{y}(i-1)-\overline{y}(i-2)$，即上次输出值增量。

3. 安装与使用条件

安装条件必须符合相应检测仪表的具体要求。例如，流量测量仪表通常对前后管道的直管段的要求、节流装置流向的要求、测温元件在被测介质中插入深度的要求、差压变送器导压管内液体高度应该相等的要求等。

实际使用中，仪表的工作参数应该符合仪表的设计参数。例如，气体流量测量时的实际工作温度和压力应该与设计值相等，如果偏离较大将产生较大的附加误差，必要时需要进行校正。

四、执行器的考虑

执行器（调节阀）作为控制系统的手脚，将控制作用的标准信号转换为操纵变量，以改变工业过程的状态。一般调节阀选用应考虑以下几个方面。

1. 调节阀结构形式的选择

调节阀的结构形式主要根据工艺条件，如使用温度、压力及介质的物理、化学特性（如腐蚀性，黏度等）来选择。一般介质可选用直通单座阀或直通双座阀，高压介质可选用高压阀，强腐蚀介质可选用隔膜阀等。

2. 气开式与气关式的选择

由于调节阀是由执行机构和调节机构组装而成，执行机构有正、反作用两种形式，调节机构（具有双导向阀芯的）也有正装和反装两种方式，因此气动调节器有气开与气关两种形式，如图 4—2—7 所示。

无压力信号时阀全开，随着压力信号增大，阀门逐渐关小的气动调节阀称为气关式调节阀。反之，无压力信号时阀全关，随着压力信号增大，阀门逐渐开大的气动调节阀称为气开式调节阀。调节阀气开、气关形式的选择原则完全出于工艺生产的安全考虑，一旦控制系统发生故障、信号中断，调节阀的开关状态应能保证工艺设备和操作人员的安全。如果控制信号中断时阀处于打开位置危害性小，则应选用气关式调节阀；反之，则应选用气开式调节阀。例如，蒸汽锅炉的燃料输入管道应安装气开式调节阀，即当控制信号中断时应切断进炉燃料，以免炉温过高造成事故；而给水管道应安装气关式调节阀，即当控制信号中断时应打开进水阀，避免锅炉烧干。

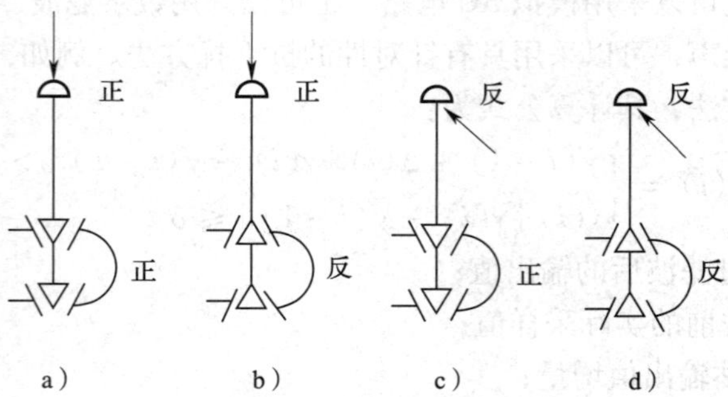

图 4—2—7　调节阀的气开式与气关式

a）气关式　b）气开式　c）气开式　d）气关式

3. 调节阀的流量特性选择

调节阀的流量特性影响着控制系统的调节品质，其选择一般需要从两个方面考虑：一是控制阀本身的特性，是控制阀流通能力与阀门行程之间的关系，即理想流量特性，它取决于阀芯的几何形状，与具体的使用情况无关；二是流过阀门的流量与阀门行程之间的关系，即工作流量特性，它不仅与阀门的理想流量特性有关，还与阀两端压差、介质的密度、其他配管阻力等有关。

从调节原理来看，要保持一个调节系统在整个工作范围内都具有较好的品质，应该使系统在整个工作范围内的总放大倍数尽可能保持恒定。通常，变送器、调节器和执行机构的放大倍数是常数，但调节对象的特性往往是非线性的，其放大倍数常随工作点的不同而变化。因此选择调节阀时，希望以调节阀的非线性补偿调节对象的非线性。例如，在实际生产中，很多对象的放大倍数是随负荷增大而减小的，这时如能选用放大倍数随负荷增大而增加的调节阀，便能使两者互相补偿，从而保证整个工作范围内都有较好的调节质量。对数特性的调节阀具有这种特性，因此得到广泛的应用。若调节对象的特性是线性的，则应选用具有直线流量特性的调节阀，以保证系统总放大倍数恒定。至于快开特性的调节阀，由于小开度时放大倍数高，容易使系统振荡，而大开度时调节不灵敏，在连续调节系统中很少使用，一般只用于双位式调节的场合。

必须注意，按上述原则选择的调节阀特性是实际需要的工作流量特性，在确定调节阀时，必须具体地考虑管道、设备的连接情况以及泵的特性，再由工作流量特性推出需要的固有流量特性。例如，在一个其他环节都具有线性特性的系统中，按非线性互相补偿的原则，应选择工作流量特性为线性的调节阀；但如果管道的阻力状况 $S=0.3$，则此时固有流量特性为具有对数特性的调节阀，工作特性已经畸变为直线特性，故必须选用固有特性为对数特性的调节阀，才能得到直线特性的工作流量特性。人们通过大量的实践，总结出了一些行之有效的经验，可以根据被控对象类型及主要扰动因素来确定调节阀流量特性，见表 4—2—1。

表 4—2—1 给出的是所要求的工作流量特性。还要根据配管情况确定理想流量特性。一

般来说，$S \geqslant 0.6$ 时，工作流量特性与理想流量特性差异不大，可以直接选用表 4—2—1 中给出的流量特性。当 $0.3 < S < 0.6$ 时，需要选择比表 4—2—1 中给出曲线更加向右下凹的曲线；除工作流量需要快开特性而选用线性特性外，一般是选用等百分比特性。除非工艺操作范围很小，否则系统尽量不要在 $S < 0.3$ 时工作。

表 4—2—1　　经验法选择调节阀工作流量特性

流程简图	主要扰动	流量特性	附加条件	备注
流量控制对象（F）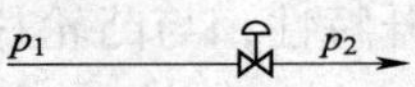 p_1、p_2 分别为阀前、阀后压力	F	直线	线性流量计或节流装置带开方器	
	p_1、p_2	等百分比	线性流量计或节流装置带开方器	
	设定值	抛物线	节流装置不带开方器	
	p_1、p_2	等百分比	节流装置不带开方器	
温度控制对象（T_2） T_1、T_2 为工艺物料进、出口温度 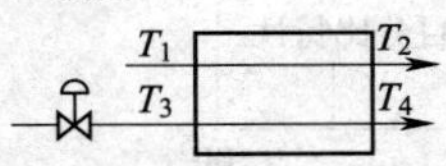 T_3、T_4 为热媒进、出口温度 F 为工艺物料流量 p 为控制阀压差	p、T_3、T_4	等百分比		T_o 为对象最大，最小时间常数的对数平均值 $T_o = \sqrt{T_{max}T_{min}}$ T_m、T_v 为检测环节、调节阀时间常数
	T_1	直线		
	T_2	直线		
	F	直线	$T_o \geqslant T_m$（T_v）	
	F	等百分比	$T_o = T_m$（T_v）	
	F	双曲线	$T_o < T_m$（T_v）	
压力控制对象（p_2） p_1、p_2 为进、出口压力 C_v 为调节阀全开时流通能力 C_f 为其他节流部件流量系数	p_1	双曲线	$C_v \geqslant 2C_o$	液体介质
	p_1	等百分比	$2C_o \geqslant C_v$	液体介质
	p_2	等百分比	$C_v \geqslant 2C_o$	液体介质
	p_2	直线	$2C_o \geqslant C_v$	液体介质
	p_3	等百分比	$C_v \geqslant 2C_o$	液体介质
	p_3	直线	$2C_o \geqslant C_v$	液体介质
	C_f	等百分比		气体介质
	p_1、C_1	等百分比		气体介质
	p_3	抛物线		气体介质
液位控制对象（h）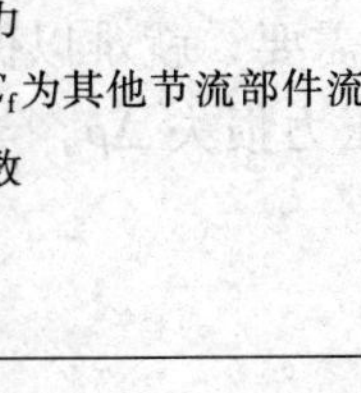	h	双曲线	$T_o = T_v$	T_o 为对象最大、最小时间常数的对数平均值 $T_o = \sqrt{T_{max}T_{min}}$ T_v 为调节阀时间常数
	h	等百分比	$T_o \gg T_v$	
	F	等百分比	$T_o = T_v$	
	F	直线	$T_o \gg T_v$	
	h	抛物线	$T_o = T_v$	
	h	直线	$T_o \gg T_v$	
	C_o	等百分比	$T_o = T_v$	
	C_o	直线	$T_o \gg T_v$	

4．阀门定位器的应用

调节阀在使用中会由于工艺操作条件等影响发生定位不准，产生间隙特性。例如，对于高压阀，为了避免介质通过阀杆等可动部件的缝隙泄漏，需要用填料密封，阀杆和填料之间需要较大的摩擦力才能有良好的密封性能。但是，这也使调节阀产生间隙特性，从而影响控制系统质量，甚至出现等幅振荡。为了减少这种间隙特性的影响，一般采用阀门定位器克服阀杆摩擦力，其工作原理如图 4—2—8 所示。

工业上还通过改变凸轮片形状以改变阀杆行程 l 和控制信号 u 之间的关系，从而改变执行装置整体的流量特性。目前，国产定位器一般带有 A、B、C 三种形状的凸轮片，它们的特性曲线如图 4—2—9 所示。如果线性调节阀与凸轮片 B 组合，可得到快开特性；与凸轮片 C 组合，可得到等百分比特性。

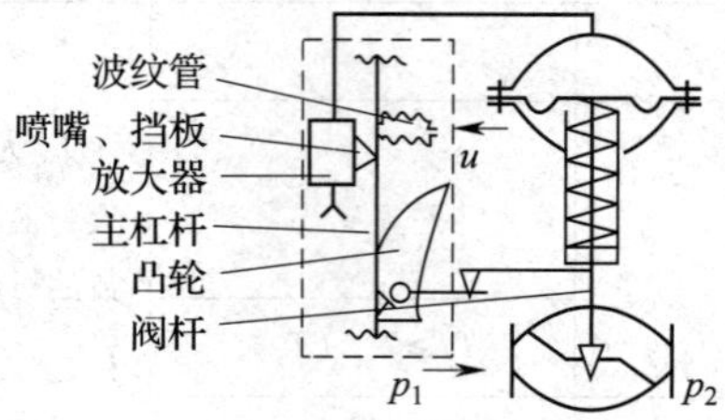

图 4—2—8　阀门定位器工作原理

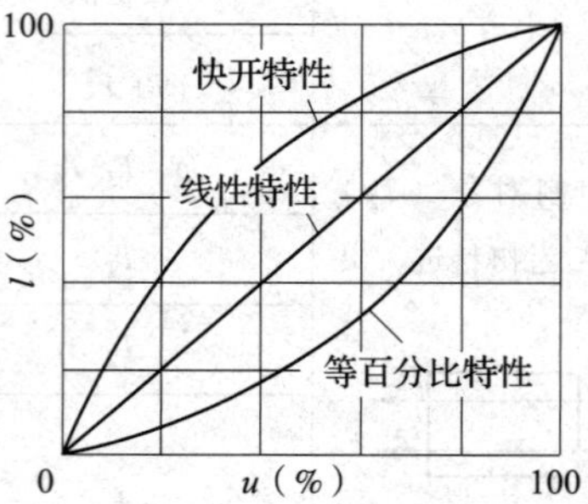

图 4—2—9　凸轮片特性曲线

利用阀门定位器还可以克服调节阀进、出口压差在阀芯上产生的不平衡力对阀杆位移的影响。

另外，在分程控制系统中，也要利用阀门定位器改变控制信号的作用范围。例如，当控制信号 u 从 0.02MPa 变化到 0.06MPa 时，调节阀开度从 0 到 100% 变化。

5．调节阀口径的选择

在控制系统中，为保证工艺操作的正常进行，必须根据工艺要求，准确计算阀门的流通能力，合理选择调节阀的尺寸。如果调节阀的口径太大，将使阀门经常工作在小开度位置，造成调节质量不好；如果口径太小，阀门完全打开也不能满足最大流量的需要，就难以保证生产的正常进行。根据流体力学，不可压缩的流体通过调节阀时产生的压力损失 Δp，与流体速度之间有：

$$\Delta p = \xi\rho\frac{v^2}{2}$$

式中　v——流体的平均流速，m/s；

ρ——流体密度，kg/m^3；

ξ——调节阀的阻力系数（与阀门的结构及开度有关）。

因流体的平均流速 v 等于流体的体积流量 Q 除以调节阀连接管的截面积 A，即：

$$v = \frac{Q}{A}$$

代入 $\Delta p = \xi\rho\frac{v^2}{2}$ 并整理，即得流量表达式：

$$Q = \frac{A}{\sqrt{\xi}}\sqrt{\frac{2\Delta p}{\rho}}$$

若面积 A 的单位取 cm^2，压差 Δp 的单位取 kPa，流体密度的单位取 kg/m^3，流量 Q 的单位取 m^3/h，则上式可写成数值表达式：

$$Q = 3\ 600\frac{1}{\sqrt{\xi}}\frac{A}{10^4}\sqrt{2\times\frac{\Delta p}{\rho}} = 0.36\frac{A}{\sqrt{\xi}}\sqrt{2\times\frac{\Delta p}{\rho}}$$

由此可知，通过调节阀的流体流量除了与阀门两端的压差及流体种类有关外，还与阀门口径 D（$A=\pi D^2/4$）有关。对于一个制作好的阀门，如果阀门两端的压差及流体种类确定了，调节阀的口径就决定了调节阀的流通能力。调节阀的流通能力用流量系数 C 值表示。

流通能力的定义为：在阀两端压差为 100 kPa，流体密度为 1 000 kg/m^3 的条件下，阀门全开时每小时能通过调节阀的流体流量（kg/m^3）。例如，某一阀门全开、阀两端压差为 100 kPa时，如果流经阀的水流量为 40 m^3/h，则该调节阀的流量系数 $C=40$。

根据流通能力的上述定义，由流量的数值表达式可得：

$$C = 5.09\frac{A}{\sqrt{\xi}}$$

在有关的调节阀使用手册里，对不同口径和不同结构形式的阀门分别给出了流通系数 C 的数值，可供用户查阅。

实际应用中，阀门两端压差不一定是 100 kPa、流经阀的也不一定是水，因此必须换算。将 $C=5.09\frac{A}{\sqrt{\xi}}$代入流量的数值表达式，可得：

$$C = Q\sqrt{\frac{\rho}{10\Delta p}}$$

上式可在已知压差、流体密度及需要的最大流量 Q 时，确定调节阀的流通系数 C。但当流体是气体、蒸汽或二相流时，以上的计算公式要进行相应修正。有关流通系数值的详细计算方法可查阅调节阀生产厂家提供的手册。

五、调节器调节规律的选择

合理选择调节器调节规律是为了使调节器与被控过程很好地配合，组成满足工艺要求的控制系统。选择什么样的调节规律与具体的被控制过程匹配是一个比较复杂的问题，需要综合考虑多种因素才能得到合理的解决。图 4—2—10 给出了某控制过程在最佳整定条件下，同一阶跃扰动下不同调节规律具有同样衰减率时的调节曲线。很明显 PID 综合控制效果最佳，但并不意味任何情况下都采用 PID 调节器。PID 调节器有三个参数，如果整定的不合理，不仅不能发挥 P、I、D 各自的长处，反而会起反作用。

根据上述讨论调节规律对调节性能影响所得到的结论，可以作为初步选择调节规律的依据。在控制工程实施的具体过程中，调节规律的最终确定还要根据被控过程特性、负荷变化情况、主要扰动特点以及生产工艺要求等实际情况进行分析；同时，还应考虑生产过程经济性以及系统投运、维护等因素。当然，最终结果还要通过工程实践的验证。下面简要介绍选择调节规律的基本原则。

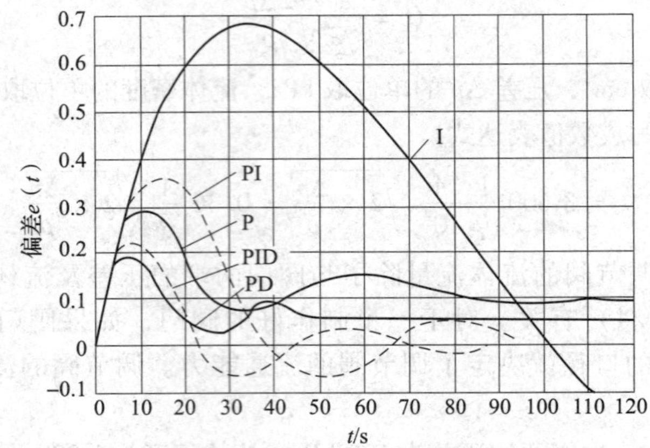

图 4—2—10　同一阶跃扰动下不同调节规律具有同样衰减率时的调节曲线

1. 比例调节

比例调节是最简单的调节规律，它对控制作用和扰动作用的响应都很迅速。比例调节只有一个参数，整定简便。比例调节的主要缺点是系统存在静差。对象控制通道 τ_0/T_0 小，负荷变化与外部扰动小、工艺要求不高、允许有静差的系统，可以选用比例调节，如一般的液位调节、压力调节系统等。

2. 积分调节

积分调节的特点是可以消除静差，但积分作用会增加动态偏差和调节时间，因此只能用于有自衡特性的简单对象，很少单独使用。

3. 比例积分调节

比例积分调节既能消除静差，又有较好的动态响应特性。对于一些调节通道容量滞后较小、负荷变化不大的调节系统，如流量调节系统、压力调节系统和要求较严格的液位控制系统，比例积分调节可以取得很好的效果。比例积分调节器是使用最多的调节器。

4. 比例微分调节

微分调节提高了系统的稳定性，使系统比例系数增大，加快了调节过程，减小动态偏差和静差。但在有高频干扰的场合，由于微分作用对高频干扰特别敏感，T_d 不能太大，否则会影响系统正常工作。在高频干扰频繁或存在周期性干扰的场合，不能使用微分调节。同时，由于比例微分调节不能消除余差，所以一般不能单独使用。

5. 比例积分微分调节

具有比例积分微分作用的调节器称为比例积分微分调节器，简称 PID 调节器。PID 调节器是常规调节中性能最好的一种调节器，它综合了各种调节规律的优点，既能改善系统的稳定性，又可以消除静差。对于负荷变化大、容量滞后大、控制品质要求高的控制对象（如温度控制、pH 值控制等）均能适应。但对于对象滞后很大，负荷变化剧烈、频繁的被控过程，采用 PID 调节还达不到工艺要求的控制品质时，则应选用串级控制、前馈控制等复杂控制系统。

另外，当广义对象的传递函数近似为：

$$G_0(s) = \frac{K_0}{(T_0 s + 1)} e^{-\tau_0 s}$$

时，可根据 τ_0/T_0 来选择调节器的调节规律：$\tau_0/T_0 < 0.2$ 时，选择比例（P）或比例积分（PI）调节规律；$\tau_0/T_0 > 0.2$ 时，选择比例积分微分（PID）调节规律；$\tau_0/T_0 > 1.0$时，采用简单控制系统往往难以满足工艺要求，应采用串级控制、前馈控制等复杂控制系统。

§4—3 简单控制系统操作与投运

控制系统设计安装完成后，通过合理的操作才能使控制系统正常工作。

一、调节器正/反作用设定

调节器正式投入闭环运行前，必须正确设置其正/反作用形式，以保证控制系统具有负反馈特性。调节器正/反作用的设定通过设置仪表侧面板上的正/反作用转换开关位置实现。

1. 调节器正/反作用形式定义

调节器正/反作用形式是根据调节器输出与测量值之间的变化关系而定的。调节器输出随测量值增加而增加的，称为正作用形式；随测量值增加而减小的，称为反作用形式。

2. 调节器正/反作用与增益 K_p 的关系

K_p 为正时，调节器输出随偏差的增加而增加。由于偏差定义为给定值减测量值，所以偏差随测量值减小而增加。因而 K_p 为正时，调节器输出随测量值的减小而增加，即反作用形式调节器的增益 K_p 为正，正作用形式调节器的增益 K_p 为负。

3. 控制系统负反馈的条件

由控制原理知，一个简单的信号闭合回路具有正反馈还是负反馈特性，取决于构成回路各环节增益乘积的正/负特性。各环节增益乘积为正，则回路具有正反馈特性；反之，具有负反馈特性。常规控制系统的负反馈设计，可以通过如图 4—3—1 所示的控制系统方框图加以说明。构成闭合回路的环节共有五个（包括比较环节）。由于比较环节增益总是为负，所以只要其余四个环节的增益乘积 $K_c K_v K_p K_m$ 为正，闭合回路就具有负反馈特性。

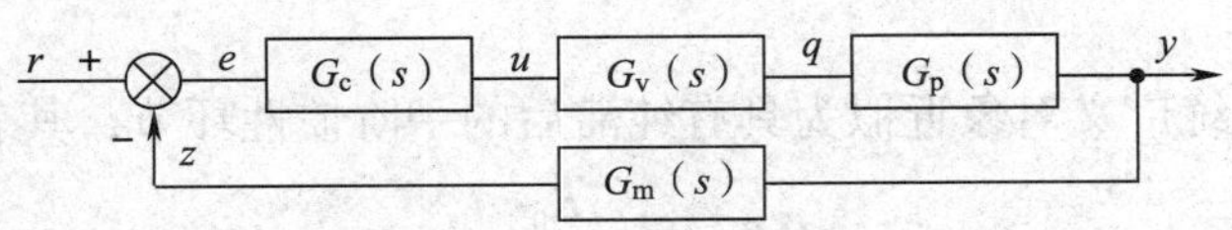

图 4—3—1 控制系统方框图

下面以如图 2—2—3 所示的液位控制系统为例说明如何确定调节器正/反作用形式。已知控制阀选择为气开阀，K_v 为正。操纵变量为水箱进水流量，进水流量增加，水箱液位升高，K_p 为正。液位升高，液位变送器输出增加，K_m 为正。所以，K_p 应该为正。相应的调节器为反作用形式。

二、调节器工作状态设定

常规调节器的工作状态有手动、自动、串级。手动状态时，由操作员直接改变调节器输出。自动或串级状态时，调节器根据给定的控制规律对偏差运算产生控制输出。自动状态时的偏差是内给定值与测量值的偏差。串级状态时的偏差是外给定值与测量值的偏差。手动与自动或串级之间的切换，通过转换仪表正面板上的手动/自动切换杆位置实现；自动与串级之间的切换，通过设置仪表侧面板上的内/外给定开关位置实现。

实际生产中，调节器总是以手动状态开始，通过手动操作使生产过程达到或接近设计状态，再将调节器切换到自动或串级状态，实现自动控制。切换状态时，需要保证调节器输出不产生阶跃跳变，称为无扰动切换。目前，一般的 DDZ－III 型调节器由自动或串级切换到手动时不需要特别操作就能实现无扰动切换。但是，由手动切换到自动或串级时，或者自动和串级之间切换时，需要先完成一些操作，满足一定的条件才能实现无扰动切换，这样的操作称为平衡操作。

手动与自动或串级之间的切换按照具体调节器的操作规程进行。一般数字型调节器，可以通过软件自动完成平衡操作，实现无平衡无扰动切换。

三、调节器参数整定

对于已经设计好的广义对象，确定了相应的调节器后，控制系统的性能指标就取决于调节器参数。整定调节器参数的目的就是根据给定的调节器，寻找一组合适的参数，尽可能使控制系统的性能指标满足工艺生产的要求。

参数整定的方法分为以下两类：

1. 理论整定

理论整定的基础是已经获得控制系统各环节的数学模型，即广义对象的传递函数已知。根据控制要求确定系统的闭环传递函数或过渡过程指标，计算调节器的相应参数。通常采用频率特性法和根轨迹法进行设计。具体方法可参看控制原理相关理论。另外，也可以通过仿真整定。由于模型的精度问题，由此得到的参数在实际运行时需要作进一步的调整。

2. 工程整定

实际工程中，往往很难获得控制系统精确的传递函数，因而无法采用理论整定的方法整定调节器参数。工程整定是一种行之有效的方法。常用的工程整定方法有响应曲线法、临界比例度法、衰减曲线法、经验法等。

（1）响应曲线法

该方法将控制系统广义对象近似为具有纯滞后的一阶惯性环节，其表达式为：

$$G_0(s) = \frac{K_0 e^{-\tau_0 s}}{T_0 s + 1}$$

通过测试的方法获得广义对象的阶跃响应曲线，由曲线计算传递函数中有关参数，具体操作过程如下：

将调节器置于手动操作。改变调节器输出，使测量值处于工艺设计值附近，并稳定一定的时间。在 t_0 时刻使调节器输出由 u_0 阶跃变化到 u_1，阶跃大小一般按量程的 5% ~10% 考虑。阶跃过大将严重影响生产；阶跃太小，影响测量精度。利用记录仪记录测量值变化曲线。典型的阶跃响应曲线如图 4—3—2 所示。在曲线的拐点作一切线，切线分别在 $t = t_1$、

$t=t_2$处与 $z=z_0$、$z=z_1$ 相交。应用下列表达式计算 $G_0(s)=\frac{K_0 e^{-\tau_0 s}}{T_0 s+1}$中的相关参数：

$$K_0=\frac{\frac{z_1-z_0}{z_{\max}-z_{\min}}}{\frac{u_1-u_0}{u_{\max}-u_{\min}}},\tau_0=t_1-t_0,T_0=t_2-t_1$$

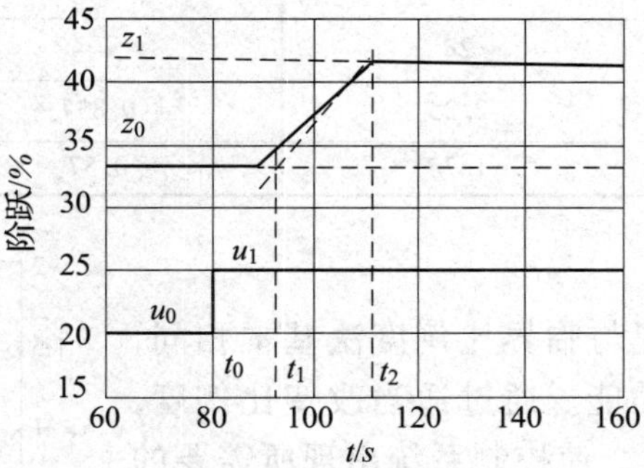

图 4—3—2　阶跃响应曲线

按控制系统的衰减比为 4∶1 整定参数时，可以应用表 4—3—1 所列的经验公式计算调节器参数。

表 4—3—1　　　　响应曲线法计算调节器参数的经验公式

控制规律	δ	T_i	T_d
P	$\frac{K_0\tau_0}{T_0}$	—	—
PI	$1.1\frac{K_0\tau_0}{T_0}$	$3.3\tau_0$	—
PID	$0.85\frac{K_0\tau_0}{T_0}$	$2\tau_0$	$0.5\tau_0$

（2）临界比例度法

临界比例度法是在控制系统闭环的情况下进行的，具体操作过程如下：

将调节器设置为比例控制，去除积分和微分作用。通过手动操作，使测量值处于工艺设计值附近，待系统平稳。正确设置调节器正/反作用形式。再将调节器切换到自动状态，注意无扰动切换。将给定值作一小幅阶跃变化，记录过渡过程曲线。如果过渡过程为单调或振荡稳定，则适当减小比例度；如果过渡过程为单调或振荡发散，则适当增大比例度。将调节器切换为手动，通过手动操作使系统稳定后，再将给定值作一小幅阶跃变化，观察过渡过程曲线。不断地调整比例度，观察过渡过程，直到过渡过程出现如图 4—3—3 所示的等幅振荡。此时的比例度称为临界比例度，用 δ_s 表示。由过渡过程曲线得到临界振荡周期 T_s。控制系统按 4∶1 衰减整定参数时，可以应用表 4—3—2 所列的

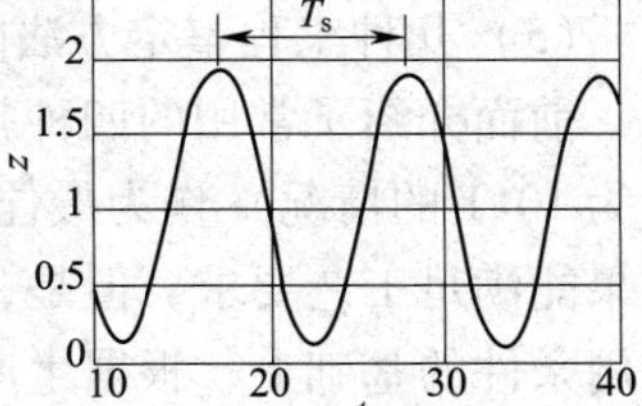

图 4—3—3　等幅振荡曲线

经验公式计算调节器参数。

在寻找临界比例度时，一方面应该注意生产状态，不能出现产品质量事故和安全生产事故；另一方面调节器输出不能达到极限值。当等幅振荡会严重影响生产过程时，可以采用衰减振荡法整定参数。

表 4—3—2　临界比例度法计算调节器参数的经验公式

控制规律	δ	T_i	T_d
P	$2\delta_s$	—	—
PI	$2.2\delta_s$	$0.83T_s$	—
PID	$1.7\delta_s$	$0.5T_s$	$0.13T_s$

(3) 衰减曲线法

衰减振荡法的整定过程与临界比例度法基本相同，也需要先去除积分和微分功能。通过适当改变比例度，将给定值作一小幅阶跃变化，使控制系统出现所需要的衰减振荡过程。图 4—3—4 是 4∶1 衰减的过渡过程。此时的比例度记为 δ_u。由过渡过程曲线可以得到操作周期 T'_s。表 4—3—3 所列的是按 4∶1 衰减振荡法整定参数的经验公式。

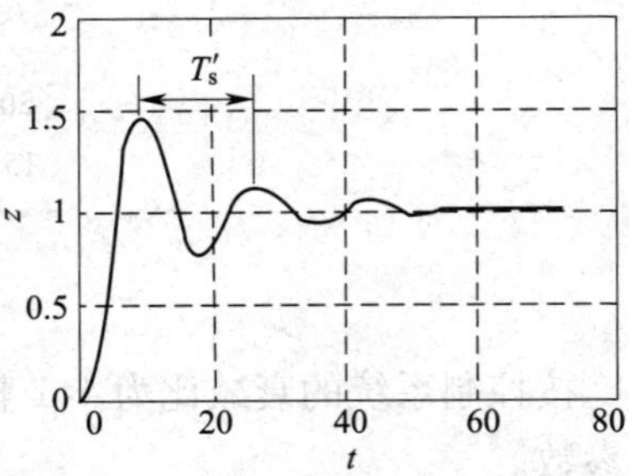

图 4—3—4　4∶1 衰减的过渡过程

表 4—3—3　衰减振荡法整定参数的经验公式

控制规律	δ	T_i	T_d
P	δ_u	—	—
PI	$1.2\delta_u$	$0.5T'_s$	
PID	$1.7\delta_s$	$0.3T'_s$	$0.1T'_s$

(4) 经验法

经验法是根据经验先将调节器参数放在某些数值上，直接在闭合的控制系统中通过改变给定值施加干扰，看输出曲线的形状，以 $\delta\%$、T_i、T_d 对控制过程的规律为指导，调整相应的参数进行凑试，直到合适为止。

需要说明的是，不管采用哪种整定方法，应用经验公式得到的只是初步的参数，不能保证过渡过程就能得到所需要的衰减比。实际生产中，还需要根据实际情况再进一步调整参数，直到满足要求。

(5) 几种工程整定方法的比较

前面介绍了常用的四种整定方法，它们都是以衰减比为 4∶1（衰减曲线法也考虑了衰减比为 10∶1 的情况）作为最佳指标进行参数整定的。对多数简单控制系统来说，这样的整定结果能满足工艺要求。但是，在应用中究竟采用哪一种方法，需要在了解各种方法的特点及适用条件的基础上，根据生产过程的具体情况进行选择。下面对几种方法作一简单比较。

响应曲线法通过开环实验测得广义对象的阶跃响应曲线。根据求出的 τ_0、T_0 和 K_0 进行参数整定。测试实验时，要求加入扰动幅度足够大，使被控参数产生足够大的变化，保证测试的准确性，但这在一些生产过程中是不允许的。因此，响应曲线法只适用于允许被控参数变化范围较大的生产过程。响应曲线法的优点是实验方法比稳定边界法和衰减曲线法更容易掌握，实验所需时间比其他方法短。

临界比例法在做实验时，调节器已投入运行，被控过程处在调节器控制下，被控参数一般能保持在工艺允许的范围内。当系统运行在稳定边界时，调节器的比例度较小，动作很快，被控参数的波动幅度很小，一般生产过程是允许的。临界比例法适用于一般的流量、压力、液位和温度控制系统，但不适用于比例度特别小的过程。因为在比例度很小的系统中，调节器动作速度很快，使调节阀全开或全关，影响生产的正常操作。对于 τ_0 和 T_0 都很大的控制对象，调节过程很慢，被控参数波动一次需要很长时间，进行一次实验必须测试若干个完整周期，整个实验过程很费时间。对于单容或双容对象，无论比例度多小，调节过程都是稳定的，达不到稳定边界，此法不适用。

衰减曲线法也是在调节器投入运行的情况下进行，不需要系统在稳定边界（临界状态）运行，比较安全，而且容易掌握，能适用于各类控制系统。从反应时间较长的温度控制系统，到反应时间很短的流量控制系统，都可以应用衰减曲线法。但是，对于时间常数很大的系统，过渡过程时间很长，要经过多次实验才能达到 4∶1 衰减比，整个实验很费时间；另外，对于过渡过程比较快的系统，难以准确检测衰减比和振荡周期 T_s 也是缺点。

经验法的优点是不需要进行专门的实验，对生产过程影响小；缺点是没有相应的计算公式可借鉴，初始参数的选择完全依赖经验，有一定盲目性。

§4—4　简单控制系统设计实例

按照前述的简单控制系统设计方法，以喷雾式乳液干燥系统为例，简要讨论简单控制系统的分析、设计过程。

一、生产过程概述

图 4—4—1 是喷雾式乳液干燥流程示意图，通过空气干燥器将浓缩乳液干燥成乳粉。已浓缩的乳液由高位储槽流下，经过滤器（浓缩乳液容易堵塞过滤器，两台过滤器轮换使用，以保证连续生产）去掉凝结块，然后从干燥器顶部喷嘴喷出。干燥空气经热交换器（蒸汽）加热、混合后，通过风管进入干燥器与乳液充分接触，使乳液中的水分蒸发成为乳粉。成品乳粉与空气一起送出进行分离。干燥后成品质量要求高，要求含水量不能波动太大。

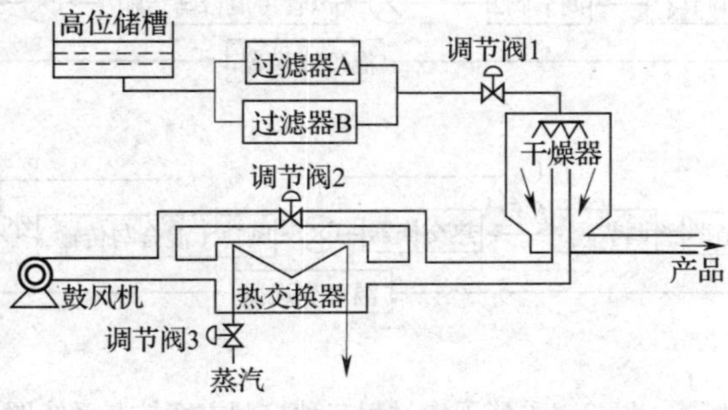

图 4—4—1　喷雾式乳液干燥流程

二、控制方案设计

1. 被控参数选择

按照生产工艺要求，产品质量取决于乳粉的水分含量。乳粉含水量测量传感器精度低、滞后大，要精确、快速测量乳粉的水分含量十分困难。研究实验表明，乳粉的水分含量与干燥器出口温度关系密切，而且为单值对应关系。进一步试验表明，干燥器出口温度偏差小于±2℃时，乳粉质量符合要求，因而可选择干燥器出口温度（间接参数）为被控参数，通过干燥器出口温度控制实现产品质量的控制。

2. 控制变量选择

（1）选择控制变量

影响干燥器出口温度的变量有乳液流量（记为f_1（t））、旁路空气流量（记为f_2（t））、加热蒸汽流量（记为f_3（t））三个因素，并通过图4—4—1中的调节阀1、调节阀2、调节阀3对这三个变量进行控制。选择其中的任意一个作为控制变量，都可实现干燥器出口温度（被控参数）的控制。分别以这三个变量作为控制变量，可得到以下三种不同的控制方案：

方案1：以乳液流量f_1（t）为控制变量（由调节阀1进行控制），对干燥器出口温度（被控参数）进行控制。

方案2：以旁路空气流量f_2（t）为控制变量（由调节阀2控制），对干燥器出口温度进行控制。

方案3：以加热蒸汽流量f_3（t）为控制变量（由调节阀3控制），对干燥器出口温度进行控制。

三种控制方案的框图如图4—4—2a、图4—4—2b、图4—4—2c所示（每个方案将选定的一个变量作为控制变量，其他变量则为干扰量）。

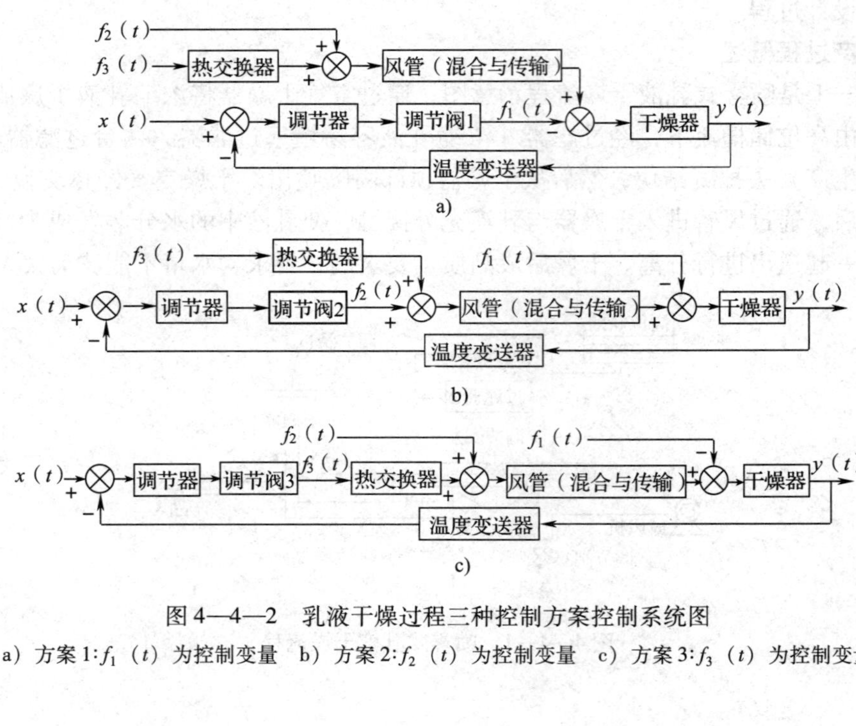

图4—4—2　乳液干燥过程三种控制方案控制系统图

a）方案1:f_1（t）为控制变量　b）方案2:f_2（t）为控制变量　c）方案3:f_3（t）为控制变量

（2）定性分析各方案

在分析、比较三种方案之前，先对影响各种方案通道特性的主要环节进行定性分析。

1）蒸汽加热流过热交换器的冷空气，蒸汽对被加热空气温度的影响为一个双容过程，其传递函数可近似为：

$$G_h(s) = \frac{K_h}{(T_{h1}s+1)(T_{h2}s+1)}$$

式中，时间常数 T_{h1}、T_{h2} 都比较大。

2）冷、热空气混合后，通过一段风管后到达干燥器，旁通冷风流量对进入干燥器空气流量的影响，可用一阶惯性环节加纯滞后近似为：

$$G_m(s) = \frac{K_m}{(T_m s+1)} e^{-\tau s}$$

式中，时间常数 T_m 较小。

3）调节阀 1 到干燥器、调节阀 2 到混合环节、调节阀 3 到换热器的滞后时间较小，可忽略不计。

4）三个方案控制通道都包含调节器、调节阀、温度检测单元，它们的特性不影响比较结果；干燥器对空气流量、空气温度、乳液流量的特性差异对三个方案影响不大，可暂不考虑。

（3）比较各控制方案

在以上定性结论的基础上，对三个可选方案进行分析、比较，从中选出合理的控制方案及对应的控制变量。

方案 1：从与其对应的控制系统框图（见图 4—4—2a）可以看出，由调节阀 1 控制的乳液流量 $f_1(t)$ 直接进入干燥器，控制通道短、滞后小，控制变量对干燥器出口温度控制灵敏；干扰进入控制通道位置与调节阀输入干燥器的控制变量 $f_1(t)$ 重合，干扰引起的动态误差小，控制品质好。从干扰通道来看，$f_2(t)$ 经过有纯滞后的一阶惯性环节 $G_m(s)$ 后进入控制通道，而 $f_3(t)$ 经过一个时间常数较大的双容环节 $G_h(s)$ 和一个有纯滞后的一阶惯性环节 $G_m(s)$ 后进入控制通道，由于 $G_m(s)$ 和 $G_h(s)$ 的滤波作用，干扰信号 $f_2(t)$，尤其是 $f_3(t)$ 对被控参数 $y(t)$（干燥器出口温度）的影响很平缓。

方案 2：从与其对应的控制系统框图（见图 4—4—2b）可以看出，由调节阀 2 控制的旁通风流量 $f_2(t)$、经过混合和滞后（传递函数为 $G_m(s)$）之后进入干燥器。由于一阶惯性环节 $G_m(s)$、时间常数 T_m 和纯滞后 τ 的滞后因素，控制通道（相对于方案 1）有一定的滞后，控制变量对干燥器出口温度的控制不够灵敏。干扰 $f_1(t)$ 进入控制通道的位置距调节阀 2 较远，干扰通道环节少，故其引起的动差较大；干扰 $f_3(t)$ 进入控制通道的位置距调节阀 2 很近，干扰通道环节多，其引起的动差小而且平缓。总的来说，方案 2 相对于方案 1 控制品质有所下降。T_m 和 τ 不是很大，品质下降有限。

方案 3：从与其对应的控制系统框图（见图 4—4—2c）可以看出，由调节阀 3 控制的蒸气流量 $f_3(t)$ 对流过热交换器的空气加热（传递函数为 $G_h(s)$），热空气经过混合和滞后（传递函数为 $G_m(s)$）之后进入干燥器。由于有 $G_h(s)$ 两个时间常数 T_{h1} 和 T_{h2}、$G_m(s)$ 的时间常数 T_m、风管纯滞后 τ 等多种因素共同影响，控制通道（相对于方案 1 和方案 2）的时间滞后很大，控制变量 $f_3(t)$ 进入控制通道的位置距调节阀很远，二者干扰通道环节

（相对于控制通道）少，引起的动差大。方案 3 的控制品质相对于方案 1 和方案 2 有很大下降。

通过上面的分析可知，从控制品质角度来看，方案 1 较好，方案 2 居中，方案 3 较差。但从生产工艺和经济效益角度来考虑，方案 1 并不是最有利的。因为，若以乳液流量作为控制变量，乳液流量就不可能始终稳定在最大值，限制了该系统的生产能力，对提高生产效率不利。另外，在乳液管道上安装调节阀，容易使浓缩乳液结块，甚至堵塞管道，会降低产量和质量，甚至造成停产。进行综合分析比较，选择方案 2 比较好，通过调节阀 2 控制旁通冷风流量 $f_2(t)$，实现干燥器出口温度控制。

3. 检测仪表、调节阀及调节器调节规律选择

根据生产工艺要求，可选用电动单元组合（DDZ－II 或 DDZ－III）仪表，也可根据仪表技术的发展水平选用其他仪表或系统。

（1）温度传感器及变送器

被控温度在 600℃以下，可选用热电阻（铂电阻）温度传感器。为了减少测量滞后，温度传感器应安装在干燥器出口附近。

（2）调节阀

根据生产安全原则、工艺特点及介质性质，选择气关型调节风阀。根据管路特性、生产规模及工艺要求，选定调节阀的流量特性。

（3）调节器

根据工艺特点和控制精度要求（偏差≤±2℃），调节器应采用 PI 或 PID 调节规律；根据构成控制系统负反馈原则，结合干燥器、气关型调节风阀及测温装置的特性，调节器应采用正作用方式。

4. 绘制控制系统图

喷雾式乳液干燥过程控制系统如图 4—4—3 所示。

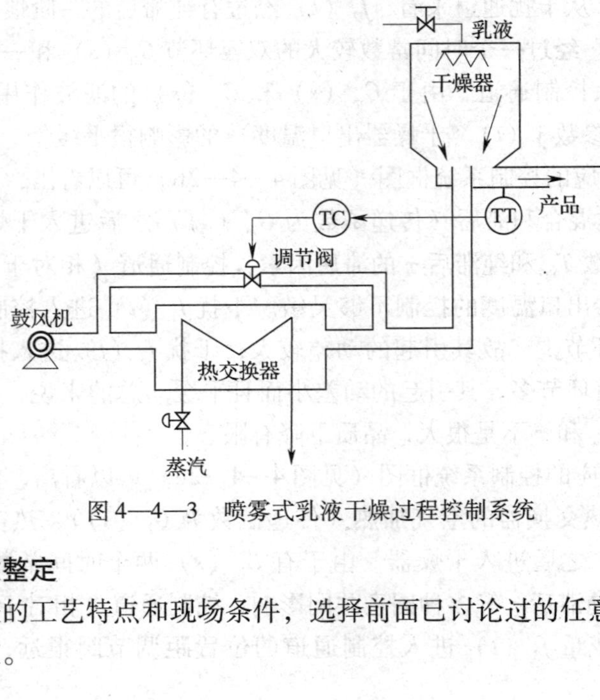

图 4—4—3　喷雾式乳液干燥过程控制系统

三、调节器参数整定

可根据生产过程的工艺特点和现场条件，选择前面已讨论过的任意一种工程整定方法进行调节器的参数整定。

思考与练习

1. 简述过程控制系统设计的基本要求、主要内容、设计步骤。
2. 简单控制系统由哪几个环节构成？简述各环节的作用。
3. 说明如图 4—4—4 所示的管道仪表流程中各个监控回路的监控要求。

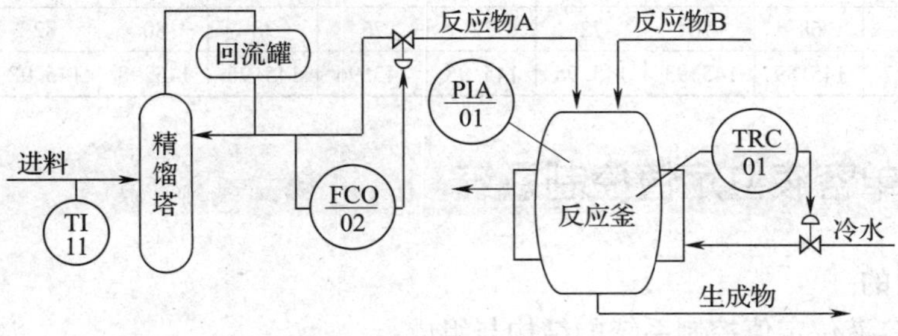

图 4—4—4 管道仪表流程

4. 选择控制系统操纵变量时应该注意什么？
5. 简要分析说明检测变送环节的时间常数对控制系统过渡过程的影响。
6. 分析说明变送环节量程变化对控制系统过渡过程的影响及应对措施。
7. 说明控制阀的理想流量特性、工作流量特性。常用的理想流量特性有哪些？
8. 除了气动调节阀以外，工业上常用的执行装置有哪些？
9. 选择控制阀流量特性需要注意什么？
10. 什么是调节器积分饱和？如何防止？
11. 图 4—4—5 是采用蒸汽对乙醇加热的控制流程图。工艺控制要求：乙醇加热后的温度稳定，避免乙醇温度过高。画出该控制系统的方框图，说明控制系统的受控变量及操纵变量。
12. 图 4—4—6 是加热炉流程示意图。试设计一个控制系统用于维持工艺物料被加热的温度稳定。要求：确定控制阀气开、气关特性及调节器正作用、反作用形式。
13. 图 4—4—6 中，调节器输出变化 5% 时，记录的温度数据见表 4—4—1。试按 4∶1衰减整定要求，确定调节器参数。控制规律拟采用 PID。已知温度变送器量程为 0 ~ 200℃。

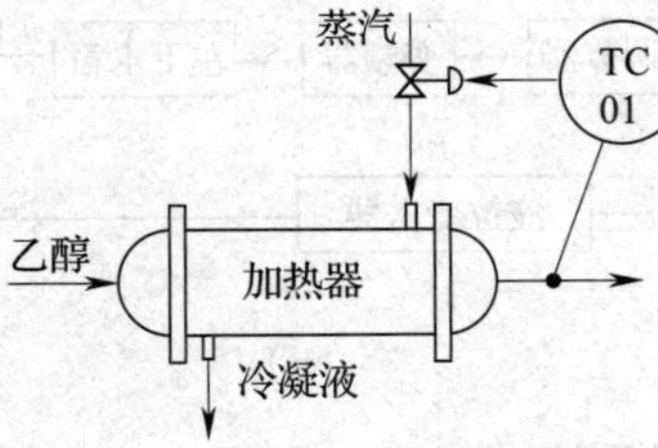

图 4—4—5 乙醇加热控制流程图

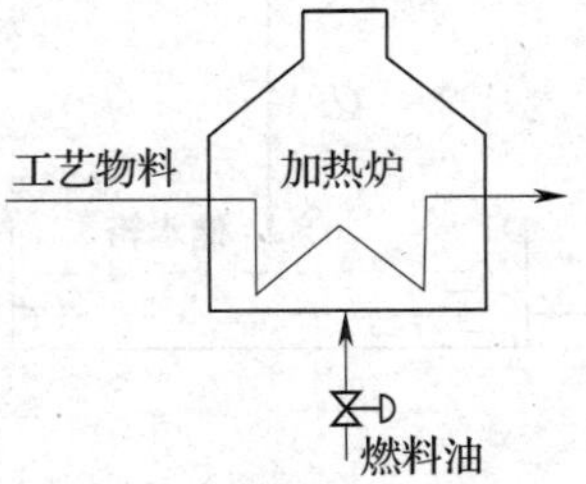

图 4—4—6 加热炉流程示意图

表 4—4—1　　温度数据

时间/min	0	2	4	6	8	10	12	14	16	18	20
温度/℃	128	128	128	128.05	128.22	128.56	129.12	129.89	130.9	132.07	133.35
时间/min	22	24	26	28	30	32	34	36	38	40	42
温度/℃	134.68	136.01	137.31	138.51	139.63	140.62	141.5	142.27	142.92	143.48	143.95
时间/min	44	46	48	50	52	54	56	58	60	62	64
温度/℃	144.34	144.67	144.94	145.15	145.32	145.46	145.57	145.66	145.73	145.78	145.84
时间/min	66	68	70	72	74	76	78	80	82	84	86
温度/℃	145.87	145.89	145.93	145.95	145.95	145.96	145.96	145.98	145.98	145.98	145.98

实验　单容液位定值控制系统

一、实验目的

1. 了解单容液位定值控制系统的结构与组成。
2. 研究调节器相关参数的变化对系统静、动态性能的影响。
3. 研究 P、PI、PD 和 PID 四种调节器分别对液位控制的作用。
4. 掌握同一控制系统采用不同控制方案的实现过程。
5. 能进行单容液位定值控制系统调节器参数的整定和投运。

二、实验设备及器材（同第 2 章实验 1）

三、实验原理

本实验系统结构图和方框图如实验图 1 所示。被控量为左下水箱（也可采用左上水箱或右上水箱）的液位高度，实验要求水箱的液位稳定在给定值。将压力传感器 LT2 检测到的左下水箱液位信号作为反馈信号，在与给定量比较后的差值通过调节器控制电动调节阀的开度，以达到控制左下水箱液位的目的。为了实现系统在阶跃给定和阶跃扰动作用下的无静差控制，系统的调节器应为 PI 或 PID 控制。

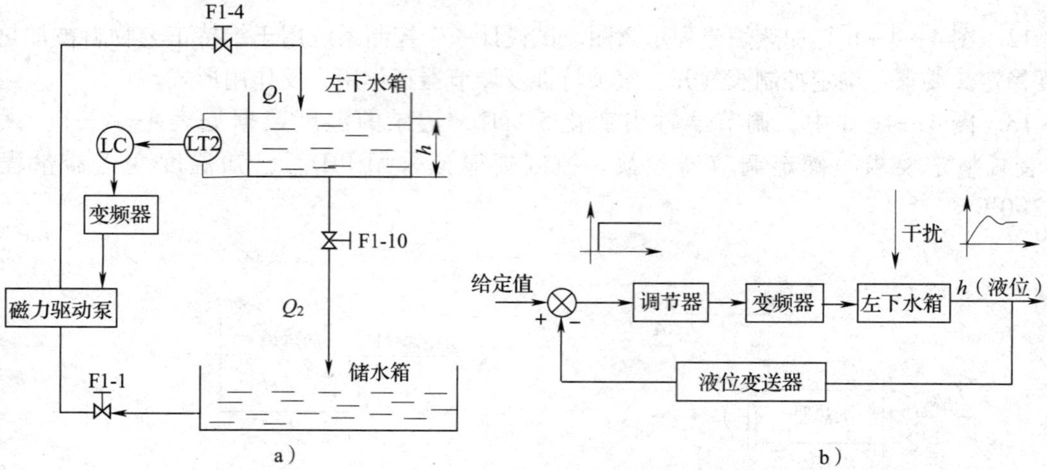

实验图 1　单容液位定值控制系统

a）结构图　b）方框图

四、实验内容及步骤

本实验选择左下水箱作为被控对象。实验之前先将储水箱中储足水量，然后将阀门 F1－1、F1－4 全开，将左下水箱出水阀门 F1－10 开至适当开度（20%～80%），其余阀门均关闭。

1. 智能仪表控制

（1）将“SA－12 智能调节仪控制”挂件挂到屏上，并将挂件的通信线插头插入屏内 RS485 通信口上，将控制屏右侧 RS485 通信线通过 RS485/232 转换器连接到计算机串口 1，并按照控制屏接线图 1（见实验图 2）连接实验系统。

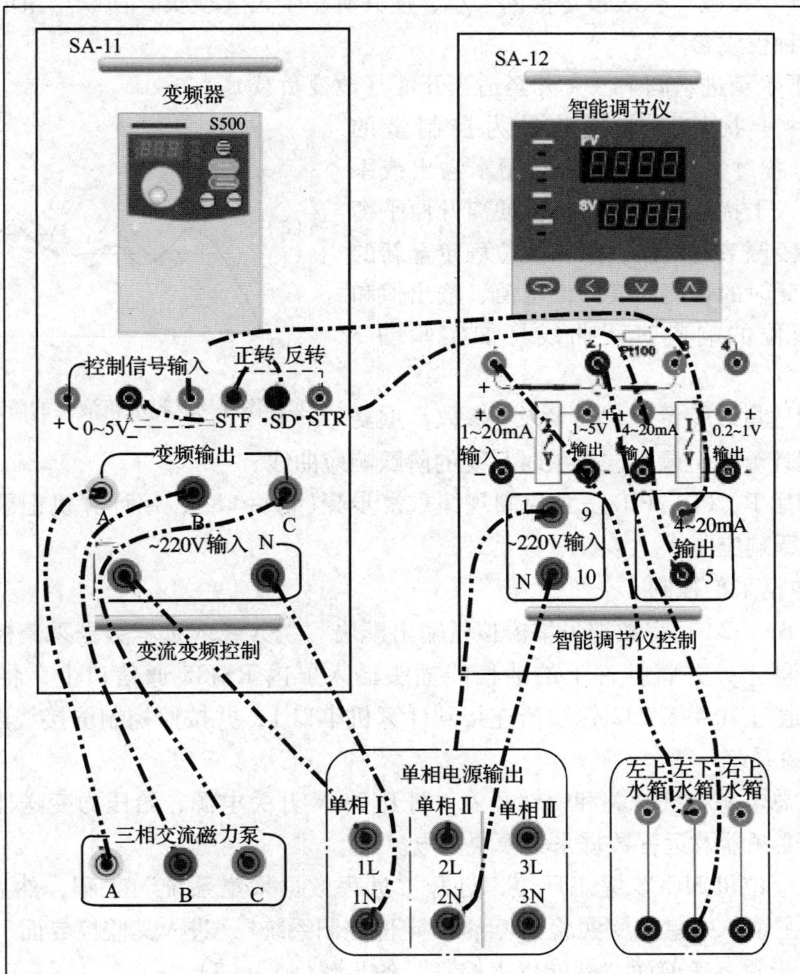

实验图 2　控制屏接线图 1

（2）接通总电源空气开关和钥匙开关，打开 24 V 开关电源，给压力变送器上电，按下启动按钮，给变频器及智能仪表上电。

（3）打开上位机 MCGS 组态环境，打开“THKGK－3 型智能仪表控制系统”工程，然后进入 MCGS 运行环境，在主菜单中单击“实验　单容液位定值控制系统”，进入其监控界面。

（4）在上位机监控界面中单击“启动仪表”。将智能仪表设置为“手动”，并将设定值和输出值设置为一个合适的值，此操作可通过调节仪表实现。

（5）启动变频器，磁力驱动泵上电打水，适当增加/减少智能仪表的输出量，使下水箱的液位平衡于设定值。

（6）按§4—3 中的经验法或动态特性参数法整定调节器参数，选择 PI 控制规律，并按整定后的 PI 参数进行调节器参数设置。

（7）待液位稳定于给定值后，将调节器切换到自动控制状态，待液位平衡后，通过以下几种方式加干扰：

1）突增（或突减）仪表设定值的大小，使其有一个正（或负）阶跃增量的变化（此法推荐，后面三种仅供参考）。

2）将左下水箱进水阀 F1 – 4 开至适当开度（改变负载）。

以上两种干扰均要求扰动量为控制量的 5% ~15%，干扰过大可能造成水箱中水溢出或系统不稳定。加入干扰后，水箱的液位便离开原平衡状态，经过一段调节时间后，水箱液位稳定至新的设定值，记录此时的智能仪表的设定值、输出值和仪表参数，液位的响应过程曲线将如实验图 3 所示。

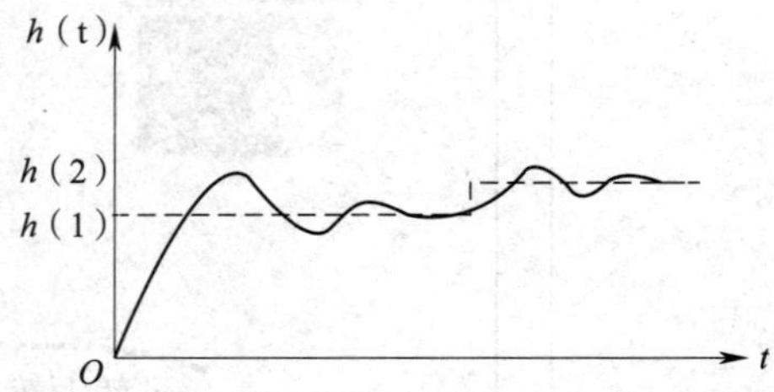

实验图 3　单容水箱液位的阶跃响应曲线

（8）分别适量改变调节仪的 P 及 I 参数，重复步骤（7），用计算机记录不同参数时系统的阶跃响应曲线。

（9）分别用 P、PD、PID 三种控制规律重复步骤（4）~（8），用计算机记录不同控制规律下系统的阶跃响应曲线。

2．远程数据采集控制

（1）将“SA – 22 远程数据采集模拟量输出模块”“SA – 23 远程数据采集模拟量输入模块”挂件挂到屏上，并将挂件上的通信线插头插入屏内 RS485 通信口上，将控制屏右侧 RS485 通信线通过 RS485/232 转换器连接到计算机串口 1，并按照控制屏接线图 2（见实验图 4）连接实验系统。

（2）接通总电源空气开关和钥匙开关，打开 24 V 开关电源，给压力变送器上电，按下启动按钮，给变频器及远程数据采集模块上电。

（3）打开上位机 MCGS 组态环境，打开“远程数据采集系统”工程，然后进入 MCGS 运行环境，在主菜单中单击“实验 单容液位定值控制系统”，进入其监控界面。

（4）以下步骤参考前面“智能仪表控制”的步骤（4）~（7）。

3．S7 – 200 PLC 控制

（1）将“SA – 42 S7 – 200PLC 控制”挂件挂到屏上，并用 PC/PPI 通信电缆线将 S7 – 200PLC 连接到计算机串口 1，并按照控制屏接线图 2（见实验图 4）连接实验系统。

（2）接通总电源空气开关和钥匙开关，打开 24 V 开关电源，给压力变送器上电，按下启动按钮，给变频器及 PLC 上电。

（3）打开 Step 7 – Micro/WIN 32 软件，并打开“S7 – 200PLC”程序进行下载，然后将

S7－200PLC 置于运行状态，运行 MCGS 组态环境，打开“S7－200PLC 控制系统”工程，进入 MCGS 运行环境，在主菜单中单击“实验　单容液位定值控制系统”，进入其监控界面。

（4）以下步骤参考前面“智能仪表控制”的步骤(4)～(7)。

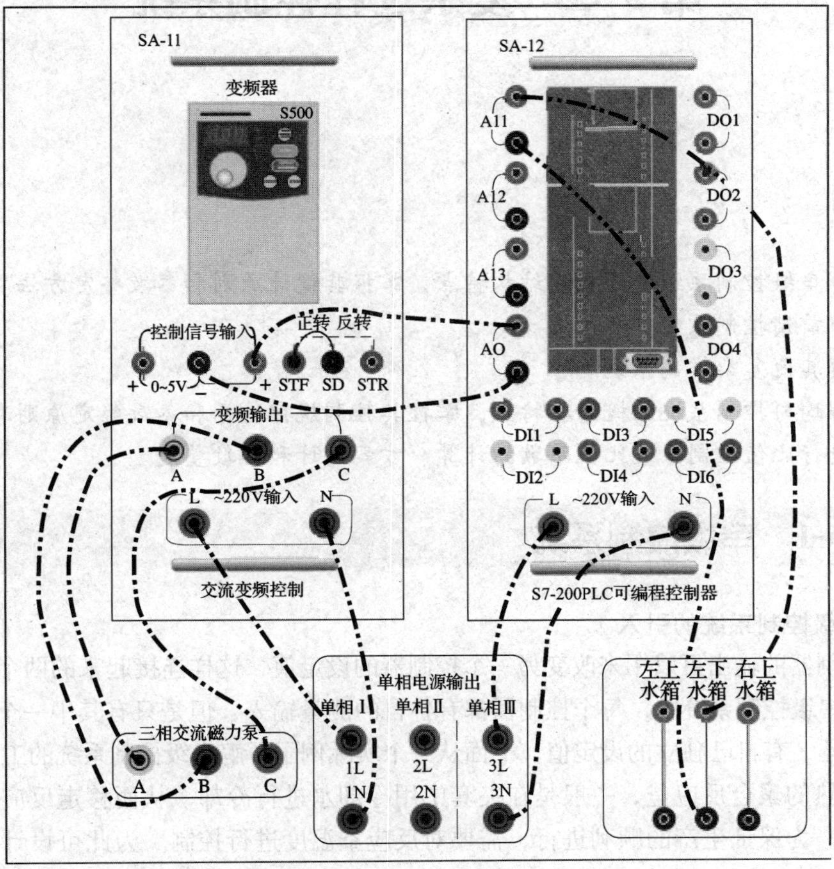

实验图 4　控制屏接线图 2

五、实验报告要求

1. 画出单容水箱液位定值控制实验的结构框图。
2. 用实验方法确定调节器的相关参数，写出整定过程。
3. 根据实验数据和曲线，分析系统在阶跃扰动作用下的静、动态性能。
4. 比较不同 PID 参数对系统的性能产生的影响。
5. 分析 P、PI、PD、PID 四种控制规律对本实验系统的作用。
6. 综合分析多种控制方案的实验效果。

六、思考题

1. 如果采用上水箱做实验，其响应曲线与下水箱的曲线有什么异同？并分析差异原因。
2. 改变比例度 δ 和积分时间 T_I 对系统的性能产生什么影响？

第5章　复杂过程控制系统

学习目标

1. 了解串级控制系统的组成和结构特点，掌握其设计原则和参数整定方法。
2. 了解前馈控制系统。
3. 了解其他复杂控制系统。
4. 理解均匀控制系统的概念和特点，掌握其控制规律选择和参数整定原则和方法。
5. 能进行比值控制系统比值系数的计算、方案设计和参数整定。

§5—1　串级控制系统

一、串级控制系统的引入

一个控制器的输出可以用来改变另一个控制器的设定值，这样连接起来的两个控制器是串级关系。在串级控制系统中，每个控制器都有各自的测量输入，但是只有其中一个控制器，也就是主控制器，有自己独立的设定值。下面从一个实际例子了解串级控制系统的工作过程。

对于放热的聚合反应釜，一般是在夹套中用冷却水进行冷却，从而移走反应釜中反应所产生的热量。为保证生产的顺利进行，需要对反应釜温度进行控制。为此可设计一个单回路温度控制系统，如图5—1—1所示，通过调节冷却水流量来进行温度的控制。实践证明，对于一些聚合反应釜，由于容量大，反应放热效应强，需要克服这类反应器的滞后特性，提高对其反应温度的控制精度，此时仍采用如图5—1—1所示的方案已经不能满足控制质量要求。常常采用如图5—1—2所示的聚合釜温度—压力串级控制系统控制方案。在这个聚合釜的温度—压力串级控制系统中，因为大部分聚合反应釜是一个封闭的容器，压力改变实质上是温度变化的提示信号，而压力的变化及测量都比温度快得多。所以常常采用釜内压力作为副参数。这样系统能及时响应到扰动的影响，提前产生控制作用，克服了反应釜的滞后，提高了反应温度的控制精度。

串级控制系统的方框图如图5—1—3所示。串级控制系统是一种常见的复杂控制系统，它根据系统结构命名。它有两个回路，一个内回路，一个外回路。外回路为主环或者主回路，内回路为副环或者副回路。在主回路内的控制器、对象和测量变送器分别称为主控制器、主对象和主测量变送器。在副回路内的控制器、对象和测量变送器分别称为副控制器、副对象和副测量变送器。主控制器的输出作为副控制器的给定值，而副控制器的输出值直接送往被控过程。

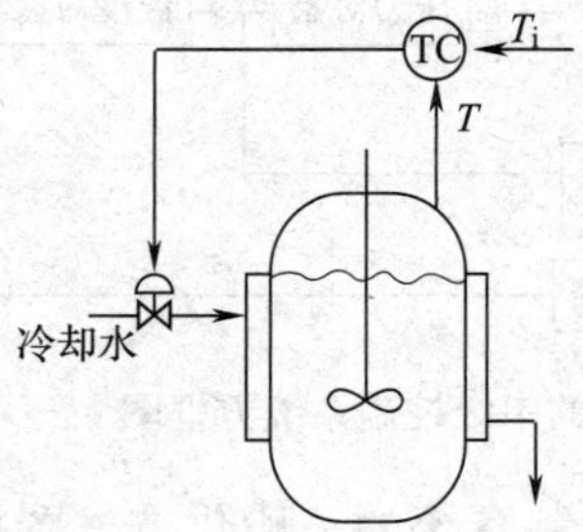

图 5—1—1　聚合釜单回路温度控制系统

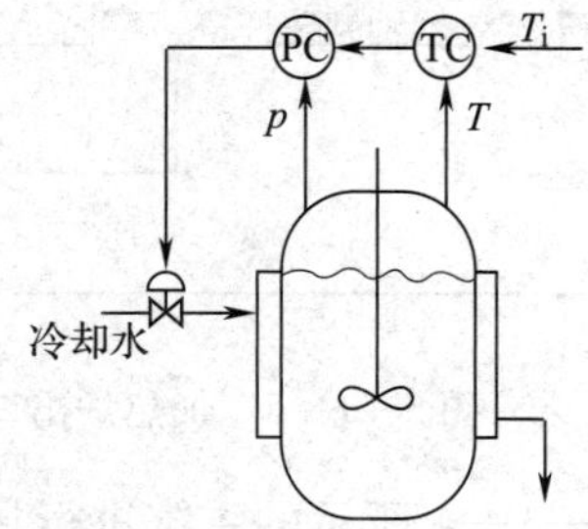

图 5—1—2　聚合釜温度—压力串级控制系统

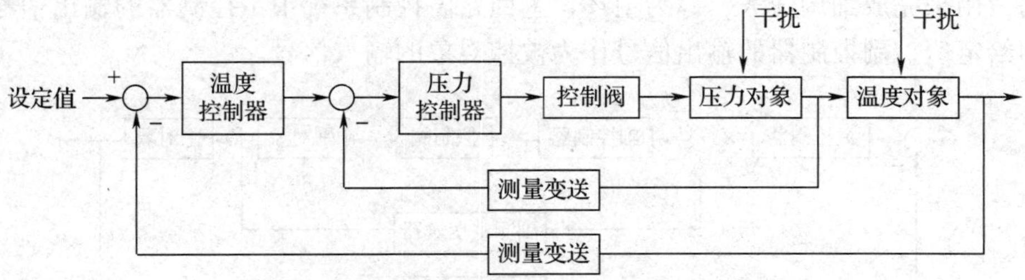

图 5—1—3　聚合釜温度—压力串级控制系统方框图

串级控制系统的优点如下：

（1）发生于副回路的内部干扰，通常在影响主被控变量之前，就由副控制器消除了，因而对这类干扰具有较强的稳定作用。

（2）过程的相位滞后由于有了副回路而显著减小，这就改善了主回路的响应速度，相当于缩小了主对象的时间常数。

（3）副过程增益变化的影响在副回路内部被克服。

（4）副回路可按主回路的需要对质量流向或能量流向实施精确的控制。

二、串级控制系统的组成

串级控制系统是调节过程极为有效的一种方法，在实际生产过程中的应用比较常见。下面举例说明串级控制系统的组成。

如图 5—1—4 所示是一个加热炉出口温度与燃料油压力的串级控制系统。燃料油经过蒸汽雾化后进行燃烧，原油流过炉膛四周的排管后被加热到一定温度。在燃料油管线上设置控制阀。在该系统中，有两个控制器——温度控制器和压力控制器。每个控制器都有其各自的测量输入。控制阀是由副控制器来控制的，但是只有主控制器才有自己的独立设定值，副控制器受控于主控制器，其方框图如图 5—1—5 所示。

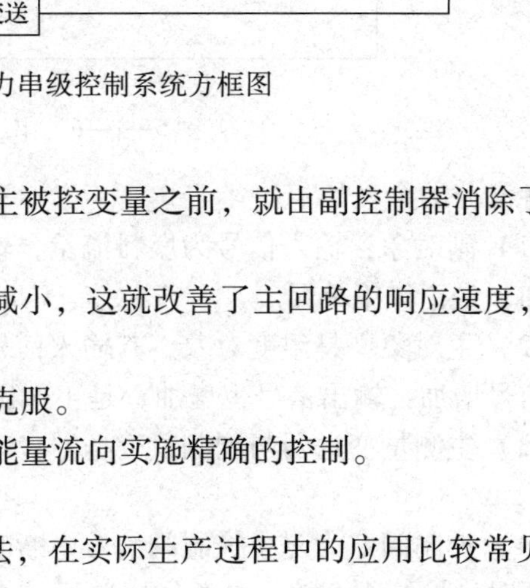

图 5—1—4　加热炉出口温度与燃料油压力的串级控制系统

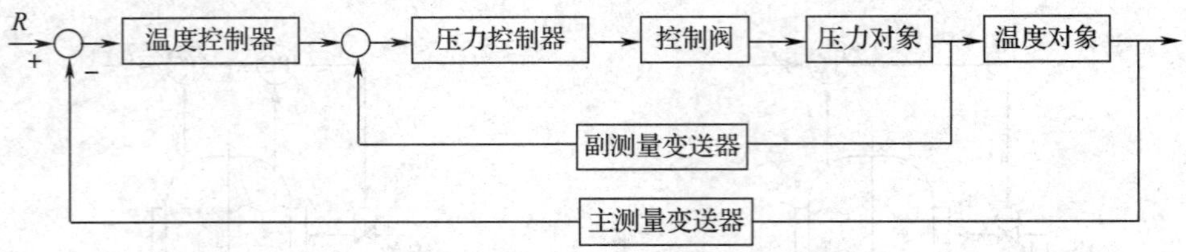

图 5—1—5　加热炉出口温度与燃料油压力的串级控制系统方框图

对如图 5—1—4 所示的系统进行具体分析。串级控制系统的一般化方框图如图 5—1—6 所示。由副控制器、控制阀、副对象和副测量变送装置构成的环路，称为副控制系统或副环、副回路，在过程控制中起着粗调的作用。以主控制器、副环、主对象、主测量变送器构成的回路，用来完成细调任务，称为主环、主回路。控制系统中主控制器的输出信号作为副控制器的给定值，副控制器的输出信号作为被控对象的输入信号。

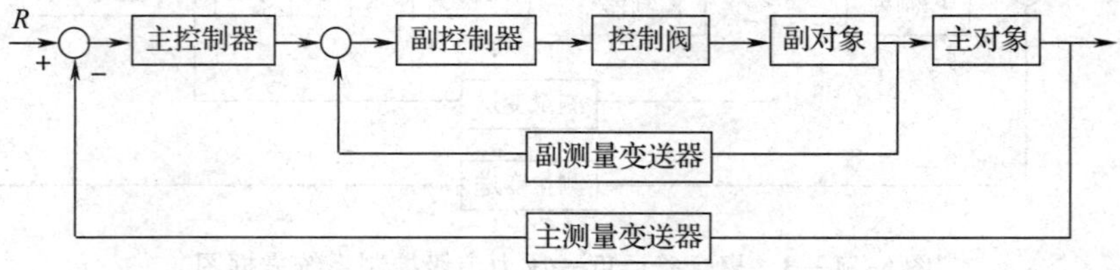

图 5—1—6　串级控制系统一般化方框图

各部分的含义如下：

（1）副对象：输入信号为燃料流量，输出信号是燃料压力，故输入信号增加，输出信号也增加，是正作用单元。

（2）主对象：是温度对象，其输入信号为燃料油压力，输出信号为加热炉出口温度，故输入信号增加，输出信号也增加，是正作用单元。

（3）主测量变送器与副测量变送器：均为输入信号增加，则输出信号增加，是正作用单元。

（4）控制阀：为防止控制阀信号中断时继续燃烧，安全起见，选气开阀，即当控制阀信号中断时，控制阀全关，是正作用单元。

（5）副控制器：根据副回路开环放大倍数为负的要求，副控制器应选反作用。

（6）主控制器：主对象是正作用，主控制器应取与主对象相反的符号，因此主控制器应选反作用。

从组成可以看出串级控制系统具有如下的结构特点：

（1）由两个或两个以上的控制器串联连接，一个控制器的输出是另一个控制器的设定值。

（2）由两个或以上的控制器相应数量的检测变送器和一个执行器组成。

（3）主回路是定值控制系统。对主控制器的输出而言，副回路是随动控制系统，对进入副回路的扰动而言，副回路是定值控制系统。

串级控制不仅具有单回路控制系统的全部功能，还具有许多单回路控制所没有的优点。

因此，串级控制系统的控制质量一般比单回路控制系统好，而且从实施方面看，仅用一般常规仪表进行连接即可实现串级控制，简单易行，所以串级控制在生产过程中得到了普遍应用。

三、串级控制系统副回路的性质

副回路可看作是一种新的动态环节。可把图 5—1—6 简化成图 5—1—7，其中，$G_{c1}(s)$ 是主控制器传递函数，$G_{c2}(s)$ 是副控制器传递函数，$G_{p1}(s)$ 是主对象传递函数，$G_{p2}(s)$ 是副对象传递函数，$G'_{p2}(s)$ 是等效副对象。

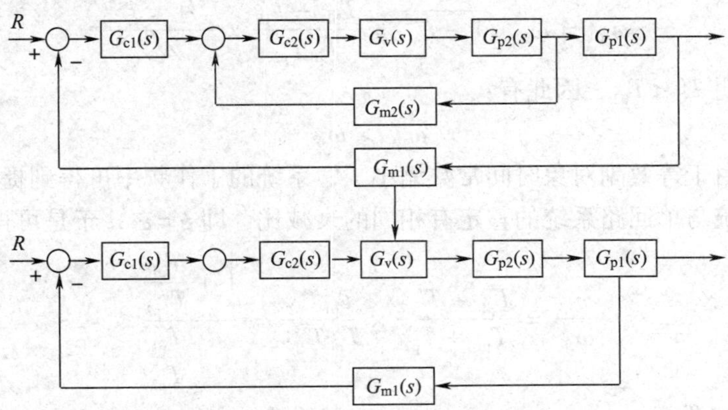

图 5—1—7　串级控制系统等效方框图

$$G'_{p2}(s) = \frac{G_{p2}}{1 + G_{c2}(s)G_{v}(s)G_{p2}G_{m2}}$$

假定副回路各环节传递函数分别为：$G_{c2}(s) = K_{c2}$，$G_{v}(s) = K_{v}$，$G_{p2}(s) = \frac{K_{p2}}{1 + T_{p2}s}$，$G_{m2}(s) = K_{m2}$，根据上式可得：

$$G'_{p2}(s) = \frac{G_{p2}}{1 + G_{c2}(s)G_{v}(s)G_{p2}G_{m2}} = \frac{K'_{p2}}{1 + T'_{p2}s}$$

式中，$K'_{p2} = \frac{K_{p2}}{1 + K_{c2}K_{v}K_{p2}K_{m2}}$，$T'_{p2} = \frac{T_{p2}}{1 + K_{c2}K_{v}K_{p2}K_{m2}}$。

因为在任何条件下 $1 + K_{c2}K_{v}K_{p2}K_{m2} > 1$，因此可得：

$$K'_{p2} < K_{p2}, T'_{p2} < T_{p2}$$

因此，在串级控制系统中等效副对象与主对象串在一起后，以一个时间常数和放大倍数都缩小了的等效副对象代替了原来的副对象。而且随着副控制器放大倍数 K_{c2} 整定得越大，等效副对象的放大倍数和时间常数缩小得越显著。

等效副对象时间常数的缩小，意味着对象的容量滞后减小，相当于在系统中增加了一个起超前作用的微分环节，这会使系统的反应速度加快，控制更为及时。而且，一般来说，副对象的时间常数 T_{p2} 比主对象的时间常数 T_{p1} 要小，而比测量变送环节及控制阀的时间常数要大。也就是说，副对象的时间常数在系统中是属于中间大小的时间常数。可以证明，在一个系统中，中间大小的时间常数的减小，有利于提高控制质量和系统的可控性。

综上所述，等效副对象时间常数的缩小，可使系统的控制质量获得提高。

由于等效副对象时间常数的缩小，系统的工作频率可获得提高。系统工作频率可从系统的特征方程中求得。由图5—1—6可得串级系统特征方程为：

$$1 + G_{c1}(s)G_{c2}(s)G_{v}(s)G'_{p2}(s)G_{p1}(s)G_{m1}(s) = 0$$

推导可得串级系统主环工作频率为：

$$\omega_{串} = \omega_0\sqrt{1-\xi^2} = \frac{T_{p1}+T'_{p2}}{T_{p1}T'_{p2}} \times \frac{\sqrt{1-\xi^2}}{2\xi}$$

单回路系统的工作频率为：

$$\omega_{单} = \omega_0\sqrt{1-\xi'^2} = \frac{T_{p1}+T_{p2}}{T_{p1}T_{p2}} \times \frac{\sqrt{1-\xi'^2}}{2\xi'}$$

前面已经证明 $T'_{p2} < T_{p2}$，因此有：

$$\omega_{串} > \omega_{单}$$

这就是说，由于等效副对象时间常数缩小了，系统的工作频率可得到提高。

假定串级系统与单回路系统的整定有相同的衰减比，即 $\xi = \xi'$，于是可得：

$$\frac{\omega_{串}}{\omega_{单}} = \frac{T_{p1}+T'_{p2}}{T_{p1}+T_{p2}} \times \frac{T_{p1}T_{p2}}{T_{p1}T'_{p2}} = \frac{1+\dfrac{T_{p1}}{T'_{p2}}}{1+\dfrac{T_{p1}}{T_{p2}}}$$

将 $T'_{p2} = \dfrac{T_{p2}}{1+K_{c2}K_{v}K_{p2}K_{m2}}$代入上式并经简化后可得：

$$\frac{\omega_{串}}{\omega_{单}} = \frac{1+(1+K_{c2}K_{v}K_{p2}K_{m2})\dfrac{T_{p1}}{T_{p2}}}{1+\dfrac{T_{p1}}{T_{p2}}}$$

可见当主、副对象特性一定时，副控制器放大倍数整定得越大，串级系统的工作频率提高得越明显。当副控制器放大倍数 K_{c2} 不变时，随着$\dfrac{T_{p1}}{T_{p2}}$的增大，串级系统的工作频率也越高。

综上所述，可以将串级控制系统具有较好的控制性能的原因归纳为：

（1）对二次干扰有很强的克服能力。

（2）改善了对象的动态特性，提高了系统的工作频率。

（3）对负荷或操作条件的变化有一定自适应能力。

四、串级控制系统的工作原理

下面根据上述系统各部件的符号选择，对控制系统的控制过程进行分析。假定系统在干扰作用之前处于稳定的平衡状态，即此时燃料油流量、压力和加热炉出口温度均维持不变。当某个时刻系统都受到扰动影响时，系统的平衡状态受到破坏，串级控制系统开始进行控制。为了充分说明串级控制系统的功能，下面分3种情况进行讨论。

1. 干扰作用于副对象

干扰可能是燃料油的压力升高引起的，在其他因素不变的情况下，进入炉膛内的燃油量增加，炉膛温度升高，必然会导致加热炉出口温度上升。但是，由于温度对象对扰动的响应滞后，也就是说，燃料流量的变化导致出口温度的改变需要经过一定的时间，在此之前温度控制器的偏差信号仍然为零。然而压力控制器感受到正偏差，输出下降，控制阀是气开阀，燃料油流量下降，削弱了燃料油压力增大的影响。此后，随着温度的上升，最终温度控制器感受到正偏差，其输出减小。这样，压力控制器的给定值下降，促使压力控制器进一步调整燃料油量。可见，由于副环的出现，使控制作用变得更快、更强。

2. 干扰作用于主对象

干扰可能是原料油的流量波动、入口温度波动等原因引起的。例如，当燃料油入口温度突然增加时，压力几乎不受影响，但是炉膛温度的上升将导致加热炉出口温度上升，温度控制器感受到正偏差，输出下降，也就是压力控制器的给定值减小了，而其测量值暂时没变，因此，压力控制器感受到正偏差，于是它的输出下降，控制阀的开度将减小，燃料油的流量下降。这表明干扰作用于主对象时，串级控制也能有效地克服干扰。

3. 干扰同时作用于主、副对象

可分以下两种情况：

（1）受干扰作用影响，主、副对象的变化方向相同

假如副回路干扰使得压力上升，压力控制器感受到正偏差，其输出将下降，需要将控制阀关小。同时，主回路干扰使得出口温度上升，此时，温度控制器感受到正偏差，其输出将下降，即压力控制器的给定值减小了，因此，压力控制器感受到的正偏差将进一步增大，其输出进一步下降，需要把控制阀进一步关小。这两个要求加在一起，将使控制阀的开度大大减小。由于有副回路的存在，系统能更早、更快地克服干扰。

（2）受干扰作用影响，主、副对象变化方向相反

假如主回路加热使得原料油增加，该干扰使得出口温度降低，此时，温度控制器感受到负偏差，其输出将增大，即压力控制器的给定值增大了，而副回路干扰使得压力上升，压力控制器的测量值也增大了。此时，由于压力控制器的测量值和给定值都在增大，其偏差的大小和符号就要由这两者的增量的大小来决定。如果两者增量的大小相等，则完全抵消，偏差为零，其输出将保持不变，则控制阀开度不变。所以，在被控对象受干扰作用后，主副变量变化方向相反的情况下，串级系统比较稳定。

五、串级控制系统的设计

串级控制系统在设计过程中要考虑以下几个问题：

1. 主、副变量选择的原则

主变量的选择与单回路控制系统相同。副回路设计是串级控制系统设计的一个关键问题。从结构上看，副回路也是一个单回路，问题的实质在于如何从整个对象中选取一部分作为副对象，然后组成一个副控制回路，这也可以归纳为如何选择副参数。下面是有关副回路设计的几个原则。

（1）副参数的选择应使副回路的时间常数小，调节通道短，反应灵敏。通常串级系统被用来克服对象的容积滞后和纯迟延。也就是说，总是这样来选择副参数，使得副回路时间常数小，调节通道短，从而使等效对象的时间常数大大减小，提高了系统的工作频率，加大响应性能，缩短控制时间，最终改善系统的控制品质。同时，主、副对象的时间常数不能太接近。通常，副对象的时间常数小于主对象的时间常数。分析如下：如果副对象的时间常数很

大，说明副变量的位置很靠近主变量，两个变量几乎同时变化，失去设置副环的意义。如果副对象的时间常数与主对象的时间常数基本相等，由于主副回路是密切相关的，系统可能出现共振，使系统控制质量下降，甚至出现不稳定的情况。因此，通常使副对象的时间常数明显小于主对象的时间常数。

（2）副回路应包含被控对象所受到的主要干扰。串级系统对二次干扰有较强的克服能力。为了发挥这一特殊作用，在系统设计时，副参数的选择应使得副环尽可能包括主要干扰，而且应尽可能多地包含一些扰动。由于串级系统的强抗干扰能力，将影响主变量的干扰抑制到最低程度，确保主变量的控制质量。

当然也不能走极端，试图把所有的扰动都包括进去，这样必将造成控制通道太长，使副控制器失去作用，也就不称为串级控制了。因此，在要求副回路调节通道短、反应快与尽可能多地包括一些扰动这两者之间存在着矛盾，应在设计中加以协调。

2．主、副控制器控制规律的选择

（1）主控制器

主环是一个定值控制系统，主控制器控制规律的选择与简单控制系统类似。但采用串级控制系统的主变量往往是比较重要的参数，工艺要求较严格，一般不允许有余差。因此，通常都采用比例积分控制规律，滞后较大时也采用比例积分微分控制规律。

（2）副控制器

副环是一个随动系统，副变量的控制可以有余差。因此，副控制器一般采用比例控制规律即可，而且比例度通常取得很小，这样比例增益大，控制作用强，余差也不大。如果引入积分作用，会使控制作用趋势变缓，并可能带来积分饱和现象。但当流量为副变量时，由于对象的时间常数和时滞都很小，为使副环在需要时可以单独使用，需要引入积分作用，使得在单独使用时，系统也能稳定工作。这时副控制器采用比例积分控制规律，比例度取得较大且带积分作用。

3．主、副控制器正反作用的选择

控制器正反作用选择的顺序应该是先副后主。副控制器处于副环中，这时副控制器作用方向的选择与简单控制系统类似，使副环的开环放大倍数的符号为“－”即可，即副环内各环节的放大倍数的乘积为负。

为使主环的开环放大倍数的符号为“－”，选择主控制器的作用方向也与简单控制系统类似，而且更简单些，因为副环的作用方向总是正的，主测量变送器为正作用单元，因此主控制器的正反作用仅取决于主对象。当主对象为正作用单元时，主控制器应选反作用，反之亦然，主控制器的正反作用与控制阀的正反作用无关。

六、串级控制系统的整定

串级控制系统投运顺序是先副环、后主环，要求必须保证无扰动切换，而且应该是无平衡无扰动切换。串级控制系统常用的控制器参数整定方法有：

1．逐步逼近法

逐步逼近法就是在主回路断开的情况下，求取副控制器的整定参数，然后将副控制器的参数设置在求取的数值上，使串级控制系统主回路闭合求取主控制器的整定参数，再将控制器的参数设置在所求的数值上，进行整定，求出第二次副控制器的整定参数值。比较上述两次的整定参数和控制质量，如果达到了控制品质要求则结束整定。否则，再按照上述方法求取第二次主控制器的参数整定值，依次循环，直至求得合适的整定参数值止。这样，每次循环，其整定参数与最佳值就更接近一步，所以称为逐步逼近法。

具体步骤如下：

(1) 断开主回路，闭合副回路，按单回路控制系统的整定方法整定副控制器的参数。

(2) 闭合主、副回路，保持第 1 步取得的副控制器参数，按照单回路控制系统的整定方法，整定主控制器参数。

(3) 在主、副回路闭合，主控制器参数保持不变的情况下，再次调整副控制器的参数；至此已经完成一个循环，如果控制品质未达到规定指标，重新由第 2 步开始，直至获得满意的性能指标。

2. 两步法

两步整定法是一种先整定副环，后整定主环的方法，具体步骤是：

(1) 先整定副环。在主、副环路闭合的情况下，将主控制器比例度放在 100%，积分时间放最大，微分时间放最小。然后按 4∶1 整定方法直接整定副环。找出副变量出现 4∶1 振荡过程时的比例度 δ_{2s} 及振荡周期 T_{2s}。

(2) 再整定主环。将副控制器比例度置于 δ_{2s} 值，积分时间放最大，微分时间放最小。用同样的方法整定主控制器参数，找出主变量出现 4∶1 衰减振荡过程时的比例度 δ_{1s} 及振荡周期 T_{1s}。

(3) 依据所得到的 δ_{1s}、T_{1s}、δ_{2s}、T_{2s} 值，结合主、副控制器的选型，按前面单回路控制系统整定时所给出的公式可以计算出主、副控制器的参数 δ、T_i 及 T_D。

将上述计算所得控制器参数按先副环后主环、先比例次积分最后微分的顺序在主、副控制器上放好，观察控制过程曲线。如不够满意，可适当地进行一些微小的调整。

3. 一步法

根据经验先将副控制器参数设定好，然后按照一般单回路系统的整定方法直接整定主控制器参数。

(1) 根据副变量的类型，选好副控制器参数，并将其放于副控制器上（副控制器只用比例式）。

(2) 将串级系统投运后，按单回路系统整定方法直接整定主控制器参数。

(3) 在主、副环均闭合的情况下适当调整主控制器的参数，使主变量的品质指标达到规定的质量要求。

如果系统出现振荡，只要加大主、副控制器的任一参数值，就可消除。如果共振剧烈，可先切换至手动，待生产稳定后，再在比产生共振时略大的控制器参数下重新投运和整定，直至达到满意为止。

§5—2 比值控制系统

一、比值控制基本概念

在生产过程中经常需要两种或两种以上的物料按一定的比例进行混合或参加化学反

应。把两种或两种以上的物料量自动地保持一定比例的控制系统，称为比值控制系统。比值控制系统是使一种物料随另一种物料按比例而变化的系统。其中有一种物料处于主导地位，称此物料为主物料或主动量，用 Q_1 表示；而另一种物料 Q_2 以一定的比例随 Q_1 的变化而变化，称 Q_2 为从物料或从动量。在比值控制系统中，物料几乎全是流量，因而常将主动量称为主流量，从动量称为副流量。工艺要求的主副流量的比值用 K 表示。在比值控制系统中，从动量是随主动量按一定比例变化的，因此，比值控制系统实际上是一种随动控制系统。

比值控制系统的应用主要有：混合操作，保持化学反应器的反应物的化学计量比，精馏塔保证回流比，保持燃烧炉内的燃料—空气配比等。

二、比值控制方案

根据实施方式的不同，比值控制系统可分为以下几种类型：

1．定比值控制系统

定比值控制保持流量比值为一定的值，主要有以下几种形式：

（1）开环比值控制系统

开环比值控制是最简单的比值控制方案，它的系统组成如图 5—2—1 所示。在 30% 的 NaOH 中加入一定的水配制成 6% ~8% 的 NaOH，在其他条件不变的情况下，只要保证 30% NaOH 与水的比值关系即可保证配制成 6% ~8% 的 NaOH。即在稳定状态下，两物料的关系满足 $K=F_2/F_1$ 的要求。当主物料 F_1 在某一时刻由于干扰作用而产生变化时，比值器按 F_1 对设定值的偏差而动作，按比例发生信号去改变控制阀的开度，使从物料 F_2 重新与变化后的 F_1 保持原有的比例关系。然而，主物料 F_1 仅提供主测量变送信号给控制器，本身并没有形成反馈回路；从物料 F_2 则没有测量输入信号，只有控制信号，因此，整个系统是一个开环控制系统。

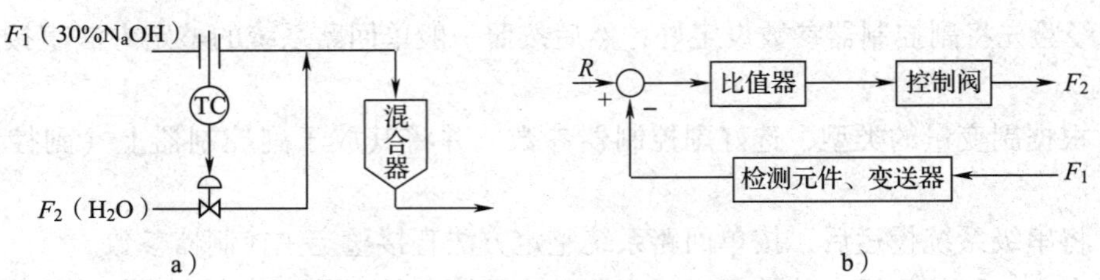

图 5—2—1　开环比值控制系统

a）结构图　b）方框图

（2）单闭环比值控制系统

开环比值控制系统结构简单，所用仪表少，仅需要一台比例控制器就可实现。但是，只有当 F_1 变化时才起控制作用。但是这种比值控制方案对副流量 F_2 本身没有抗干扰能力，只能适用于副流量较平稳且比值要求不高的场合。在实际生产过程中，F_2 的干扰是不可避免的，因此，生产上很少采用开环比值控制方案。

单闭环比值控制系统是为了克服开环比值方案的不足，在开环比值控制系统的基础上，增加一个副流量的闭环控制系统，如图 5—2—2 所示。

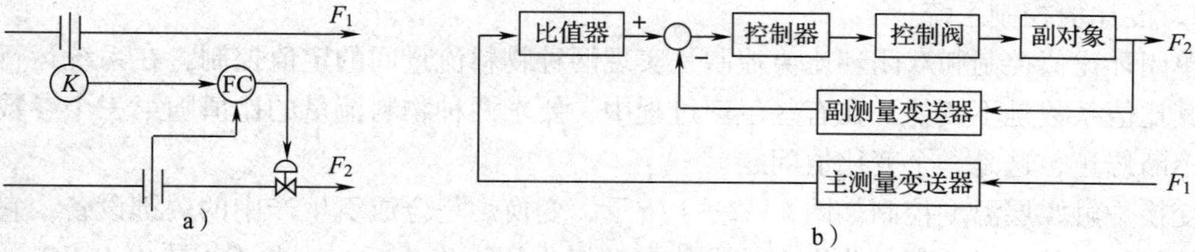

图 5—2—2　单闭环比值控制系统

a）结构图　b）方框图

在稳定状态下，主副流量满足工艺要求的比值，即 $K=F_2/F_1$。当主流量 F_1 不变，而副流量 F_2 受到扰动时，则通过副流量的闭合回路进行定值控制。主流量 F_1 受到扰动时，比值器则按预先设置好的比值使输出成比例关系，即改变 F_2 的给定值，控制器根据设定值的变化，发出控制命令，以改变控制阀的开度，使副流量 F_2 跟踪主流量 F_1 而变化，从而保证原设定的比值不变。当主副流量同时受到扰动时，控制器在克服副流量扰动的同时，又根据新的设定值，改变控制阀的开度，使主副流量在新的流量数值的基础上，保持其原设定值的比值关系。可见，该系统能确保主副两个流量的比值不变。

单闭环比值控制系统不但能实现副流量跟随主流量的变化而变化，而且可以克服副流量本身干扰对比值的影响，因而得到广泛的应用。应当指出，单闭环比值控制系统虽然两物料比值一定，但由于主流量是不受控制的，所以，总物料量是不固定的，这对于负荷变化幅度大，物料又直接去化学反应器的场合是不合适的。因负荷的波动有可能造成反应不完全，或反应放出的热量不能及时被带走等因素，从而给反应带来一定的影响，甚至造成事故。因此单闭环比值控制方案一般在负荷变化不太大的时候选用为宜。

（3）双闭环比值控制系统

双闭环比值控制系统是为了克服单闭环比值控制系统主流量不受控制，生产负荷在较大范围内波动的不足而设计的。它是在单闭环比值控制系统的基础上增加了主流量控制回路而构成的。

如图 5—2—3 所示，双闭环比值控制系统中，由于主流量控制回路的存在，大大地克服了主流干扰的影响，使主流量变得比较平稳。通过比值控制副流量也将比较平稳。这样，不仅实现了比较精确的流量比值，而且也确保了两个物料总量基本不变。双闭环比值控制系统的另外一个优点是升降负荷比较方便，只要缓慢地改变主流量控制器的设定值就可升降主流量。同时，副流量也自动跟踪升降并保持两者比值不变。因此，这种方案常适用于主流量干扰频繁及工艺上不允许负荷有较大波动或工艺上经常需要升降负荷的场合。

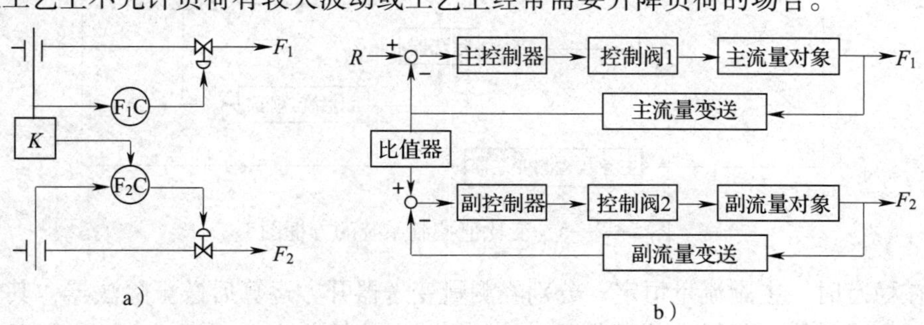

图 5—2—3　双闭环比值控制系统

a）结构图　b）方框图

2．变比值控制系统

单闭环比值控制和双闭环比值控制是实现两种物料流量间的定值控制，在系统运行过程中，其比值系数是不变的。在有些生产过程中，要求两种物料流量的比值随第三个参数的需要而不断修正，这是一个变比值问题。

变换炉触媒层温度控制如图 5—2—4 所示。变换炉是合成氨生产中的关键设备，它的任务是使煤气中的一氧化碳与蒸汽中的水分在触媒作用下发生反应，将 CO 转化为 CO_2，并得到有用的 H_2。为了增加 CO 的转化率，总是使水蒸气过量，一般要保持水蒸气和煤气的比值为 5～8。由于触媒层温度不仅影响触媒本身的寿命，而且还影响 CO 的转化率，因此触媒层温度是关键参数，应选作被控变量。至于操作量，可以是蒸汽量，也可以是煤气量。考虑到蒸汽量总是大于煤气量，故蒸汽量的变化对反应过程影响不大，但其带走热量的多少却直接影响触媒层温度，因此，可以选蒸汽量为操作量，以改变煤气和水蒸气的比值来控制触媒层温度，组成控制系统。

如图 5—2—5 所示为图 5—2—4 的变比值控制系统的方框图。由图可知，变比值控制系统是一个由第三参数（或称主参数）和以两个流量比为副参数所组成的串级控制系统，它的副回路是一个单闭环比值系统，其比值由除法器来实现。

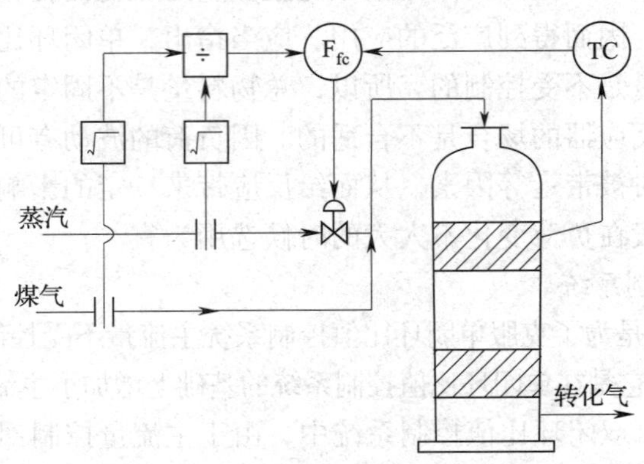

图 5—2—4　变换炉触媒层温度控制方案

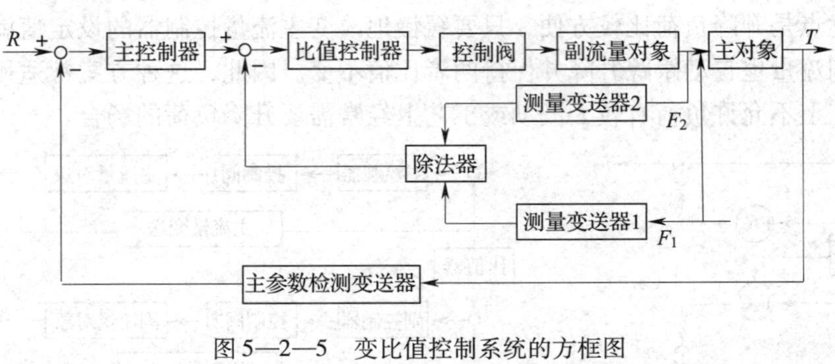

图 5—2—5　变比值控制系统的方框图

系统在稳态时，主副流量恒定，分别经测量变送器开方运算后送至除法器，其输出即为比值，同时作为比值控制器的测量信号。当 F_1、F_2 出现扰动时，通过比值控制回路，保证比值一定，从而不影响（扰动幅值不大时）主参数，或大大减小扰动对主参数 T 的影响。

对于某些物料流量（如气体等），当出现除流量扰动外（如温度、压力、成分等）的变化时，虽然它们的流量比值不变，由于真实流量与原来流量值不同，所以，T 偏离了设定值，主控制器的输出产生变化，从而修正了比值控制器的给定值，即修正了两个流量的比值，使系统在新的比值上重新稳定。

应该注意，在变比值控制系统中，流量比值只是一个控制手段，不是最终目的，而主参数 T 往往是产品的质量指标。因此，这种系统，由于它具有按主参数反馈自动校正比值的优点，将会随质量仪表的发展在生产中得到较广泛的应用。

三、比值系数的计算

比值控制用于解决物料之间的比例关系。工艺上要求的比值 K 是两物料流量之比，在系统中如何实现这个比例，与系统中采用的仪表装置的类型有关，即必须把工艺规定的流量比 K 转换成仪表信号之间的比例系数 K' 才能进行比值设定。下面就测量变送中的不同情况对比值系数 K' 的计算方法进行讨论。

1. 流量与测量信号之间呈线性关系

当使用转子流量计、涡轮流量计、椭圆齿轮流量计或带开方的差压变送器测量流量时，流量信号与测量信号呈线性关系。

下面首先看看 DDZ－Ⅲ型仪表的比值系数的折算方法。

当流量从 $0\sim F_{max}$ 变化时，变送器的对应输出电流为 4～20 mA，则流量的任一中间值 F 所对应的输出电流为：

$$I = \frac{F}{F_{max}} \times 16 + 4$$

式中，I 的单位为 mA。

由上式可得工艺要求的流量比值为：

$$K = \frac{F_2}{F_1} = \frac{(I_2 - 4)F_{2max}}{(I_1 - 4)F_{1max}}$$

由此可折算成仪表的比值设定系数为：

$$K' = \frac{(I_2 - 4)}{(I_1 - 4)} = K\frac{F_{1max}}{F_{2max}}$$

式中　F_{1max}、F_{2max}——分别为主、副流量变送器的最大量程，m^3/s 或 kg/s。

2. 流量与测量信号之间呈非线性关系

使用差压式流量计测量流量而未经开方处理时，流量与压差的非线性关系为：

$$F = C\sqrt{\Delta p}$$

式中　C——差压式流量计的比例系数。

当流量从 $0\sim F_{max}$ 变化时，即压差从 $0\sim \Delta p_{max}$ 变化时，变送器输出电流为 4～20 mA，任一中间流量 F（即相应差压 Δp）所对应的输出信号为：

$$I = \frac{F^2}{{F_{max}}^2} \times 16 + 4$$

则可折算成仪表的比值设定系数为：

$$K' = K^2\left(\frac{F_{1max}}{F_{2max}}\right)^2$$

上式说明，虽然流量与其测量信号呈非线性关系，但比值系数却是一个常数，它只与测量流量的最大量程有关，与负荷大小无关。

四、比值控制方案的设计

1．主、副物料流量的确定

在工艺生产过程中维持两流量比值不变，有时不一定是生产上的最终目的，而仅是保证产品产量、质量或安全的一种手段。在设计比值控制系统时，需要先确定主、副物料流量，其原则是：

（1）在生产中起主导作用的物料流量，一般选为主流量，其余的物料流量以它为准，跟随其变化而变化，作为副流量。

（2）在生产中不可控的物料流量，一般选为主流量，而可控物料流量作为副流量。

（3）在可能的情况下，选择流量较小的物料作为副流量，这样，控制阀可以选得小一些，控制较灵活。

（4）在生产过程中较昂贵的物料流量可选为主流量，或者工艺上不允许控制的物料流量作为主流量，这样不会造成浪费，或者可以提高产量。

（5）当生产工艺有特殊要求时，主副物料流量的确定应服从工艺需要。

2．控制方案的选择

由前所述，比值控制有单闭环比值控制、双闭环比值控制、变比值控制等多种方案。在具体选用时应分析各种方案的特点，根据不同的生产工艺情况、负荷变化、扰动性质、控制要求等选择合适的比值控制方案。

例如，单闭环比值控制能使两种物料间的比值较精确，方案实现起来方便，仅用一个比值器或比例控制器即可。但是，主流量变化会导致副流量的变化。如果工艺上仅要求两物料流量之比一定，负荷变化不大，而对总流量变化无要求，则可选用此控制方案。又如在生产过程中，主副流量的扰动频繁，负荷变化较大，同时要保证主、副物料总量恒定，则可选用双闭环比值控制方案。再如，当生产要求两种物料流量的比值能灵活地随第三参数的需要进行控制时，则可选用变比值控制方案。总之，控制方案的选择应根据不同的生产要求进行具体分析而定，同时还需考虑经济性原则。

3．控制器控制规律的确定

比值控制系统控制器的控制规律是由不同的控制方案和控制要求而定的。

（1）单闭环比值控制系统。比值器仅接收主流量的测量信号，仅起比值计算作用，故选P控制规律；控制器起比值控制作用并使副流量相对稳定，故应选PI控制规律。

（2）双闭环比值控制系统。两流量不仅要保持恒定的比值，而且主流量要实现定值控制，其结果副流量的设定值也是恒定的，所以，两个控制器均应选PI控制规律。

（3）变比值控制系统。又称为串级比值控制系统，它具有串级控制系统的一些特点，仿效串级控制系统控制器控制规律的选择原则，主控制器选PI或PID控制规律，比值控制器选用P控制规律。

4．流量计、变送器及其量程的选择

流量测量是比值控制的基础。各种流量计都是有一定的使用范围的（一般正常流量选在满量程的70%左右），必须正确地选择和使用。变送器的零点及量程的调整都是十分重要的，具体选用时可参考有关设计资料手册。

五、比值控制系统的参数整定

比值控制系统在设计、安装完成以后，即可以进行系统的投运。投运前的准备工作和投运步骤与单回路控制系统相同。对于比值控制系统，首先根据工艺规定的流量比按照实际组成的方案进行比值系数的计算。比值系数计算为系统设计、仪表量程选择和现场比值系数的设置提供了理论基础。但是由于采用差压法测量流量时，想要做到精确计量有一定的困难，尽管对测量元件进行了精确计算，在实际使用中尚有不少误差，想通过比值系数一次精确设置来保证流量比值是不可能的。因此，系统在投运前，比值系数不一定要精确设置，可以在投运过程中逐渐校正，直至工艺认为合格为止。

比值控制系统的参数整定，关键是先要明确整定要求。双闭环比值的主流量回路为一般定值系统，可按照常规的单回路系统进行整定。变比值控制系统因为结构上是串级控制系统，故主控制器也按照串级控制系统整定。而单闭环比值控制系统、双闭环的副流量回路、变比值回路均为随动控制系统。对于随动系统，往往希望物料能迅速地跟随主物料变化，而且不宜有过调，也就是说，要使随动控制系统达到振荡与不振荡的临界过程，这与一般定值控制系统的整定要求是不一样的。

按照随动控制系统的整定要求，整定的步骤如下：

（1）进行比值系数计算及现场整定。

（2）积分时间置于最大，由大到小调整比例度，直到找到系统处于振荡与不振荡的临界过程为止。

（3）适当放宽比例度，一般放宽 20% 左右，然后把积分时间慢慢减少，直到找到系统处于振荡与不振荡的临界过程或微振荡的过程为止。

§5—3　均匀控制系统

一、均匀控制基本概念

所谓均匀控制系统，就是指其所具有的能使被控变量与操纵变量均匀缓慢地在一定范围内变化的特殊功能。在定值控制系统中，为了保持被控变量为定值，控制变量可做较大幅度的变化。在均匀控制系统中，操纵变量和被控变量同样重要，控制的目的是要使其缓慢而均匀地变化。从系统结构看，可以是单回路控制系统、串级控制系统或其他形式的控制系统。

如图 5—3—1 所示为两个连续操作精馏塔，为了保证分馏过程的正常运行，要求将甲塔塔釜液位稳定在一定的范围内，故设有液位控制系统。而后一个精馏塔又希望进料量稳定，设有流量控制系统。显然，这两套系统是不能协调工作的。甲塔在扰动作用下使其塔釜液位上升时，液位控制器发出控制信号来开大控制阀 1 的开度，从而使出料流量增大；由于甲塔出料量是乙塔的进料量，因而引起乙塔进料量的增加，流量控制器发出控制信号去关小控制阀 2 的开度。这样，按液位信号，控

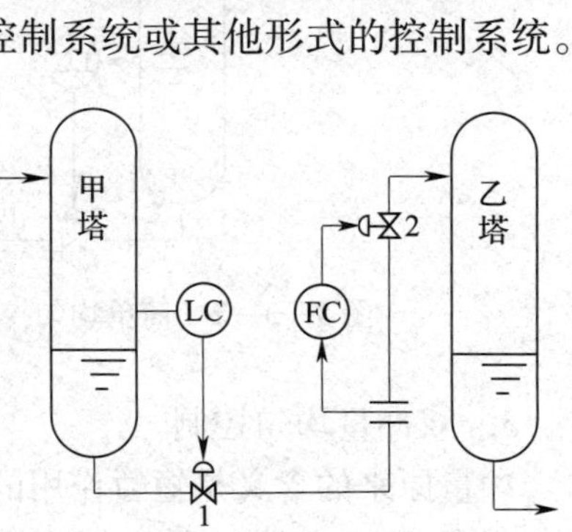

图 5—3—1　两个连续操作的精馏塔

制阀 1 的开度要开大，流量要增大；按流量信号，控制阀 2 的开度要关小，流量要减小。控制阀 1、2 装在同一条通道上，两套控制系统互相矛盾，在物料供求上互不兼顾，不能满足工艺要求。

为了解决前后两个塔之间在物料供求上的矛盾，可在前后两个串联的塔中间增设一个缓冲设备。但增加缓冲设备不仅要增加投资，而且要增加物体输送过程中的能量消耗。尤其是有些生产过程的中间物料或产品不允许中间停留存在，否则会使这些中间物料或产品分解，或重新聚合。所以，必须从自动控制方案设计上找出路，以满足前后装置或设备在物料供求上互相协调、统筹兼顾的要求。通常把能实现这种控制目的的控制系统称为均匀控制系统。

二、均匀控制系统的结构形式

均匀控制系统经常采用以下 3 种结构形式：

1．简单均匀控制

简单均匀控制与单回路定值控制系统的结构和所用的仪表是完全一样的，但由于他们的控制目的不同，因此，对控制的动态过程要求是不同的，在控制器的参数整定上也是不同的。均匀控制系统的控制器整定时，比例作用和积分作用均不能太强，要求有较大的比例度和较长的积分时间，通常比例度要大于 100%，以较弱的控制作用达到均匀控制的目的。

如图 5—3—2 所示为简单均匀控制系统的结构形式。简单均匀控制系统结构简单，投运方便，成本低。但是，当前后设备的压力变化较大时，尽管控制阀的开度不变，输出流量也会发生相应的变化，所以，它适用于干扰不大、要求不高的场合。此外，在液位对象的自衡能力较强时，均匀控制的效果较差。

2．串级均匀控制

结构上串级均匀控制与一般的串级控制系统是一致的，其副回路的作用也与串级系统的副回路相同，可以有效克服干扰的影响。

串级均匀控制方案能克服较大的干扰，适用于系统前后压力波动较大的场合，如图 5—3—3所示为串级均匀控制系统。

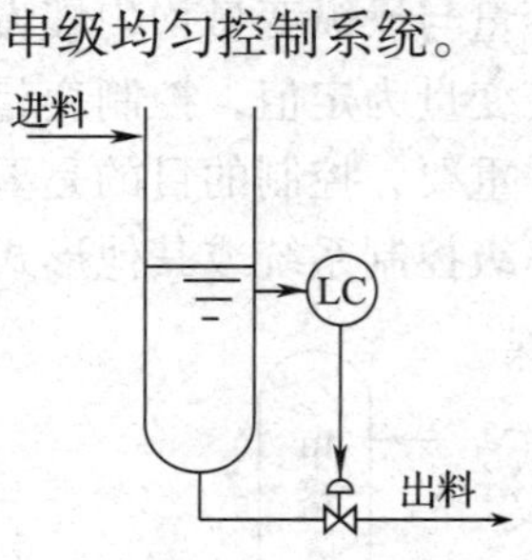

图 5—3—2　简单均匀控制系统

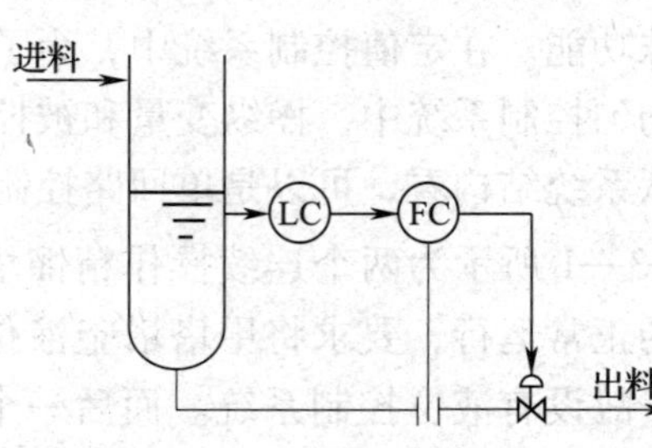

图 5—3—3　串级均匀控制系统

3．双冲量均匀控制

冲量原来的含义是短暂作用的信号或参数，这里引申为连续的信号或参数。双冲量均匀控制就是用一个控制器来综合两个测量信号（液位和流量）为被控变量的系统。如图 5—3—4所示为双冲量均匀控制系统的原理图及方框图。它以塔釜液位与采出流量两个信号之差为被控变量（如流量为进料时，则为两信号之和），通过控制，使液位和流量两个参数均匀缓慢地变化。

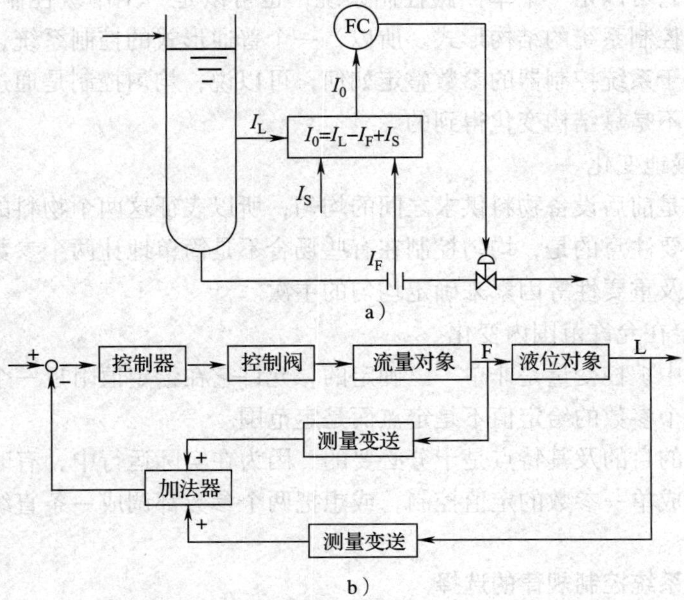

图 5—3—4　双冲量均匀控制系统

a）原理图　b）方框图

假设采用电动仪表构成系统，则电动加法器在稳定状态下的输出为：

$$I_0 = I_L - I_F + I_s$$

式中　I_0、I_L、I_F、I_s——分别表示加法器的输出、液位变送器的输出、流量变送器的输出和恒流源的输出。

在工况稳定的情况下，I_L 与 I_F 符号相反，互相抵消，为此，通过调整 I_s 值，使加法器的输出等于控制器的给定值。当受到干扰时，若液位升高，则加法器的输出 I_0 也增加，控制器感受到这一偏差信号而进行控制，发出信号去开大控制阀，于是流量开始增加。与此同时，液位从某一瞬间开始逐渐下降，当液位和流量变送器的输出逐渐接近到某一数值时，加法器的输出重新恢复到控制器的给定值，系统逐渐趋于稳定，控制阀停留在新的开度上，液位的平衡数值比原来有所提高，流量的平衡数值也比原来有所增加，从而达到了均匀控制的目的。

双冲量均匀控制与串级均匀控制系统相比，是用一个加法器取代了其中的主控制器。而从结构上看，它相当于以两个信号的综合值（相加或者相减）为被控变量的单回路系统，参数整定可按简单均匀来考虑。因此，双冲量均匀控制既具有简单均匀控制的参数整定方便的特点，同时由于加法器综合考虑液位和流量两信号变化的情况，又有串级均匀的优点。

三、均匀控制系统的特点

均匀控制系统能使前后设备在物料供求上相互均匀、协调，统筹兼顾。均匀控制系统归纳起来有以下 3 个特点：

1．结构上无特殊性

均匀控制是对控制目的而言的，而不是由控制系统的结构来定的。均匀控制系统在结构上无任何特殊性，它可以是一个单回路控制系统，也可以是一个串级控制系统的结构形式，或者是一个双冲量控制系统的结构形式。所以，一个普通形式的控制系统，能否实现均匀控制的目的，主要在于系统控制器的参数整定如何，可以说，均匀控制是通过降低控制回路灵敏度来获得的，而不是靠结构变化得到的。

2．参数应缓慢地变化

因为均匀控制是前后设备物料供求之间的均匀，所以表征这两个物料的参数都不应为某一固定的数值。需要注意的是，均匀控制在有些场合不是简单地让两个参数平均分摊，而是视前后设备的特性及重要性等因素来确定均匀的主次。

3．参数应限定在允许范围内变化

均匀控制系统中被控变量是非单一、确定的，允许它在给定值附近一个范围内变化。即根据供求矛盾，两个参数的给定值不是定点而是定范围。

明确均匀控制的目的及其特点是十分必要的，因为在实际运行中，有时因不清楚均匀控制的设计意图而变成单一参数的定值控制，或想把两个参数都调成一条直线，最终导致均匀控制系统的失败。

四、均匀控制系统控制规律的选择

简单均匀系统的控制器及串级均匀系统的主控制器一般采用纯比例作用，有时也可采用比例积分控制。串级均匀的副控制器一般用纯比例作用，如果为了照顾流量副参数，使其变化更稳定，也可选用比例积分控制规律。双冲量均匀控制器一般应采用比例积分控制规律。在所有的均匀控制系统中，都不应加微分作用，因为微分作用是加快控制作用的，刚好与均匀控制要求相反。

在均匀控制中积分作用的引入主要对液位参数有利，它可以避免由于长时间单方向干扰引起液位的超限。此外由于加入积分作用，比例度将适当增加，这有利于液位存在高频噪声的场合。然而积分作用的引入也有不利的方面。首先对流量参数产生不利影响，如果液位偏离给定值的时间长而幅值又大时，则积分作用会使控制阀全开或全关，造成流量较大的波动。同时，积分作用的引入使系统的稳定性变差，系统几乎经常不断地处于控制之中，只是控制过程较为缓慢而已，因此平衡状态相对比纯比例作用时间短得多，这不符合均匀的要求。此外，积分作用的加入，由于积分饱和，会产生洪峰现象。例如，在系统开车前，因比例积分作用使控制阀全关，产生积分饱和，此时若系统开车，迟迟才打开阀门，会出现洪峰现象。因此使用比例积分控制规律的均匀控制系统，在开停车时需转入手动，而对于作用比较显著的干扰，显然比例积分作用是不能适应的。

五、均匀控制系统的参数整定

均匀控制系统的具体整定原则和方法如下：

1．整定原则

（1）以保证液位不超过允许的波动范围为前提，先设置好控制器参数。

（2）修正控制器参数，使液位在最大允许的范围内波动，输出流量尽量的平稳。

（3）根据工艺对流量和液位两个参数的要求，适当调整控制器的参数。

2. 方法步骤

（1）纯比例控制

1）先将比例度放置在估计液位不会越限的数值。

2）观察记录曲线，若液位的最大波动小于允许范围，则可增加比例度，比例度的增加必将使液位质量降低，而使流量过程曲线变好。

3）如发现液位将超过允许的波动范围，则应减小比例度。

4）反复调整比例度，直到液位、流量的曲线都满足工艺提出的均匀要求为止。

（2）比例积分控制

1）按纯比例控制进行整定，得到合适的比例度。

2）在适当加大比例度值后，加入积分作用，逐步减小积分时间，直到流量曲线将要出现缓慢的周期性衰减振荡过程为止，而液位又恢复到设定值的趋势。

3）根据工艺要求调整参数，直到液位、流量的曲线都符合要求为止。

对于一般的简单均匀控制系统的控制器，都可以选择纯比例控制规律。这是因为均匀控制系统所控制的变量都允许有一定范围的波动且对余差无要求。而纯比例控制规律简单明了，整定简单便捷，响应迅速。对于一些输入流量存在急剧变化的场合或液位存在噪声的场合，特别是希望液位在正常稳定工况时保持在设定值附近时，则应选用比例积分控制规律。这样，在不同的工作负荷情况下，都可以消除余差，保证液位最终稳定在某一设定值。

液位—流量均匀控制系统的控制器参数整定的具体做法如下：对于纯比例控制规律，首先将比例度放置在不会引起液位超值但相对较大的数值上；然后观察趋势，若液位的最大波动小于允许的范围，则可增加比例度；接着当发现液位的最大波动大于允许范围，则减小比例度；最后反复调整比例度，直至液位的波动小于且接近于允许的范围内为止。一般情况下 δ 的范围为 100% ~200%。对于比例积分控制规律，首先按照纯比例控制方式进行整定，得到所适用的比例度 δ 值，然后适当加大比例度值，投入积分作用。由大至小逐渐调整积分时间，直到流量曲线出现缓慢的周期衰减振荡为止。

§5—4 分程控制系统

一、分程控制基本概念

在反馈控制系统中，通常是一台控制器的输出只控制一个控制阀。然而分程控制系统却不然，分程控制系统中控制器的输出信号被分为若干段，分别控制两个或两个以上的控制阀工作，即每个控制阀在控制器输出的某段信号范围内做全程动作。分程控制的一个显著特点是多阀而且分程。

如图 5—4—1a 所示为一个分程控制系统的方框图，其工作特性如图 5—4—1b 所示。由于控制阀有气开和气关两种特性，也就是说两个控制阀就有 4 种组合方式，如图 5—4—2 所示。从理论上讲，分程控制可以是多个控制阀的组合，但是由于工艺和其他方面的要求，一般两个控制阀就可以实现必要的分程控制了。

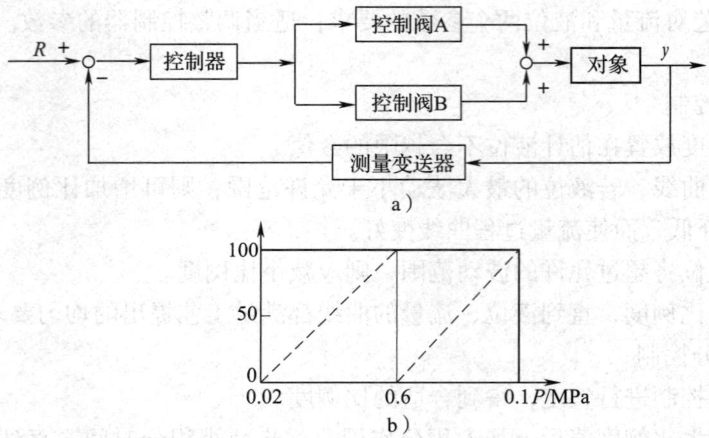

图 5—4—1 分程控制系统

a）方框图 b）工作特性

根据控制阀的气关、气开形式和分程信号区段不同，分程控制系统可以分为以下两类：

（1）控制阀同向动作的分程控制系统，如图 5—4—2a、图 5—4—2b 所示。

（2）控制阀异向动作的分程控制系统，如图 5—4—2c、图 5—4—2d 所示。

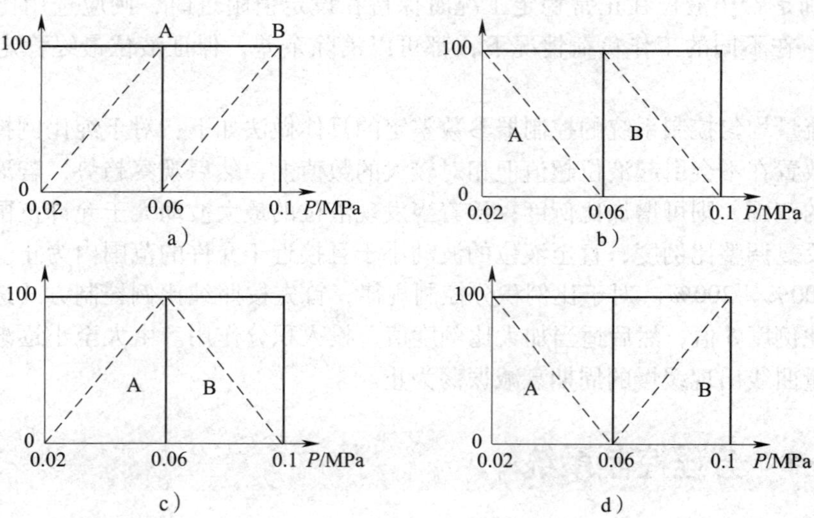

图 5—4—2 两个控制阀的分程控制特性

a）同向工作（气开） b）同向工作（气关） c）异向工作（气开） d）异向工作（气关）

分程控制可以应用于任何类型的控制系统之中。

二、分程控制实施中分程信号的确定

在分程控制中，控制器输出信号分段是由生产工艺要求决定的。控制器输出信号需要分成几个区段，哪一区段信号控制哪一个控制阀工作，完全取决于工艺要求。

三、分程控制实施中分程控制阀特性的选择

1. 控制阀类型的选择

根据工艺需要选择同向工作或异向工作的控制阀。

2. 控制阀流量特性的选择

控制阀流量特性的选择会影响分程点特性，特别是在一个大阀和一个小阀并联时，分程点处会出现拐点，所以要注意流量特性的选择。

3. 控制阀的泄漏量

控制阀泄漏量大小是分程控制设计和应用中的一个十分重要的问题，必须保证在控制阀全关时，不泄漏或泄漏量极小。若大阀的泄漏量接近或大于小阀的正常控制量时，则小阀就不能发挥其应有的控制作用，甚至不能起控制作用。

四、分程控制中控制回路分析

在实际工业生产中，常常需要在不同的控制方案之间进行切换。如有些油品储藏罐的顶部需要充填 N_2，以隔绝油品与空气中的 O_2 发生氧化作用，即氮封。储罐氮封分程控制及分程阀特性如图 5—4—3 所示，在储藏罐的顶部填充 N_2，顶部 N_2 压力 p 一般为微正压。生产过程中，随着液位的变化，p 会产生波动。液位上升，压力增大，超过一定数值，储藏罐会鼓坏；液位下降，压力减小，降至一定数值，储藏罐会被吸瘪。为了储罐的安全，采用如图 5—4—3a 所示的分程控制。

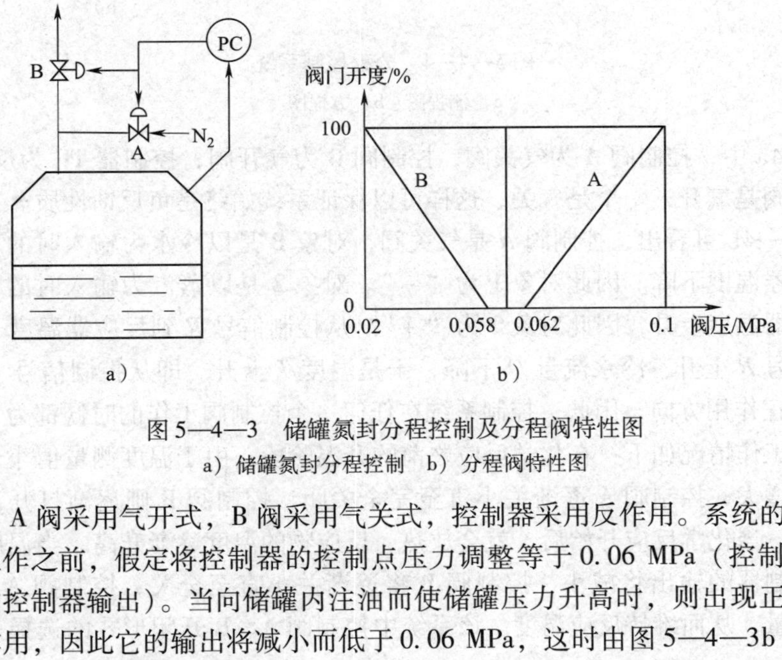

图 5—4—3　储罐氮封分程控制及分程阀特性图

a）储罐氮封分程控制　b）分程阀特性图

本方案中 A 阀采用气开式，B 阀采用气关式，控制器采用反作用。系统的工作情况分析如下：系统工作之前，假定将控制器的控制点压力调整等于 0.06 MPa（控制点压力，即偏差等于零时的控制器输出）。当向储罐内注油而使储罐压力升高时，则出现正偏差；而压力控制器是反作用，因此它的输出将减小而低于 0.06 MPa，这时由图 5—4—3b 可以看出 A 阀是全关的，B 阀却因控制器输出压力低于 0.06 MPa 而打开，这样储罐中的一部分氮气将通过放空管放空，于是储罐内的压力将逐渐下降。当因从储罐内抽油而使罐压下降时，控制器将感受到负偏差，控制器的输出将增大而高于 0.06 MPa，这时 B 阀将关闭而 A 阀打开，于是氮气被补充加入到储罐中，以提高储罐的压力。

因此，通过 A、B 两分程阀动作的结果，不论是向罐内注油或是从罐内抽油，都能维持储罐顶部压力不变。当控制信号在 0.058 ~ 0.062 MPa 之间时，两个控制阀均处于关闭状态，即储罐顶部压力 p 在这个区间波动时，控制系统不采取任何行动，这个区间是安全区间。这样的安全区间可避免控制阀频繁转换动作，使系统更加稳定。

对于放热化学反应过程，在反应的初始阶段，需要对物料加热，使化学反应能够启动。由于是放热反应，反应启动后，容器的热量得以积累，当化学反应放出的热量足以维持化学反应进行的时候，就不需要外部的加热，如果放出的热量持续增加，反应器的温度可能升高到危险的程度，因此，又反过来需要冷却反应器，也就是将反应热及时移走。为了适应这种需要，构成了如图 5—4—4 所示的分程控制系统。

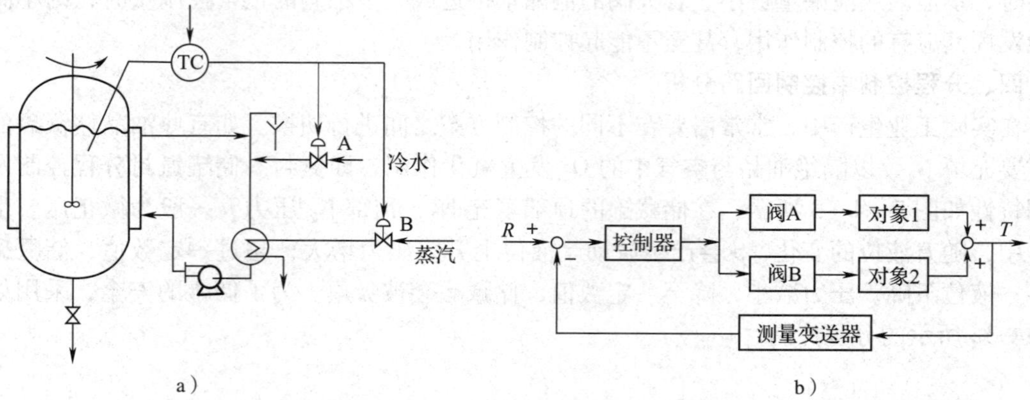

图 5—4—4　分程控制系统

a）流程图　b）方框图

图 5—4—4a 中，控制阀 A 为气关阀，控制阀 B 为气开阀，控制器 TC 为反作用控制器。这里一个控制阀是气开，一个是气关，这样可以保证系统始终是负反馈性质。

从图 5—4—4b 可看出，控制阀 A 是气关阀，对象 B 是以冷水为输入时的对象，冷水流量增加，反应器温度下降。因此对象 1 为“ - ”。对象 2 是以蒸汽为输入时的对象，蒸汽流量增加，反应器温度上升，因此对象 2 为“ + ”。从控制信号 R 到反应器温度 T 之间是正作用，即控制信号 R 上升，冷水流量 Q 下降，于是温度 T 上升。即从控制信号 R 到反应器温度 T 之间也是正作用方向，因此，控制系统在任何一个控制阀工作的时候都为负反馈。

该系统的工作情况如下：在化学反应之前的升温阶段，由于温度测量值小于给定值，控制器输出逐渐增大，控制阀 A 逐渐关小直至完全关闭，控制阀 B 则逐渐打开，使反应器内温度慢慢升高。当化学反应开始后，就会放热，反应物的温度逐渐升高。当温度测量值大于给定值时，控制器的输出将减小，控制阀 B 将逐渐关小直至全关，控制阀 A 则逐渐打开，由冷水移走热量，从而维持反应温度。该系统中控制阀 A、B 开闭形式的选择是从生产安全的角度进行的。

§5—5　前馈控制系统

一、前馈控制基本概念

前馈控制是以不变性原理为理论基础的一种控制方法。所谓不变性原理就是指控制系统的被控变量和扰动量绝对无关或在一定准确度下无关，也就是被控变量完全或基本独立。根据控制系统输出变量和输入变量的不变性程度，可分为以下几种：

（1）绝对不变性

指在扰动作用下被控变量在整个过渡过程中始终保持不变。

（2）误差不变性

指准确度有一定限制的不变性，由于它允许存在一定的误差，工程上容易实现，因此得到广泛应用。

（3）稳态不变性

指在扰动作用下，被控变量的动态偏差不等于零，而稳态偏差为零。在控制要求不高的场合，稳态不变性就能满足要求。

（4）选择不变性

指在被控变量受到若干个扰动的作用时，系统采用被控变量对其中几个主要干扰实现不变性。

基于不变性原理实现的控制系统称为前馈控制系统，它具有以下特点：

（1）前馈控制系统是开环控制系统

从表面上看前馈控制系统也形成了环路，但与反馈控制系统不同的是，反馈控制系统在环路上的任一点，沿信号线方向前行，可以回到出发点形成闭合回路，成为真正的闭环控制系统。而前馈控制系统中，在环路上的任一点，沿信号线方向前行，不能回到出发点，不能形成闭合环路，所以说前馈控制系统本身是不存在任何信号控制回路的。

（2）前馈控制系统按照扰动作用的大小进行控制

前馈控制对所测干扰信号反应快，控制及时，产生的波动很小，缺点是只能克服系统中所能测量的信号。

（3）前馈控制系统需要专用的控制器进行控制

由于前馈控制的精确性和及时性取决于干扰通道和控制通道的特性，且要求非常高，因此，通常每一种前馈控制都采用专用的控制器，通用控制器一般不适用于前馈控制系统。

（4）前馈控制系统理论上可以实现无差控制

如果系统的干扰数量很少，前馈控制可以逐个进行测量，然后加以克服，理论上可以做到被控变量的无差控制。

二、典型前馈控制系统

图 5—5—1 是前馈控制系统的方框图。它的特点是信号向前流动，系统中的被调量没有像反馈控制那样用来进行控制，只是将负荷扰动测出送入前馈调节器。十分明显，前馈控制与反馈控制之间存在着一个根本的差别，即前馈控制是开环控制而不是闭环控制，它的控制效果将不通过反馈来加以检验；而反馈控制是闭环控制，它的控制效果要通过反馈来加以检验。

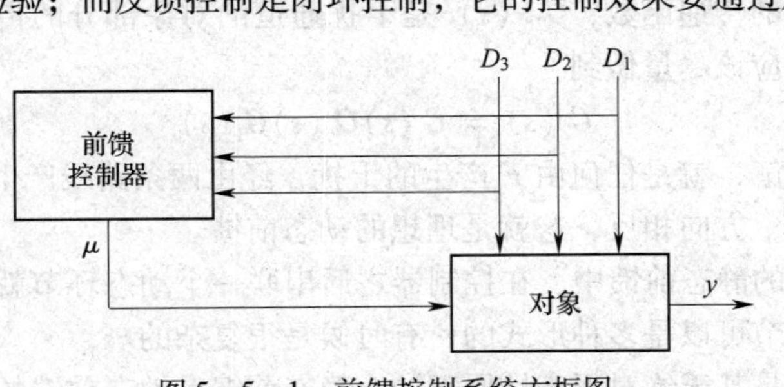

图 5—5—1　前馈控制系统方框图

三、静态前馈控制

所谓静态前馈，就是不考虑干扰作用后被控变量的过渡过程，只保证在稳态下的补偿作用。

当干扰通道与控制通道的动态特性相近的时候，采用静态前馈控制可以达到很好的控制效果。以原油加热炉为例，设原油流量的干扰量为 d，前馈控制器的输出为 p，则有：

$$p = K_f d$$

式中　K_f——前馈控制器的前馈系数。

静态前馈控制实现方便，用比例器或比例控制器均可，所以是现在应用最多的静态前馈控制方案。

图 5—5—2 即为一个典型的静态前馈控制系统。换热器出口温度需要维持恒定，如果工艺介质的进料流量为主要扰动，则可组成如图所示的控制方案。选择加热蒸汽流量为操纵变量，通过一个流量变送器测取扰动量——进料流量 F，并将信号送到前馈控制装置 G_{ff}，前馈控制装置作一定运算去控制阀门，以改变蒸汽流量来补偿进料流量 F 对介质出口温度的影响。如果蒸汽量改变的幅值和动态过程适当，就可以显著减小或完全补偿由于扰动量 F 波动所引起的出口温度的波动。实际应用中为了达到更好的控制效果，经常需要测量更多的干扰量或参考量。

四、动态前馈控制

所谓动态前馈控制，是指通过选择合适的前馈控制作用，使干扰经过前馈控制器至被控变量通道的动态特性完全复制对象干扰通道的动态特性，并使它们的符号相反，便可达到控制的作用，完全补偿干扰对被控变量的影响，从而使系统不仅保证了静态偏差等于或接近于零，而且也保证了动态偏差等于或接近于零。动态前馈控制系统如图 5—5—3 所示。

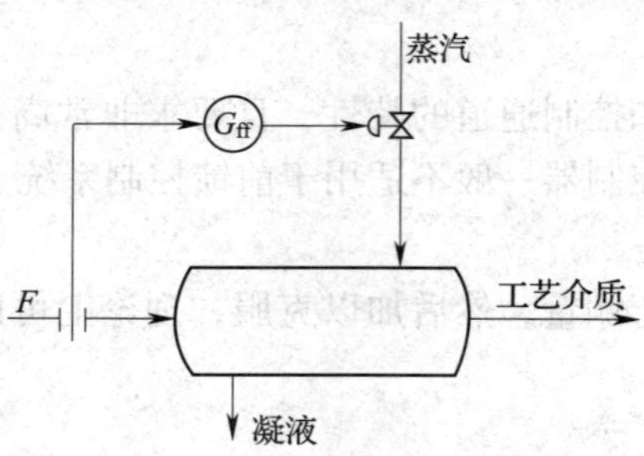

图 5—5—2　换热器静态前馈控制系统

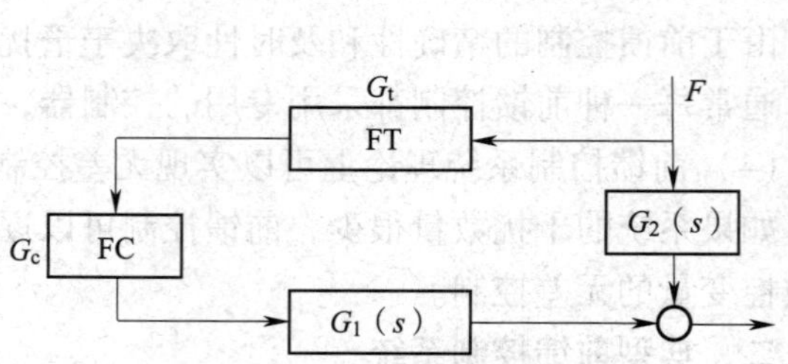

图 5—5—3　动态前馈控制系统

动态前馈控制通常与静态前馈控制结合在一起使用，以进一步提高控制过程的动态品质。假设前馈控制通道中前馈控制器的传递函数为 $G_c(s)$，FT 的传递函数为 $G_t(s)$，$G_1(s)$ 是控制通道的对象部分的传递函数，$G_2(s)$ 是干扰通道的对象部分的传递函数。要保证动态前馈的性能良好，就应该尽量做到：

$$G_2(s) = G_t(s)G_c(s)G_1(s)$$

这个公式很好理解，就是任何由 F 产生的干扰，经由两条路线产生对被控变量的影响在任何时刻都大小相等，方向相反，这就是理想的动态前馈。

图 5—5—2 所示的静态前馈中，在控制器之后串联一个动态环节就可实现动态前馈。理论上讲，这个动态环节可以是多种形式的，有时候是很复杂的。

显然，动态前馈是基于绝对不变性原理的，静态前馈是动态前馈的一种特殊的形式。动态前馈控制的结构比较复杂，系统的运行和参数整定过程比较复杂，需要一套专用的补偿装置。所以，当生产工艺对控制品质要求很高的时候，才考虑使用动态前馈控制。

五、前馈—反馈控制

前馈控制有实现完美控制的潜力，即实现 $y(s)=y_{sp}(s)$，与反馈控制相比，它们有各自的优缺点，具体见表 5—5—1。

表 5—5—1　　前馈、反馈控制的优缺点

控制方式	优点	缺点
前馈控制	（1）作用在扰动影响过程之前 （2）不会造成系统不稳定 （3）适用于动态响应慢的过程	（1）必须辨识并测出所有的扰动变量 （2）不能对未知的扰动进行控制 （3）依赖于过程模型的有效性 （4）不适用于随动过程 （5）没有控制质量的性能指标
反馈控制	（1）不需要测量扰动 （2）不需要知道过程模型 （3）能对过程中的变化相应作用	（1）一直存在余差 （2）不适用于动态响应慢的过程 （3）可能造成系统不稳定

在实际应用中，总是将前馈与反馈结合起来使用，可以达到很好的控制效果。图 5—5—4就是一个典型换热器的前馈—反馈控制系统。当换热器负荷 F 变化时，前馈控制器 G_{ff} 按一定的控制作用改变加热蒸汽 F_s。补偿 F 对被控变量 θ_2 的影响，未能消除的余差则由温度控制器按常规 PID 控制进行校正，实际上是一个复合控制系统。

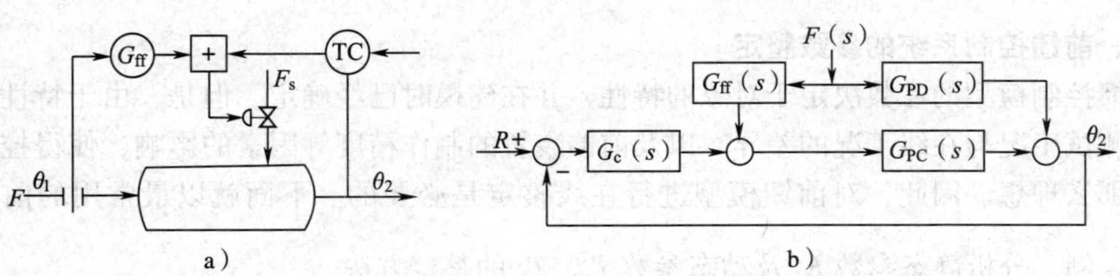

图 5—5—4　换热器的前馈—反馈控制系统

a）结构图　b）方框图

由图 5—5—4 可知，干扰 $F(s)$ 对被控变量 $\theta_2(s)$ 的传递函数为：

$$\frac{\theta_2(s)}{F(s)}=\frac{G_{PD}(s)}{1+G_c(s)G_{PC}(s)}+\frac{G_{ff}(s)G_{PC}(s)}{1+G_c(s)G_{PC}(s)}$$

系统在负荷干扰作用下，对被控变量 θ_2 完全补偿的条件如下：

$$G_{ff}(s)=\frac{G_{PD}(s)}{G_{PC}(s)}$$

由上式可知，从实现对主要干扰完全补偿的条件看，无论是采用单纯的前馈控制方案，还是采用前馈—反馈控制方案，其前馈控制器的特性不会因为增加了反馈而改变。应当指出，当前馈与反馈相结合时，由于前馈控制器的特性是由控制通道的特性 $G_{PC}(s)$ 和 $G_{PD}(s)$ 干扰通道的特性共同决定的，因此前馈控制器的输出信号加入点的位置不能任意改变。

六、多冲量前馈控制

多冲量控制是在锅炉控制中沿用至今的一个习惯用语，这里的冲量就是变量，多冲量就是多个变量。实际上在许多复杂控制系统中都涉及多个变量，均可称为多冲量控制。锅炉控制中的多冲量控制系统是特指锅炉汽包的液位控制系统，它实际上就是前馈—反馈控制系统。

1. 双冲量控制系统

根据前馈控制的思想，把蒸汽作为干扰，以干扰量的变化来控制给水量，构成前馈控制。蒸汽前馈与原来的汽包液位反馈控制组成前馈—反馈控制系统，这里也称为双冲量控制系统，如图 5—5—5 所示。

2. 三冲量控制系统

如图 5—5—6 所示是一个锅炉三冲量液位控制系统，它是一个前馈—串级控制系统。

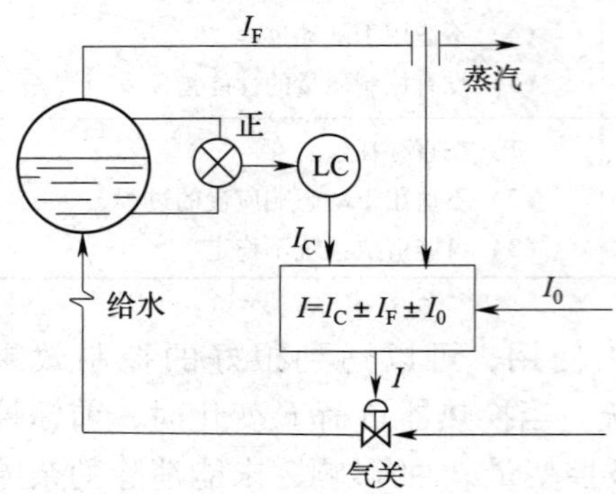

图 5—5—5　双冲量控制系统

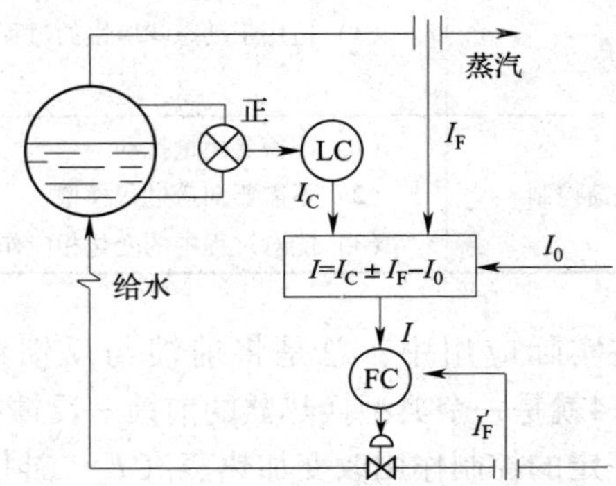

图 5—5—6　三冲量液位控制系统

七、前馈控制系统的参数整定

前馈控制模型的参数决定于对象的特性，并在建模时已经确定。但是，由于特性的测试精度和测试工况与在线工况的差异，以及前馈装置的制作精度等因素的影响，使得控制效果并不会那么理想。因此，对前馈模型进行在线整定是必要的。下面就以最常用的前馈模型 $\frac{T_1 s+1}{T_2 s+1}K_f$ 例，分析静态参数 K_f 及动态参数 T_1、T_2 的整定方法。

1. K_f的整定

前馈系统控制的模型中，静态参数 K_f 的整定是很重要的。正确地选择 K_f，也就能准确地决定阀位。如果 K_f 选得过大，相当于对反馈控制回路施加了干扰，这将产生错误的前馈静态输出，将要由反馈输出来补偿。在工程实际中整定 K_f 一般有开环整定法和闭环整定法之分。

（1）开环整定法

开环整定是在前馈—反馈系统中将反馈回路断开，使系统处于单纯静态前馈状态下，施加干扰，K_f 值由小逐渐增大，直到被控变量回到给定值。此时对应的 K_f 值为最佳整定值。为了使 K_f 值整定结果准确，应力求工况稳定，减少其他干扰对被控变量的影响。

（2）闭环整定法

如待整定的系统为前馈—反馈控制系统，则闭环整定可分为在前馈—反馈运行状态下及反馈运行状态下的整定。

1）前馈—反馈运行状态下的整定。将如图 5—5—7 所示 K_f闭环整定法系统框图中的开关 K 闭合，使系统处于前馈—反馈状态。在反馈控制器已经整定好的基础上，施加相同的干扰作用量，由小到大逐步改变 K_f 值，直至得到满意的补偿过程。K_f 对控制过程的影响如图 5—5—8 所示。

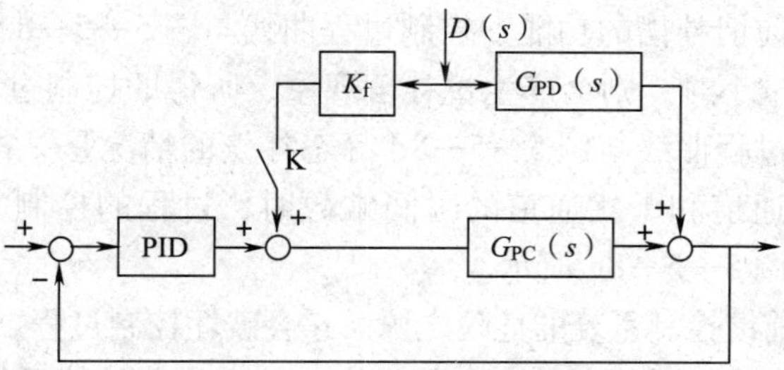

图 5—5—7　K_f 闭环整定法系统框图

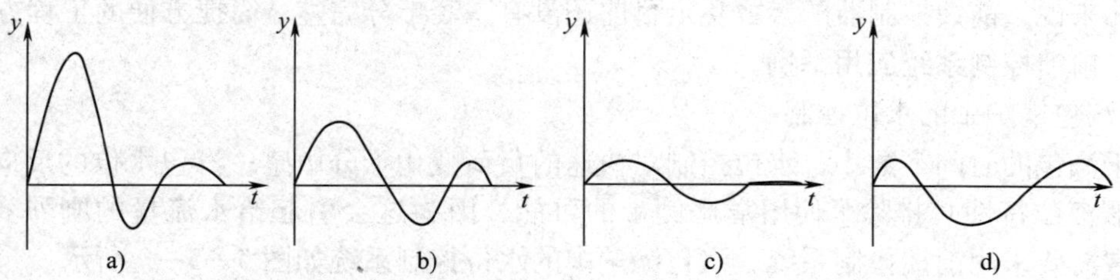

图 5—5—8　K_f 对控制过程的影响

a）$K_f=0$　b）K_f 太小　c）K_f 合适　d）K_f 过大

图 5—5—8a 为无前馈作用，图 5—5—8c 为补偿合适，即 K_f 值适当。如果整定值比此时的 K_f 值小，则造成欠补偿，如图 5—5—8b 所示，过大则造成过补偿，如曲线图 5—5—8d 所示。

2）反馈运行状态下的整定。打开图 5—5—7 中的开关 K，使系统处于反馈系统运行状态。待系统运行稳定后，记下干扰量变送器的输出电流 I_{D0}（或风压）和反馈控制器的输出稳定值 I_{C0}。然后对干扰 D 施加一增量 ΔD，等反馈系统在 ΔD 作用下被控变量重新回到给定值时，再记下干扰量变送器的输出 I_D（或风压）及反馈控制器的输出 I_C（或风压）。前馈控制器的静态放大系数为：

$$K_f = \frac{I_C - I_{C0}}{I_D - I_{D0}} = \frac{\Delta I_C}{\Delta I_D}$$

如干扰通道 G_{PD}（s）的静态放大系数为 K_2，控制通道 G_{PC}（s）的静态放大系数为 K_1，则应满足下式：

$$\Delta I_D K_2 = \Delta I_C K_1$$

在前馈控制模型传递函数推导时，已知静态放大系数：

$$K_f = \frac{K_2}{K_1}$$

使用这种方法需要注意两点，一是反馈控制器必须具有积分作用，否则在干扰的作用下无法消除被控变量的余差。二是要求工况稳定，以免其他干扰的影响。

2．T_1、T_2 的整定

前馈控制器动态的整定较静态参数的整定要复杂得多，在事先未经过动态测定求取这两个时间常数时，至今尚无完整的工程整定法和定量计算公式，主要还是经验的或定性的分析，通过在线运行曲线来判断与整定参数 T_1、T_2。

动态参数 T_1、T_2 的值决定了动态补偿的程度，当 T_1 过小或 T_2 过大的时候，会产生补偿现象，未能有效地发挥前馈补偿的功能，控制过程曲线与图 5—5—8 静态补偿的情况是相似的。而当 T_1 过大或 T_2 过小时，则会产生过补偿现象，所得的控制过程甚至比纯粹的反馈控制系统品质还差，控制过程曲线与图 5—5—8d 静态补偿的情况是一样的。显然当 T_1、T_2 分别接近或等于对象控制通道和干扰通道的时间常数时，过程的控制品质最佳，此时补偿合适，其控制过程曲线如图 5—5—8c 所示。

由于过补偿往往是前馈控制系统的危险之源，它会破坏控制过程。相反，欠补偿却是寻求合理的前馈动态参数的途径。因此在动态参数整定时，应从欠补偿开始，逐步强化前馈作用，即增大 T_1 或减小 T_2，直到出现过补偿的趋势，再减弱前馈作用，便可以获得满意的控制过程。

总体来说，前馈控制器的参数整定目前还没有一套十分完整、简捷方便的工程方法。

八、前馈控制系统应用举例

1. 汽包锅炉中的水位控制

由于汽包的时间常数小，水位控制对快速的负荷变化十分敏感；汽包水位的反向动态特性（虚假液位特性）排除了使用窄比例带的可能，因为这会引起给水流量的剧烈变化；因此，通常需要采用前馈控制系统，汽包锅炉中的水位控制系统如图 5—5—9 所示。

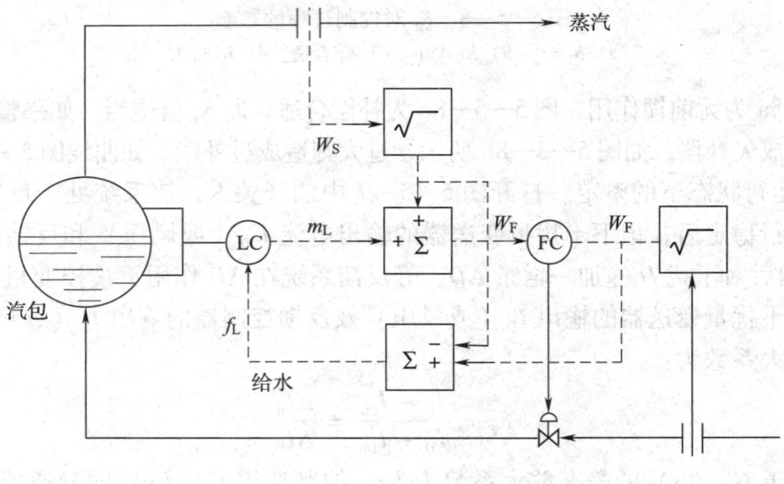

图 5—5—9　汽包锅炉中的水位控制系统

前馈系统只是简单地控制给水流量，使之等于排出的蒸汽流量（蒸汽流量代表加在汽包水位上的负荷）。

如果给水流量计与蒸汽流量计具有相同的量程，则控制系统就只需简单地求解下列方程：

$$W_F^* = W_s + m_L - 0.5$$

式中　W_F^*、W_s——分别为给水和蒸汽的质量流量（＊表示设定值），kg/s；

m_L——液位控制器的输出，其正常值为 0.5 kg/s。

这样的液位过程一般都是非自衡过程，因此如果没有反馈，被调量就会慢慢偏离设定值，由于积分反馈不能单独使用，因为它会导致系统不稳定，所以通常采用 PI 控制器。在稳态情况下，给水流量总是等于蒸汽流量，这时液位控制器（LC）的输出将跟随计算中所用的偏置量。如果控制器运行在50% 的输出上，那么如上式所指示的那样，这个偏置量必须等于0.5。前馈回路投入工作以后，控制器的输出就不需要累积到负荷变化所要求的限度，而只需校正在这期间由于计算误差所引起的变化。

除了根据蒸汽流量和 LC 控制器的输出对给水设定值进行前馈计算外，图 5—5—9 还表明 LC 控制器有一个反馈信号 f_L，它是根据蒸汽流量和给水流量的测量值计算的。这种反馈计算的作用是为了防止当给水流量不能被控制时液位控制器出现积分饱和。实际上，这个反馈信号通过反解 $W_F^* = W_s + m_L - 0.5$ 就可以得到，其中 m_L 用 f_L 代替，设定值 W_F^* 用流量测量值 W_F 代替，则有：

$$f_L = 0.5 + W_F - W_s$$

如果给水流量可以实现无偏差控制，则 $W_F = W_F^*$，且由此有 $f_L = m_L$。这时液位控制器可以正常地进行积分动作。然而，如果流量控制器出现偏差，那么液位控制器就会出现与之成正比例的偏差，但不会出现积分饱和。

这种前馈系统具有两个主要的优点：

（1）给水流量不会比蒸汽流量变化的更快或更多。

（2）液位的控制不依赖于反馈控制器严格的参数整定值。

由于这种前馈系统和其他的许多系统一样，都是基于物质平衡的，因此精确地控制给水流量是十分重要的。一般说来，前馈系统的输出只能用作流量串级回路的设定值，而不能直接用于控制阀门，因为阀门的位置不能足够准确地代表流量。

2. 铜苯塔进料温度控制

铜苯塔是回收蜡液溶剂的设备之一，为了保证溶剂蒸出率及溶剂组成质量，应保证铜苯塔进料温度的稳定，工艺要求控制在 95℃左右。原来采用单回路控制方案，温度波动范围为4 ~10℃，满足不了工艺要求，经分析主要原因是进料流量变化较大，为此引入进料流量为前馈信号，组成如图 5—5—10 所示的铜苯塔进料温度控制系统。经实际测试发现调节通道与扰动通道的时间常数及时滞较接近，所以仅采用静态前馈。投运后在进料流量变化37% 时，温度变化仅为 ±2℃，改善了调节质量，满足了工艺要求。

3. 铜液氨冷器出口温度控制

铜液氨冷器出口温度工艺要求控制在 10℃左右。原采用单回路控制方案，在工况基本稳定情况下，可以满足工艺要求。但一旦工况变化较大时，就不能满足工艺要求，有时被迫改为手工操作。分析表明主要由于铜液进口温度及气氨压力变化较大，为此采用铜液进口温度和气氨压力为前馈信号，组成铜液氨冷器出口温度控制系统如图 5—5—11 所示。经测试，调节通道的时间常数为 5 min，铜液进口温度至出口温度通道的时间常数为 1 min，气氨压力至出口温度通道的时间常数为 5 min。所以气氨压力前馈补偿作用仅用比值器 K_1 来实现，而进口温度前馈补偿器为 $K_2 \frac{s+1}{5s+1}$，用一比值器和微分单元来近似。投运后，当进口温度由 20℃变化到 60℃时，氨气压力为 180 kPa 时，出口温度仍能保持在（10 ±1.5）℃，完全满足了生产要求。

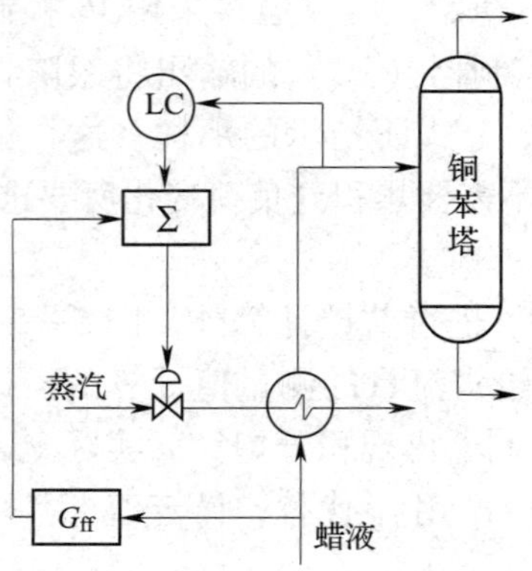

图 5—5—10　铜苯塔进料温度控制系统

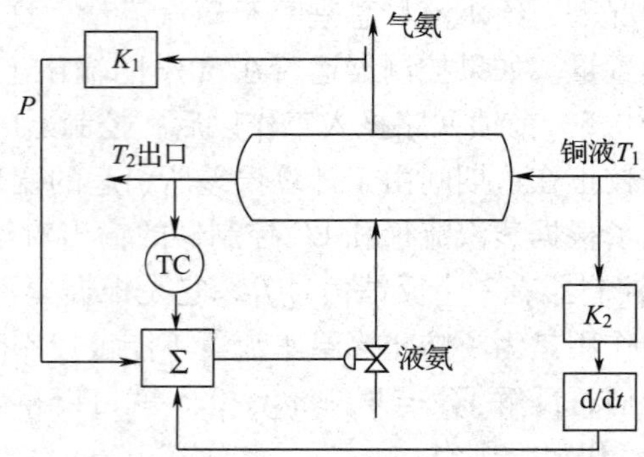

图 5—5—11　铜液氨冷器出口温度控制系统

§5—6　自动选择性控制系统

一、选择性控制基本概念

选择性控制系统就是把生产过程中的限制条件所构成的逻辑关系叠加到正常的自动控制系统上去的一种组合控制方法。即在一个过程控制系统中，设有两个控制器（或两个以上的变送器），通过高、低值选择器选出能适应生产安全状况的控制信号，实现对生产过程的自动控制。当生产过程趋于危险极限区，但还未进入危险区时，一个用于控制不安全状况的控制方案通过高、低选择器将取代正常生产情况下工作的控制方案，直至使生产过程重新恢复正常，然后，又通过选择器使原来的控制方案重新恢复工作。这种选择性控制系统又被称为自动保护系统（或称为软保护系统），也称为取代控制系统。

二、常见选择性控制系统

大多数工业过程控制问题的被控变量和操纵变量数量是相等的。如果操纵变量个数小于被控变量，则不可能消除随机负荷或给定值变化下被控变量的误差。这时候，需要在被控变量之间分享操纵变量。一个解决办法是使用选择器从大量可测量中选择适当的过程变量。选择器可基于多个测量点，多个执行机构或者多个控制器。一种选择器是选择两个或多个输入信号的最高（或最低）作为其输出信号，则该选择器称为高选（或低选）器，通常用 HS 表示高选器，LS 表示低选器。信号选择器可用于设备的保护、选拔、冗余配表、可变结构等方面。

根据选择器在结构中的位置不同，选择性控制系统可分为以下两类：

（1）选择器位于控制器的输出端，对控制器输出信号进行选择的系统。

其主要特点是：两个控制器共用一个控制阀。在生产正常的情况下，两个控制器的输出信号同时送至选择器，选出正常控制器输出的控制信号送给控制阀，实现对生产过程的自动控制。当生产不正常时，通过选择器由取代控制器取代正常控制器的工作，直到生产情况恢复正常。该选择性控制系统在现代工业生产中得到了广泛的应用。如图 5—6—1a 所示的选择性控制系统用于调整系统中罐的液位和出口流量。在正常操作中，液位控制器（LC）通过改变泵的转速调节流量进行控制，此处用变速泵替代了一般的控制阀。一旦流量低于下限值，则流量控制器取代液位控制器使泵加速，其方框图如图 5—6—1b 所示。

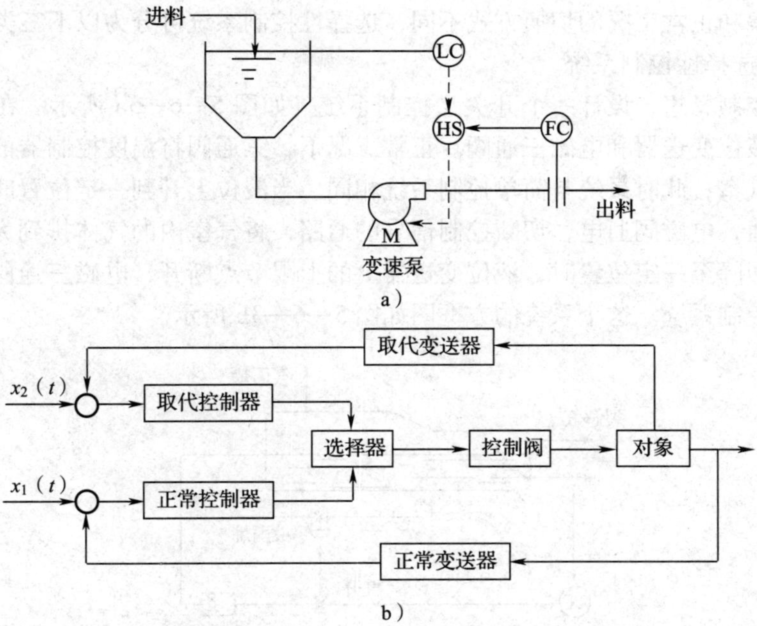

图 5—6—1　选择性控制系统

a）结构图　b）方框图

（2）选择器位于控制器之前，对变送器输出信号进行选择的系统。

例如，在固定床式化学反应器中，可使用一个高选器来决定其热点温度，高选器的输出送到温度控制器上去，如图 5—6—2 所示。其特点是几个变送器合用一个控制器。通常选择的目的有两个：一是选出最高或最低测量值，二是选出可靠测量值。其方框图如图5—6—2b 所示。

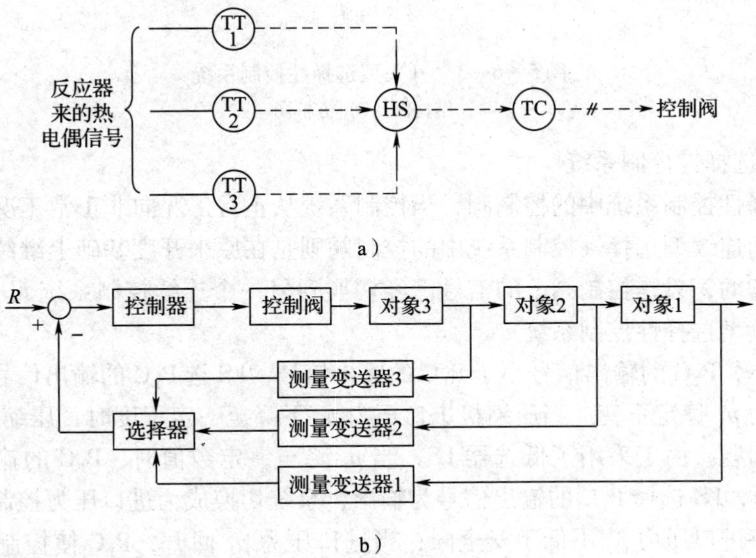

图 5—6—2　化学反应器温度控制系统

a）使用高选器控制反应器热点温度　b）方框图

根据非正常和正常工况的切换方式不同，选择性控制系统可分为以下三类：

1. 开关型选择性控制系统

根据选择控制思想，设计一个开关型控制系统，如图 5—6—3a 所示。在简单控制系统中增加了一个液位变送器和电磁三通阀。正常工况下，三通阀将温度控制器的控制信号送到气动控制阀的气室，此时系统与简单控制系统相同。当液位上升到一定位置时，液位变送器的上限节点接通，电磁阀通电，切断控制信号的通路，将气室内的气体排到大气中去，控制阀关闭。液位回降至一定位置时，液位变送器上的上限节点断开，电磁三通阀失电，系统恢复为简单温度控制系统。这个系统的方框图如图 5—6—3b 所示。

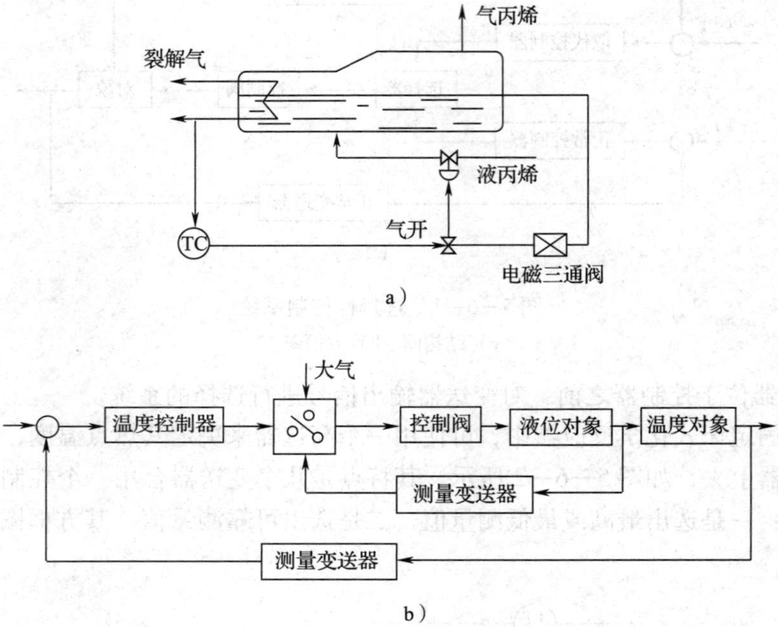

图 5—6—3　开关型选择性控制系统

a）结构图　b）方框图

2. 连续型选择性控制系统

开关型选择性控制系统中的控制阀，当控制系统从正常工况向非正常工况切换时不是全开就是全关；而连续型选择性控制系统中的控制阀则是在原来开度基础上继续进行控制，其控制作用是连续的，只是控制阀上的信号已经切换到另一个连续控制系统而已。图 5—6—4 是压缩机的连续型选择性控制系统。

正常工况下，P_2C 的输出信号小于 P_1C 的输出信号，LS 选 P_2C 的输出信号，系统维持压缩机的出口压力 p_2 稳定不变。当压缩机进口压力 p_1 下降至一定程度时，压缩机会产生喘振，这成为主要的问题。由于采用了低选器 LS，当 p_1 降至一定数值时，P_1C 的输出信号会低于 P_2C 的输出信号，LS 选择 P_1C 的输出信号为输出，系统切换成为进口压力控制系统，将控制阀关小，以维持进口压力 p_1 不低于安全限；当进口压力 p_1 回升，P_1C 使控制阀开大，p_2 回升，待 p_2 回升到一定程度时，P_2C 的输出变得小于 P_1C 的输出，低选器工作，系统恢复正常。

3．混合型选择性控制系统

在这种混合型选择性控制系统中，既包含有开关型选择的内容，又包含有连续型选择的内容。例如，锅炉燃烧系统既考虑“脱火”又考虑“回火”的保护问题，可以设计一个混合型选择性控制系统来解决此问题（见图 5—6—5）。

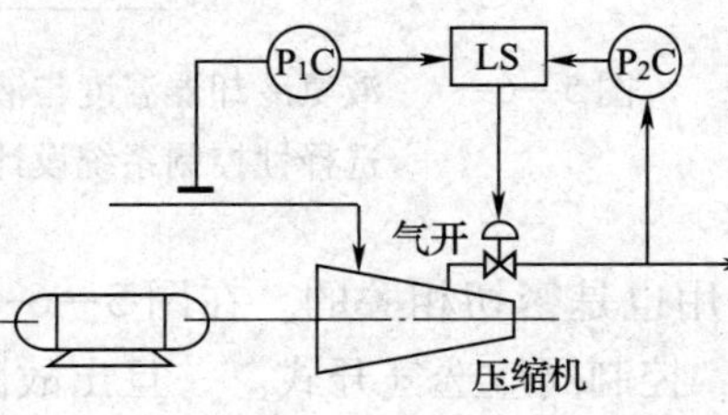

图 5—6—4　压缩机的连续型选择性控制系统

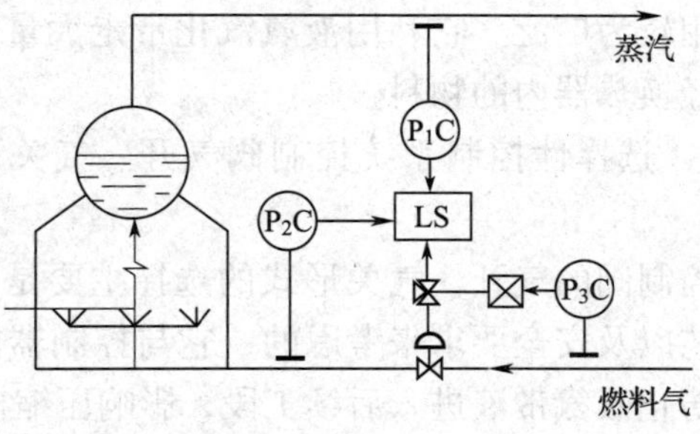

图 5—6—5　锅炉燃烧系统混合型选择性控制系统

选择器的使用，还可以构成其他类型的复杂控制系统，有时也可以说，凡是应用选择器的控制系统就是选择性控制系统。

三、抗积分饱和

在选择性控制系统中，当从两个或两个以上的控制器中选出一个控制器后，其他的控制器就都处于开环状态，如果这些控制器具有积分动作，则需要防止它们出现积分饱和，这可以通过用选择器的输出作为所有控制器的共同反馈信号来实现（见图 5—6—6）。这样，被选中的控制器是把自己的输出信号反馈回来，因此它将具有积分动作。但是，系统中那些未被选中的控制器得到的反馈信号并不是它们各自本身的输出信号，因此它们将被迫像比例控制器那样动作。

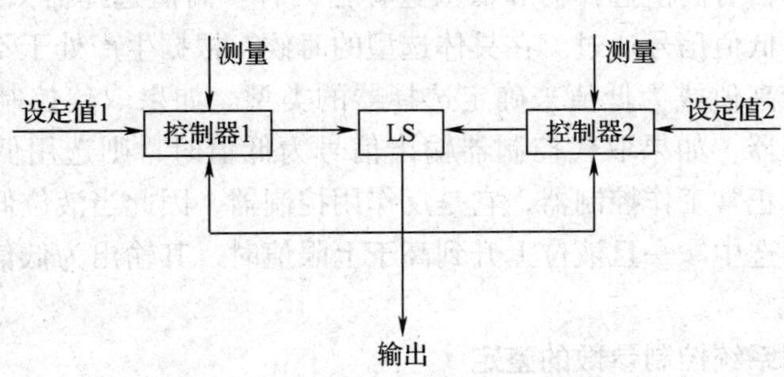

图 5—6—6　具有积分外反馈的选择性控制系统

还可以通过一些专门的技术措施，对积分反馈信号加以限制，使控制器的输出信号限制在控制阀的工作信号范围之内，这种方法称为限幅法。在电动 III 型仪表中有专门设计的限幅器，偏差反馈型积分限幅控制器和积分反馈型积分限幅控制器就属于这一类。

四、选择性控制系统的设计

选择性控制系统设计，包括控制阀开、关形式选择，控制器规律及正、反作用选择，以及选择器类型的选择等内容。

一般控制系统的设计流程是：首先，根据生产安全要求，选择控制阀的开、关形式；其次，根据对象的特性和控制的要求，选择控制器的控制规律及正、反作用；最后，根据控制器的正、反作用和选择性控制系统设置的目的，确定选择器的类型。以下通过一个具体例子进行说明。

液氨冷却器温度与液位选择性控制系统设计如图5—6—7所示，液氨冷却器是一个换热设备，在工业上应用较为广泛。它利用液氨汽化带走大量热量来冷却流经换热器内的物料。

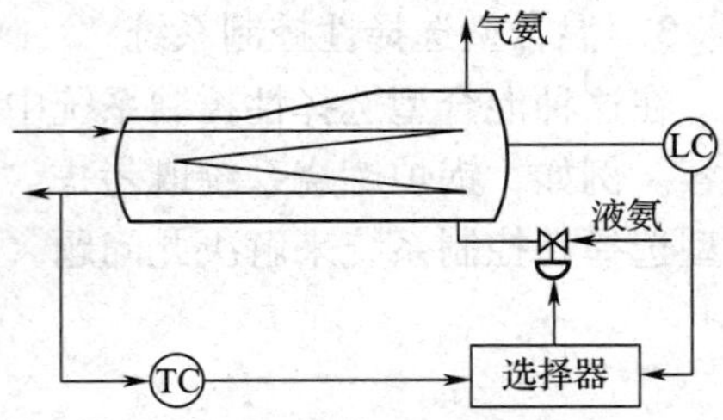

图5—6—7　液氨冷却器温度与液位选择性控制系统设计

1．选择性控制系统控制阀气开、气关形式的选择

控制阀的气开、气关形式的选择主要是根据具体的工艺以及安全要求来考虑的，它与控制器的正反作用也是密切相关的。在图5—6—7中，为了防止液氨带液进入后续工段，影响压缩机的安全，控制阀应选气开式。一旦出故障，则控制阀处于关闭状态，不致使液位上升。

2．选择性控制系统控制器控制规律及其正、反作用方式的确定

一般选用PI控制规律，如果过程的容量滞后较大，可以选用PID控制规律；取代控制器在正常的生产中处于开环状态，要求其在生产将出现问题的时候能及时迅速地采取控制措施，以防止事故发生，所以一般仅采用纯比例控制规律即可。对两个控制器的正、反作用方式，可以完全根据单回路控制系统设计原则来确定。当选择器选中温度控制器的输出时，系统构成温度闭环控制。由于温度对象为“－”，所以温度控制器应选正作用。当选择器选中液位控制器的输出时，系统构成液位闭环控制。由于液位对象为“＋”，所以液位控制器应选反作用。

3．选择性控制系统选择器的选型

一般来说，选择器有高值选择器和低值选择器两种。高值选择器只允许高值信号通过，而低值选择器只允许低值信号通过。在具体选型的时候，根据生产处于不正常情况下，取代控制器的输出信号为高值或为低值来确定选择器的类型。如果取代控制器输出信号为高值时，则选用高值选择器，如果取代控制器输出信号为低值时，则选用低值选择器。在本例中，液位控制器是非正常工作控制器，它是反作用控制器，因此当液位低于上限值时其输出为高，应不被选择器选中。一旦液位上升到高于上限值时，其输出为低信号，应被选择器选中，所以应选低选器。

五、选择性控制系统控制参数的整定

因为选择性控制系统的两个控制器是轮换工作的，所以控制器的参数整定完全可以按照单回路控制系统的整定方法进行。但是，取代控制方案投入工作时，取代控制器必须发出较强的控制信号，产生及时的自动保护作用，所以，其比例度应整定得小一些。如果有积分作用的时候，积分作用也应该整定得弱一些。

六、选择性控制系统应用举例

1．温度与液位选择性控制系统

氨（乙烯、丙烯）冷器根据物料出口温度来调节进氨量的方案，为防止液氨淹没蒸发空间，而使控制系统失去控制作用及气氨带液造成压缩机产生事故，在温度控制系统中又叠加一个液位控制系统，组成温度与液位选择性控制系统，如图5—6—8所示。

当液位达到软限条件（即将淹没但还未淹没）时，液位控制器通过低选器自动取代温度控制器，关小进氨阀，驱使液位脱离安全软限条件，当液位回到安全范围后，液位控制器又让位于温度控制器进行正常工作。

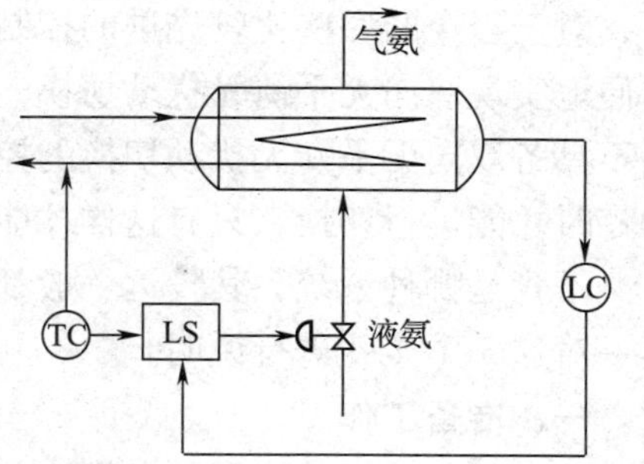

图 5—6—8　温度与液位选择性控制系统

2．流量与温度选择性控制系统

图 5—6—9 是流量与温度选择性控制系统。裂解气压缩机五段出口温度为 88℃，要经过水冷、丙烯冷却及脱甲烷塔釜液三级冷却换热后，使裂解气出口温度保持在 15℃。如果温度太低，会生成水化合物，将管道堵塞。同时工艺要求脱甲烷塔釜液流量保持恒定，因此设计了裂解气出口温度与液位的选择性控制系统和脱甲烷塔釜液流量与裂解气出口温度的选择性控制系统。

现对流量与温度选择性控制系统做简要的说明。正常工况下，流量控制器工作，而温度控制器 T_AC 不工作；当裂解气温度小于 15℃时，温度控制器 T_AC 代替流量控制器作用，关小阀门，使温度恢复到安全值，此时温度控制器又让位于流量控制器 FC 进行正常工作。

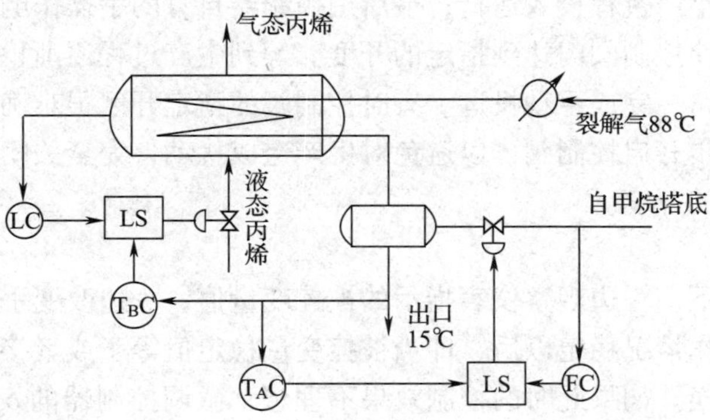

图 5—6—9　流量与温度选择性控制系统

§5—7　控制系统的投运

前面几节介绍了几种有代表性的复杂控制系统，本节将介绍控制系统在工业控制中的投运。

控制系统的投运就是把控制系统由手动切换到自动工作状态。这一过程一般是通过控制器上的手动—自动切换开关来实现的。但要保证这一过程是在无扰动的条件下进行的，即切换中不能改变原先控制阀的开度。控制器在手动位置时，控制阀接收的是控制器手动输入信号；当控制器切换到自动挡位置时，控制阀接收的是控制器根据偏差信号的大小和方向按一定控制规律运算所得的输出信号。在切换过程中手动输出信号与自动输出信号互相替换控制对象。这样如果在切换前，手动输出与自动输出的信号不相等，那么，在切换过程中就会带来扰动，会破坏系统原来的平衡状态，这是要尽量避免的。

对于当今的一些比较先进的控制器来说，由于具有完善的自动跟踪和保持电路，可以很方便地实现双向无平衡无扰动切换，无论偏差是否存在都可以很方便地实现切换。而对于那些不具备双向无平衡无扰动切换的控制器来说，在切换之前要找平衡，也就是说必须在偏差为零时才能进行切换，只有这样才能在切换时保证无扰动。

不管是哪种系统，其投运一般都分为 3 大步骤：准备工作、手动操作和自动运行。以下逐一对这 3 个步骤进行说明。

一、准备工作

首先要熟悉工艺流程，掌握工艺机理，了解各工艺变量间的关系、主要设备的功能以及主要的控制指标和控制要求。此外还要熟悉控制方案和检测元件以及控制阀的安装位置、管线走向，掌握过程控制工具的操作方法，还要对检测元件、变送器、控制器、控制阀和其他有关的装置（包括电源、气源、管路等）进行全面的检查，确保它们都处于正常的状态。然后要确定控制器的正、反作用方向，最后对控制器的控制规律进行选择。

二、手动操作

首先通气、加电，保证气源、电源正常；接着检查变送器是否投入工作，用高精度的万用表检测测量变送器信号是否正常；然后关闭控制阀的上游阀、下游阀，手调副线阀门，使气源从旁路通过，使生产过程投入运行；最后用控制器自身的手操作电路进行遥控或者用手动定值器进行操作，使控制阀门达到指定的开度。等到生产过程逐渐稳定以后，再慢慢开启上游阀，最后关闭旁路，完成手动投运。有时控制阀的指定开度很难确定，就需要在逐步关闭副线阀的同时，逐步开启控制阀，以避免对生产造成扰动，完全关闭副线阀的同时，控制阀应达到生产所要求的开度。

三、自动运行

在手动控制状态下，一边观察仪表指示的被控变量值，一边改变手操器或者设定器的输出进行操作。等到工作情况稳定以后，即当被控变量稳定值等于或者接近设定值时，就可以进行手动到自动的切换。如果此时的控制效果不理想，微调控制器的 δ、T_1、T_D 等参数，使系统质量提高，并最终进入稳定状态。

停车步骤与开车步骤相反。控制器先切换到手动状态，从安全的角度使控制阀进入工艺要求的开、关位置，即可以停车。

上述步骤是针对生产过程处于开车阶段所需要做的工作。对于在正常生产过程中，由于工艺需要进行自动/手动切换，则只需使用控制器（或 DCS）上的自动/手动切换开关（或按钮），直接进行切换即可，因为 DCS 的控制器或电动Ⅲ型仪表都具有无平衡无扰动切换功能。

思考与练习

1. 串级控制系统都有哪些优点？如何才能发挥串级控制的作用？

2. 如何选择串级控制系统主、副控制器的控制规律？

3. 怎样选择串级调节系统中主、副调节器的调节规律？试证明只要主调节器有积分作用就可以消除主变量余差。

4. 某精馏塔提馏段温度与蒸汽流量构成的串级控制系统如图 5—7—1 所示，试画出该串级控制系统的方框图。分析当蒸汽流量波动时，该串级系统的工作过程。

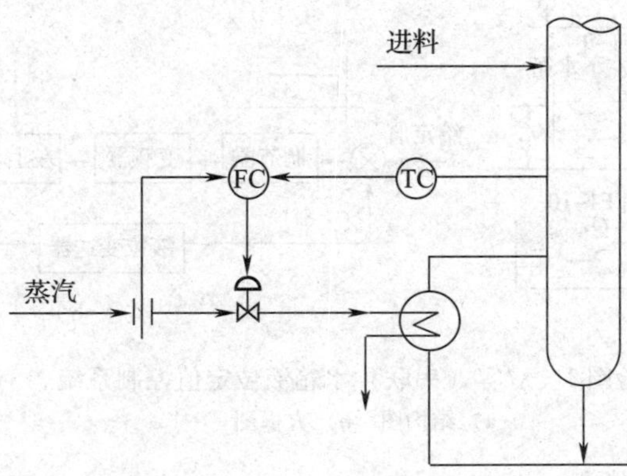

图 5—7—1 精馏塔提馏段温度与蒸汽流量构成的串级控制系统

5. 什么是比值控制系统？它有哪几种类型？
6. 比值与比值系数的含义有什么不同？它们之间有什么关系？
7. 简单均匀控制系统与单回路反馈控制系统有何异同点？
8. 前馈控制与反馈控制各有什么特点？
9. 为什么说采用前馈—反馈控制能够改善系统的控制品质？
10. 在选择控制系统中，选择器的类型是如何确定的？
11. 什么是控制系统的投运？控制系统投运的一般步骤是什么？

实验 1 双容（串联）水箱液位定值控制系统

一、实验目的

1. 通过实验进一步了解双容（串联）水箱液位的特性。
2. 研究调节器相关参数的改变对系统动态性能的影响。
3. 研究 P、PI、PD 和 PID 四种调节器对液位系统的控制作用。
4. 掌握双容液位定值控制系统采用不同控制方案的实现过程。
5. 能进行双容水箱液位控制系统调节器参数的整定与投运。

二、实验设备及器材（同第 2 章实验 1）

三、实验原理

本实验以左上水箱与左下水箱串联作为被控对象，左下水箱的液位为系统的被控制量。要求左下水箱液位测量值稳定至给定值，将压力传感器 LT2 检测到的左下水箱液位信号作为反馈信号，在与给定量比较后的差值通过调节器控制电动调节阀的开度，以达到控制下水箱液位的目的。为了实现系统在阶跃给定和阶跃扰动作用下的无静差控制，系统的调节器应为 PI 或 PID 控制。调节器的参数整定可采用 §4—3 所述任意一种整定方法。本实验系统结构图和方框图如实验图 1 所示。

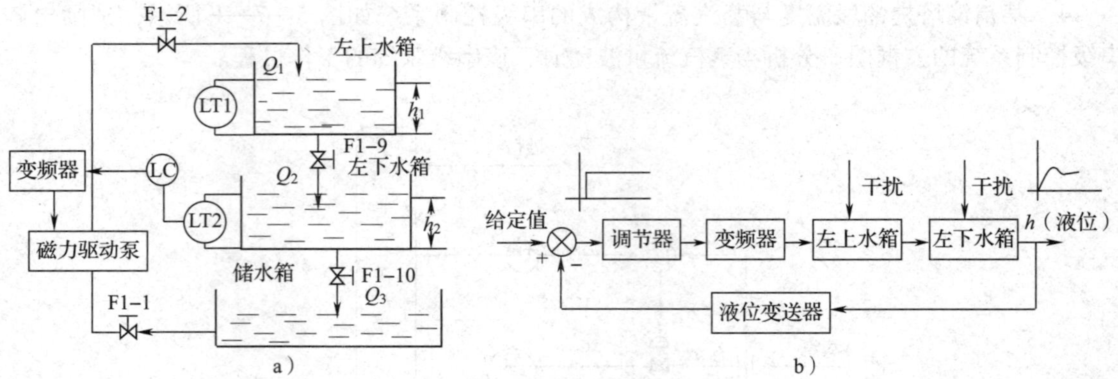

实验图 1　双容（串联）水箱液位定值控制系统

a）结构图　b）方框图

四、实验内容及步骤

本实验选择左上水箱和左下水箱串联作为双容对象。实验之前先将储水箱中储足水量，然后将阀门 F1－1、F1－2 全开，将左上水箱出水阀门 F1－9 开至适当开度（40%～90%）、左下水箱出水阀门 F1－10 开至适当开度（30%～80%），要求阀 F1－9 稍大于阀 F1－10，其余阀门均关闭。

具体实验内容与步骤可根据本实验的目的与原理参照第 4 章“实验　单容液位定值控制系统”中的相应方案进行。实验仪表的接线与第 2 章“实验 1　单容自衡水箱液位特性的测试”接线图完全一样。值得注意的是手自动切换的时间为：当左上水箱液位基本稳定不变（一般为 3～5 cm）且左下水箱的液位趋于给定值时切换为最佳。

五、实验报告要求

1. 画出双容水箱液位定值控制实验的结构框图。
2. 用实验方法确定调节器的相关参数，写出整定过程。
3. 根据实验数据和曲线，分析系统在阶跃扰动作用下的静、动态性能。
4. 比较不同 PI 参数对系统的性能产生的影响。
5. 分析 P、PI、PD、PID 四种控制方式对本实验系统的作用。
6. 综合分析多种控制方案的实验效果。

六、思考题

1. 如果采用左上水箱和右上水箱做实验，其响应曲线与本实验的曲线有什么异同？并分析差异原因。

2. 改变比例度 δ 和积分时间 T_I 对系统的性能会产生什么影响？

3. 为什么本实验比单容液位定值控制系统更容易引起振荡？要达到同样的动态性能指标，在本实验中调节器的比例度和积分时间常数要怎么设置？

实验 2　双容（并联）水箱液位定值控制系统

一、实验目的

1. 了解双容（并联）水箱液位定值控制系统的结构和组成。

2. 研究调节器相关参数的改变对系统动、静态性能的影响。

3. 研究 P、PI、PD、PID 四种调节器对液位系统的控制作用。

4. 综合分析多种控制方案的实验效果。

5. 能进行二阶系统调节器参数的整定与投运。

二、实验设备及器材（同第 2 章实验 1）

三、实验原理

本实验系统结构图和方框图如实验图 2 所示。本实验以左上、右上两只水箱并联作为被控对象，下水箱的液位为系统的被控制量。本实验要求右上水箱液位稳定至给定量，将压力传感器 LT2 检测到的右上水箱液位信号作为反馈信号，与给定量比较后的差值通过调节器控制变频器的频率，以达到控制右上水箱液位的目的。为了实现系统在阶跃给定和阶跃扰动作用下的无静差控制，系统的调节器应为 PI 或 PID 控制。调节器的参数整定可采用 §4—3 所述任意一种整定方法。

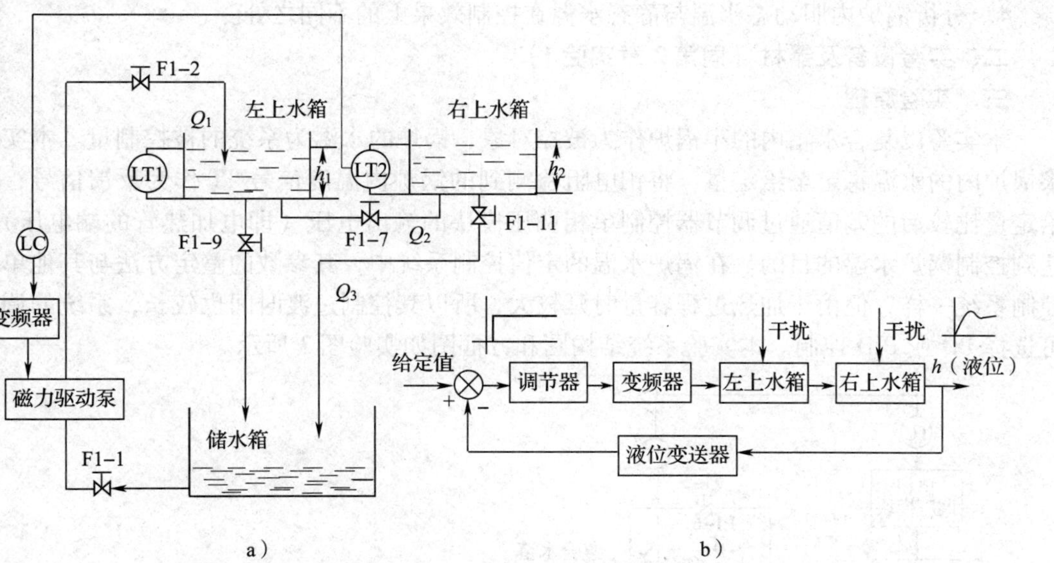

实验图 2　双容（并联）水箱液位定值控制系统

a）结构图　b）方框图

四、实验内容及步骤

本实验选择左上、右上两只水箱并联组成双容对象。实验之前先将储水箱中储足水量，然后将阀门 F1－1、F1－2 全开，将左上水箱出水阀门 F1－9 关闭，阀门 F1－7 开至适当开度（50%～90%）、右上水箱出水阀门 F1－11 开至适当开度（40%～80%），要求阀门开度 F1－7 大于 F1－11，其余阀门均关闭。

具体实验内容与步骤可根据本实验的目的与原理参照第 4 章“实验　单容液位定值控制系统”中的相应方案进行。实验的接线与第 2 章“实验 1　单容自衡水箱液位特性的测试”接线图完全一样。值得注意的是手自动切换的时间为：当左上水箱液位基本稳定不变（一般为 3～5 cm）且右上水箱的液位趋于给定值时切换为最佳。

五、实验报告要求

参照“实验 1　双容（串联）水箱液位定值控制系统”。

六、思考题

1. 为什么对两个水箱的出水阀开度大小要求不同？

2. 改变比例度 δ 和积分时间 T_I 对系统的性能会产生什么影响？

3. 如果在相同阶跃信号作用下，要求系统的被控制量具有与实验Ⅰ完全相同的动态性能指标，本实验中调节器的 PID 参数应如何设置？

实验 3　温度定值控制系统

一、实验目的

1. 了解单回路温度控制系统的组成与工作原理。

2. 研究 P、PI、PD 和 PID 四种调节器分别对温度系统的控制作用。

3. 了解 PID 参数自整定的方法及其参数整定在整个系统中的重要性。

4. 分析锅炉内胆动态水温与静态水温在控制效果上的不同之处。

二、实验设备及器材（同第 2 章实验 1）

三、实验原理

本实验以复合水箱内的小锅炉作为被控对象，锅炉的水温为系统的被控制量。本实验要求锅炉内的水温稳定至给定量，将铂电阻检测到的锅炉内温度信号 TT 作为反馈信号，在与给定量比较后的差值通过调节器控制单相调压模块的输出电压（即电加热管的端电压），以达到控制锅炉水温的目的。在锅炉水温的定值控制系统中，其参数的整定方法与其他单回路控制系统一样，但由于加热过程容量时延较大，所以其控制过渡时间也较长，系统的调节器可选择 PD 或 PID 控制。本实验系统结构图和方框图如实验图 3 所示。

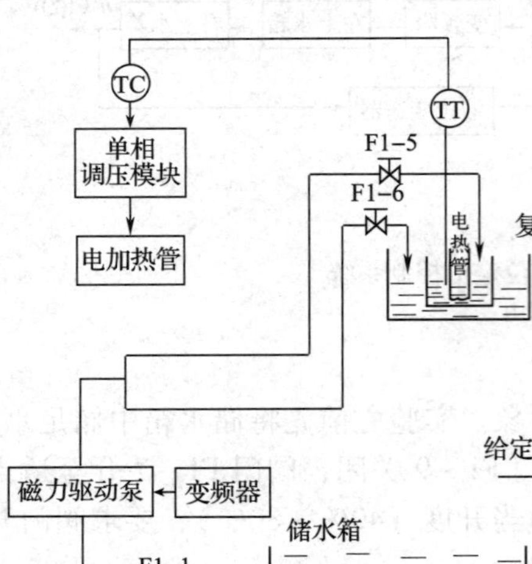

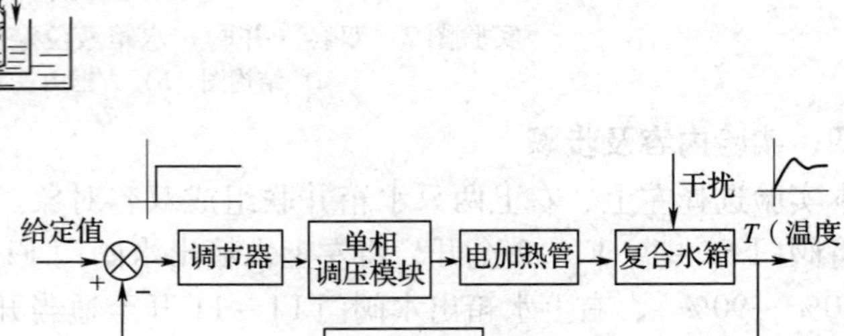

实验图 3　温度定值控制系统

a）结构图　b）方框图

可以采用两种方案对锅炉的水温进行控制：

（1）复合水箱不加冷却水（静态）。

（2）复合水箱加冷却水（动态）。

显然，两种方案的控制效果是不一样的，后者比前者的升温过程稍慢，降温过程稍快，过渡过程时间稍短。

四、实验内容及步骤

本实验选择锅炉水温作为被控对象，实验之前将储水箱中储足水量，然后将阀门 F1－1、F1－5 全开，其余阀门关闭。打开变频器电源并手动调节其频率，给锅炉内储一定的水量，然后关闭阀 F1－5，打开阀 F1－6，为给锅炉供冷水做好准备。

1. 智能仪表控制

（1）将 SA－11 挂件挂到屏上，并将挂件的通信线插头插入屏内 RS485 通信口上，将控制屏右侧 RS485 通信线通过 RS485/232 转换器连接到计算机串口 1，并按照控制屏接线图 1（见实验图 4）连接实验系统。

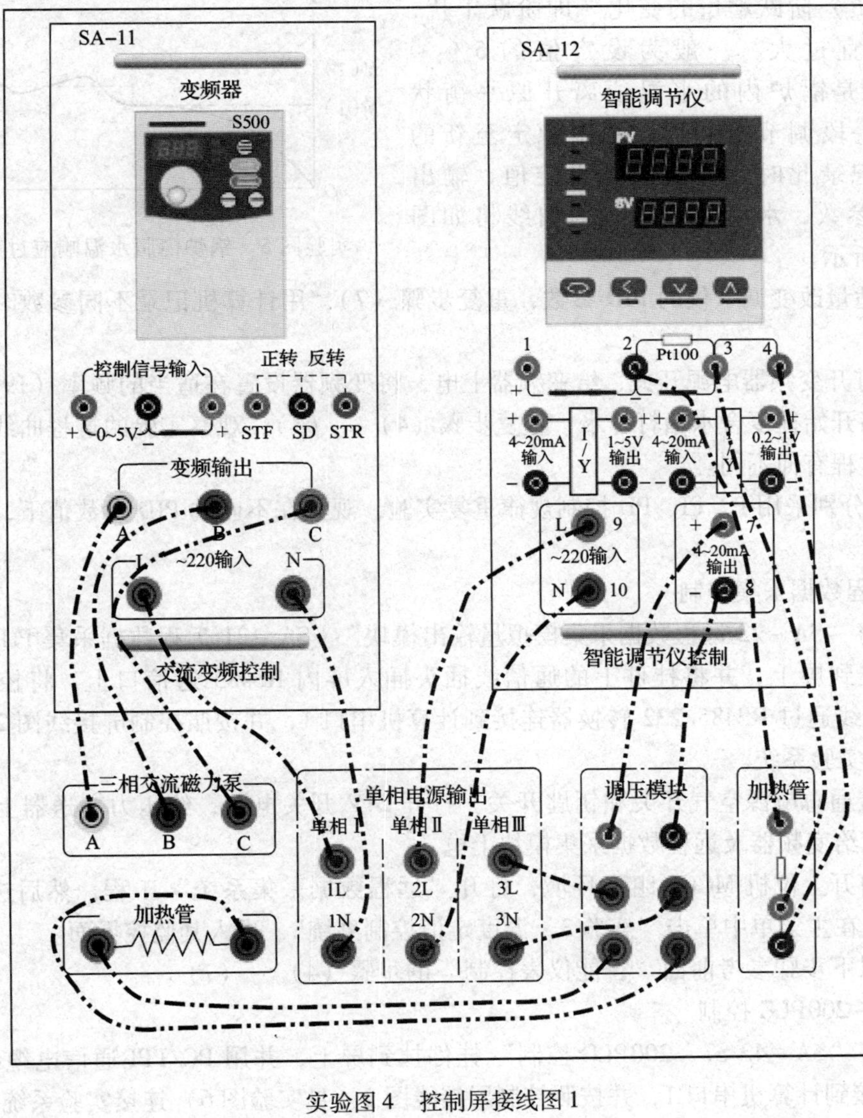

实验图 4　控制屏接线图 1

（2）接通总电源空气开关和钥匙开关，按下启动按钮，给智能仪表上电。

（3）打开上位机 MCGS 组态环境，打开“THKGK－3 型智能仪表控制系统”工程，然后进入 MCGS 运行环境，在主菜单中单击“实验 3　温度定值控制系统”，进入其监控界面。

（4）将智能仪表设置为手动，并将输出值设置为一个合适的值（50%～70%），此操作可通过调节仪表实现。

（5）单相电加热管通电加热，适当增加/减少智能仪表的输出量，使锅炉内的水温平衡于设定值。

（6）按 §4—3 中的经验法或动态特性参数法整定调节器参数，选择 PID 控制规律，并按整定后的 PID 参数进行调节器参数设置。

（7）待锅炉内水温稳定于给定值时，将调节器切换到自动状态，待水温平衡后，突增（或突减）仪表设定值的大小，使其有一个正（或负）阶跃增量的变化（即阶跃干扰，此增量不宜过大，一般为设定值的 5%～15%），于是锅炉内的水温便离开原平衡状态，经过一段调节时间后，水温稳定至新的设定值，记录此时智能仪表的设定值、输出值和仪表参数，水温的响应过程曲线将如图实验图 5 所示。

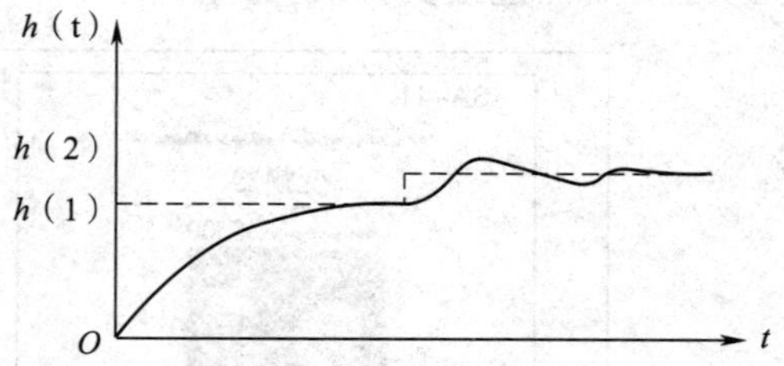

实验图 5　锅炉内胆水温响应过程曲线

（8）适量改变调节仪的 PID 参数，重复步骤（7），用计算机记录不同参数时系统的响应曲线。

（9）打开变频器电源开关，给变频器上电，将变频器设置在适当的频率（19Hz 左右），变频器支路开始往复合水箱打冷水，重复步骤（4）～（8），观察实验的过程曲线与前面不加冷水的过程有何不同。

（10）分别采用 P、PI、PD 控制规律重复实验，观察在不同的 PID 参数值下，系统的阶跃响应曲线。

2．远程数据采集控制

（1）将“SA－22 远程数据采集模拟量输出模块”“SA－21 远程数据采集 Pt100 输入模块”挂件挂到屏上，并将挂件上的通信线插头插入屏内 RS485 通信口上，将控制屏右侧 RS485 通信线通过 RS485/232 转换器连接到计算机串口 1，并按照控制屏接线图 2（见实验图 6）连接实验系统。

（2）接通总电源空气开关和钥匙开关，打开 24V 开关电源，给压力变送器上电，按下启动按钮，给变频器及远程数据采集模块上电。

（3）打开上位机 MCGS 组态环境，打开“远程数据采集系统”工程，然后进入 MCGS 运行环境，在主菜单中单击“实验 3　温度定值控制系统”，进入其监控界面。

（4）以下步骤参考前面“智能仪表控制”的步骤（4）～（7）。

3．S7－200PLC 控制

（1）将“SA－42 S7－200PLC 控制”挂件挂到屏上，并用 PC/PPI 通信电缆线将 S7－200PLC 连接到计算机串口 1，并按照控制屏接线图 2（见实验图 6）连接实验系统。

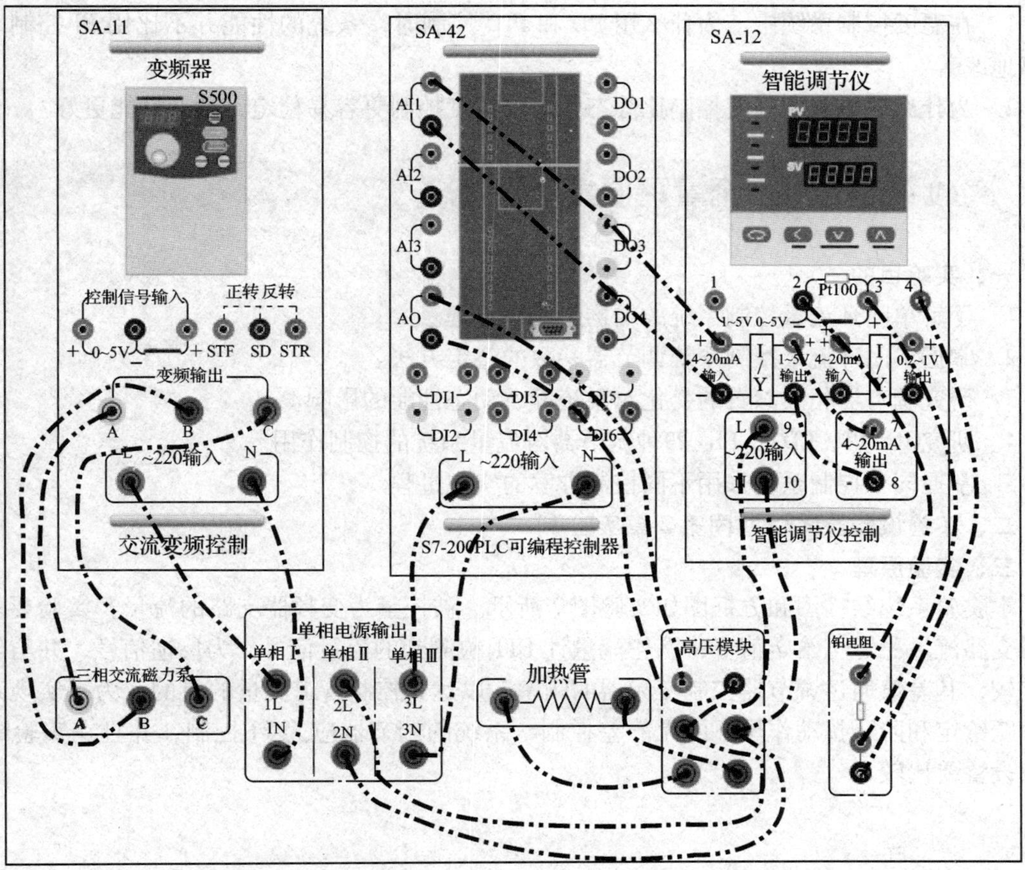

实验图 6　控制屏接线图 2

（2）接通总电源空气开关和钥匙开关，打开 24 V 开关电源，给压力变送器上电，按下启动按钮，给变频器及 PLC 上电。

（3）打开 Step 7 – Micro/WIN 32 软件，并打开“S7 – 200PLC”程序进行下载，然后将 S7 – 200PLC 置于运行状态，运行 MCGS 组态环境，打开“S7 – 200PLC 控制系统”工程，进入 MCGS 运行环境，在主菜单中单击“实验 3　温度定值控制系统”，进入其监控界面。

（4）以下步骤参考前面“智能仪表控制”的步骤（4）～（7）。

五、实验报告要求

1. 画出锅炉水温定值控制实验的结构框图。
2. 用实验方法确定调节器的相关参数，写出整定过程。
3. 根据实验数据和曲线，分析系统在阶跃扰动作用下的动、静态性能。
4. 比较不同 PID 参数对系统性能产生的影响。
5. 分析 P、PI、PD、PID 四种控制方式对本实验系统的作用。
6. 综合分析几种控制方案的实验效果。

六、思考题

1．在温度控制系统中，为什么用PD和PID控制时，系统的性能并不比用PI控制时有明显地改善？

2．为什么动态水的温度控制比静态水时的温度控制更容易稳定，动态性能更好？

实验4　单闭环流量定值控制系统

一、实验目的

1．了解单闭环流量控制系统的结构组成与原理。

2．掌握单闭环流量控制系统调节器参数的整定方法。

3．研究调节器相关参数的变化对系统静、动态性能的影响。

4．研究P、PI、PD和PID四种调节器对流量系统的控制作用。

5．掌握同一控制系统采用不同控制方案的实现过程。

二、实验设备及器材（同第2章实验1）

三、实验原理

本实验系统结构图和方框图如实验图7所示。被控量为变频器支路的流量，实验要求变频器支路流量稳定至给定值。将涡轮流量计FT1检测到的流量信号作为反馈信号，并与给定量比较，其差值通过调节器控制变频器的频率，以达到控制管道流量的目的。为了实现系统在阶跃给定和阶跃扰动作用下的无静差控制，系统的调节器应为PI控制，并且在实验中PI参数设置要比较大。

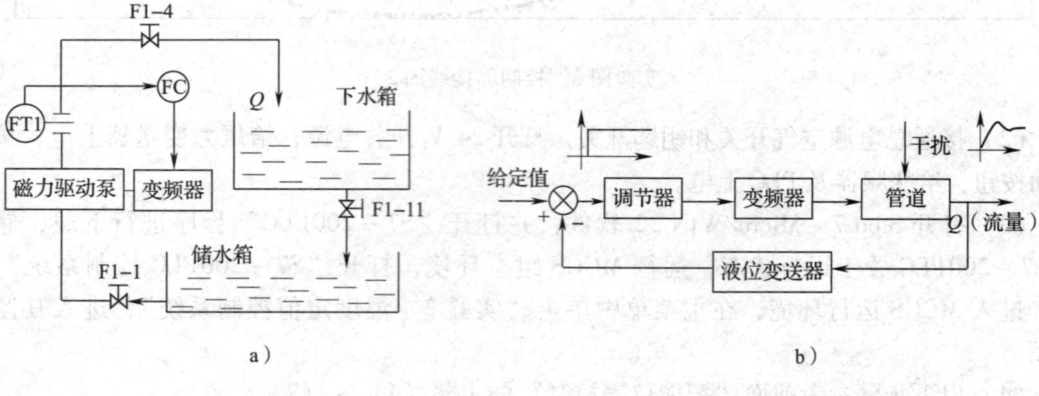

实验图7　单闭环流量定值控制系统

a）结构图　b）方框图

四、实验内容及步骤

本实验选择变频器支路流量作为被控对象。实验之前先将储水箱中储足水量，然后将阀门F1－1、F1－4、F1－11全开，其余阀门均关闭。具体实验内容与步骤可根据本实验的目的与原理，参照§5—2单闭环定值控制中相应方案进行。其控制屏接线图分别如实验图8、实验图9所示。

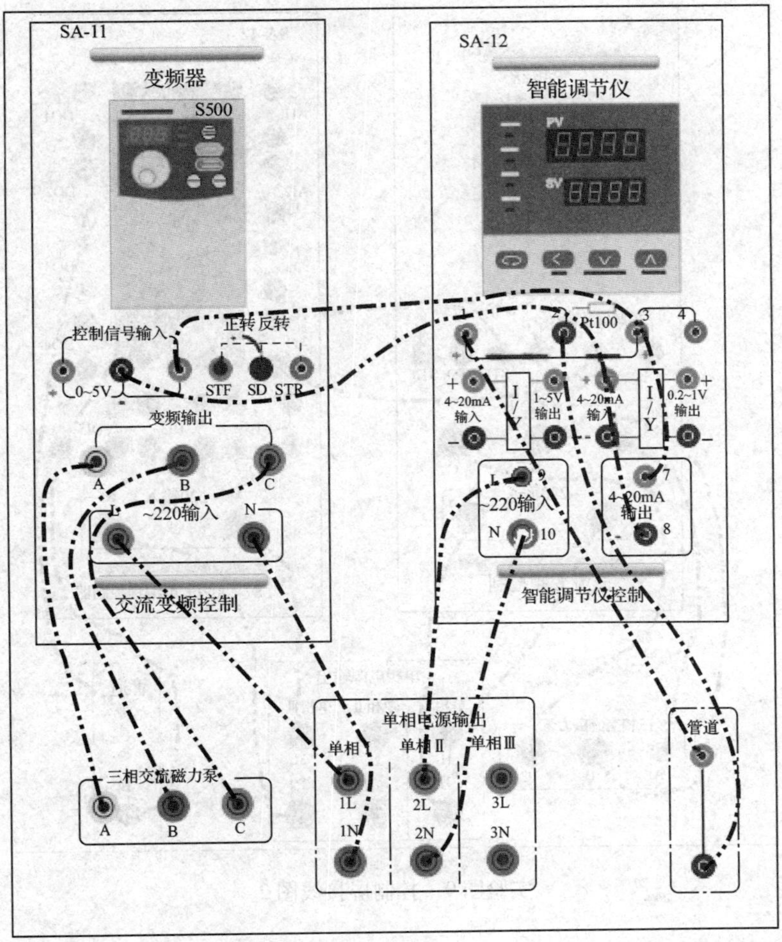

实验图 8　控制屏接线图 1

五、实验报告要求

1. 画出单闭环流量定值控制实验的结构框图。
2. 用实验方法确定调节器的相关参数，写出整定过程。
3. 根据实验数据和曲线，分析系统在阶跃扰动作用下的静、动态性能。
4. 比较不同 PI 参数对系统的性能产生的影响。
5. 分析 P、PI、PD、PID 四种控制方式对本实验系统的作用。
6. 综合分析几种控制方案的实验效果。

六、思考题

1. 改变比例度 δ 和积分时间 T_1 对系统的性能产生什么影响？
2. 在本实验中为什么采用 PI 控制规律，而不用纯 P 控制规律？

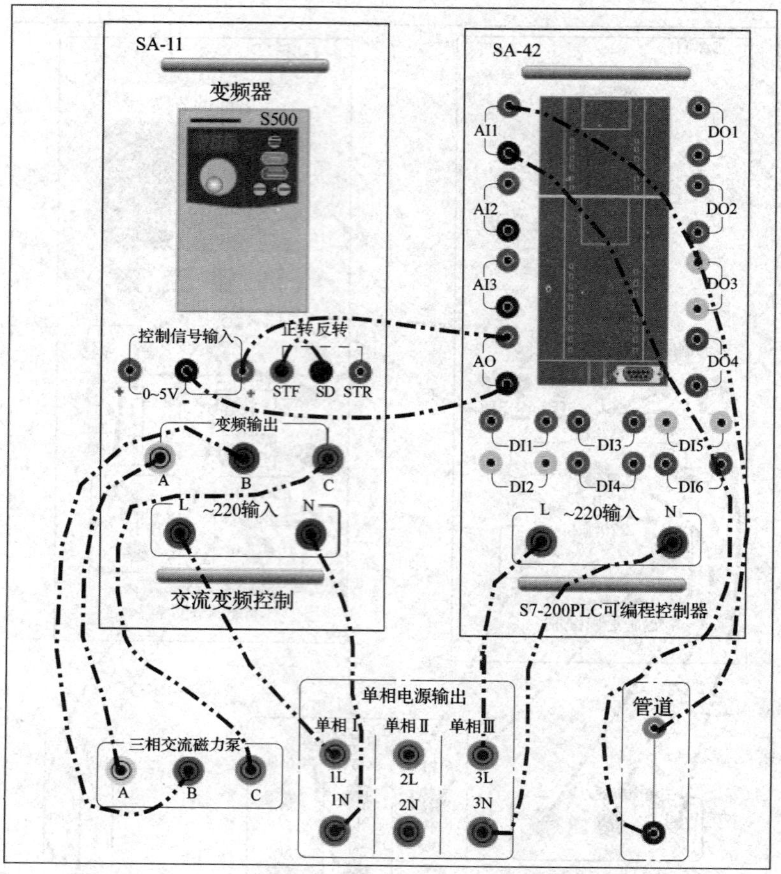

实验图9　控制屏接线图2

第 6 章　过程控制系统识图及应用实例

学习目标

1. 了解过程控制流程图的符号。
2. 了解控制系统设计的基本步骤。
3. 了解过程控制系统的一般工艺要求。
4. 能识读计算机控制流程图。
5. 掌握控制方案和工程设计中的关键问题。

§6—1　过程控制系统的识图

一、识图基础

如何用图样、文字资料来表达过程控制设计的意图，是本专业工程技术人员应该掌握的基本技能。对一套装置的了解，首先应从读懂它的工艺控制流程图和管道仪表流程图开始。工艺控制流程图是指在工艺物料流程图的基础上用过程检测和控制系统的设计符号，描述生产过程控制内容的图样。它是过程控制水平和过程控制方案的全面体现，不仅是工程设计的依据，也是工艺人员了解装置和生产操作时的重要参考资料。

管道仪表流程图是由工艺系统专业技术人员随着工程设计的深入进行而绘制出的各种管道仪表流程图。图中设备进出口控制点一般尽可能标注在进出口附近。有时为照顾图面质量，可适当移动某些控制点的位置，因此控制系统的处理比较灵活。对管网系统的控制点通常标注在最上面一根管子上。

例如，图 6—1—1 为某石油化工厂裂解气分离装置中脱丙烷塔带控制点工艺流程图。图中包括以下内容：

（1）图形：设备简图配以连接设备的主、辅物料管线，阀门，管件与过程检测和控制系统设计符号等。

（2）标注：设备位号、名称、管段编号、控制点符号、必要的尺寸和数据等。

（3）图例：图形符号、字母代号及其他的标注、说明。

（4）标题栏（图中省略）：图名、图号、设计项目、设计时间等。

为了能看懂类似的图样，首先需要了解仪表及控制系统在控制流程图中的表示方法。工程设计图样的内容，都是以图示的形式，用图形和代号等工程设计符号来表示的。这样易于表达设计意图，便于阅读和交流技术思想。工程设计符号通常包括字母代号、图形符号和数字编号等。将表示某种功能的字母与数字组合成的仪表位号置于图形符号之中，就可以表示出一块仪表的位号、种类及功能。

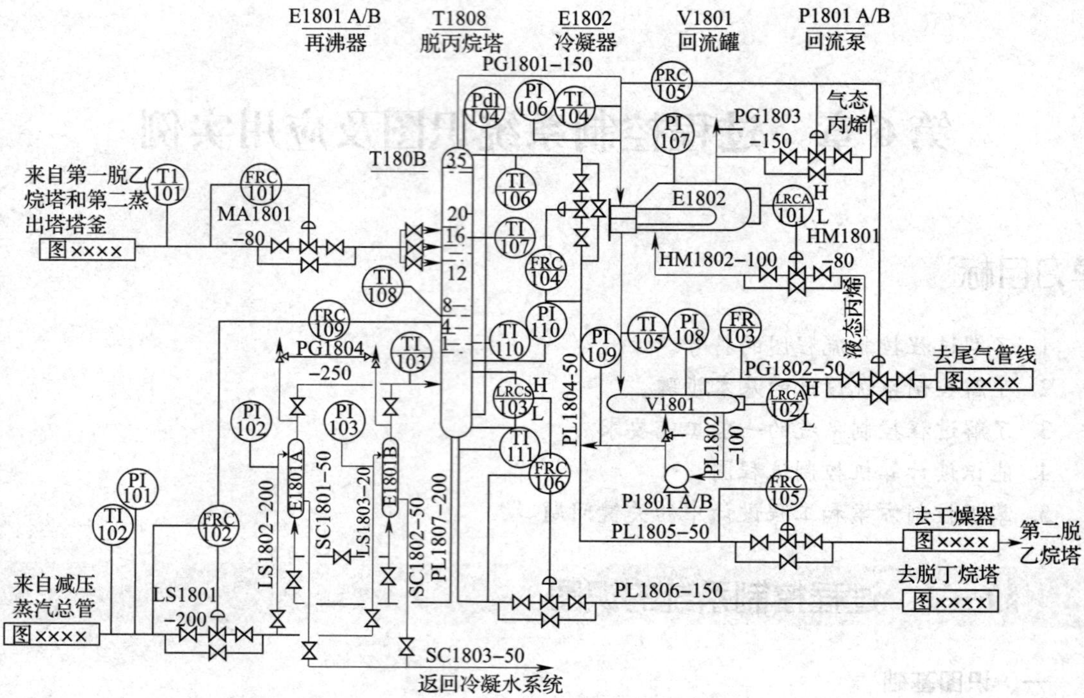

图 6—1—1　脱丙烷塔带控制点工艺流程图

这里介绍的图例符号采用 GB 2625—1981 国家标准，它适用于化工、石油、冶金、电力、轻工、建材和其他工业的控制流程图的绘制。

1. 图形符号

(1) 连接线

通用的仪表信号线均以细实线或在细实线上加三条有间隔的斜线表示；在需要区分时，电信号线可以用虚线表示或在细实线上绘制两对有间隔的三条斜线表示；气信号线用在实线上打双斜线表示；注意斜线与实线成 45°角。表 6—1—1 是常用仪表连接线图形符号。

表 6—1—1　　常用仪表连接线图形符号

序号	类别	图形符号	序号	类别	图形符号
1	通用信号线和能源线符号是细实线或细实线上加斜短画线或信号线上加箭头，主线条宽 0.25 ~ 0.3 mm 电信号线 气信号线		3	连接线的交叉 [细实线有两种绘制方法：一种如图示符号（a）；另一种是水平线断开（b），同一工程中只能任选一种。(3) 中（a）与（4）中（b）、(c) 组合表示；(3) 中（b）与（4）中（a）组合表示]	a) b)

续表

序号	类别	图形符号	序号	类别	图形符号
2	仪表与工艺设备、管道上测量点连接线	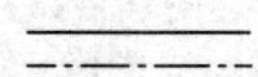	4	连接线相接 ［细实线有两种绘制方法：一种如图示符号（a）；另一种在连接处加实心圆（b），（c）］	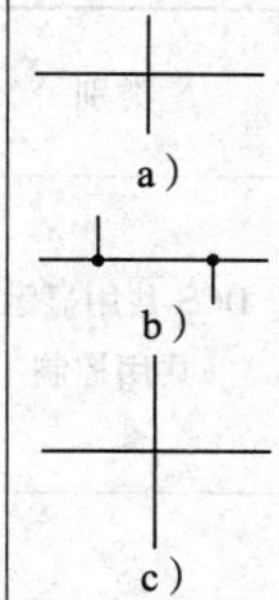

（2）仪表的图形符号

仪表的图形符号是一个直径 12 mm（或 10 mm）细实线圆圈，需要时允许圆圈上下断开，如图 6—1—2a 所示。处理具有相同或不同功能的多个被测变量的复式仪表（一个变量但具有多个功能），可用两个或以上相切的圆圈表示，如图 6—1—2b 所示。但当两个测量点距离较远或不在同一张图样上时，分别用细实线圆圈和虚线圆圈相切表示，左切或右切都可以，如图 6—1—2c 所示。

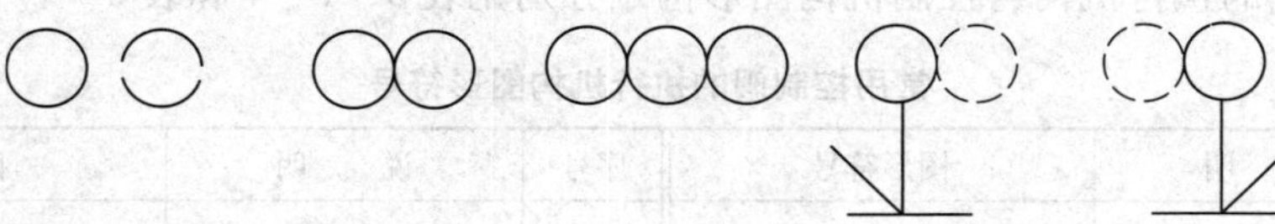

a）　　　　　　b）　　　　　　c）

图 6—1—2　仪表的图形符号与复式仪表的图形符号

a）常规仪表图形符号　b）仪表圆圈相切表示形式　c）细实线与虚线圆圈相切表示形式

根据仪表的安装位置不同，其图形符号有所区别，见表 6—1—2。

表 6—1—2　　　不同安装位置仪表的图形符号

序号	安装位置	图形符号	序号	安装位置	图形符号
1	就地安装仪表		4	就地仪表盘面安装仪表	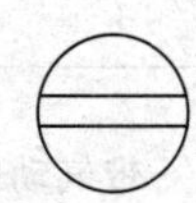
2	嵌在管道中的就地安装仪表	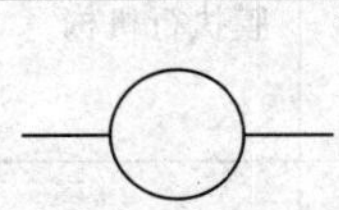	5	集中仪表盘后安装仪表	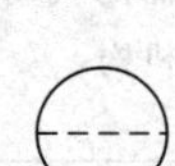
3	集中仪表盘面安装仪表		6	就地仪表盘后安装仪表	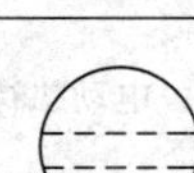

计算机控制系统基本图形符号见表6—1—3。

表6—1—3　　计算机控制系统基本图形符号

类别	安装在现场，正常情况操作员不能监控	安装在主操作台，正常情况操作员可以监控	安装在辅助设备，正常情况操作员可以监控	安装在仪表盘后，不与DCS通信
DCS共用显示、共用控制	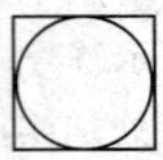	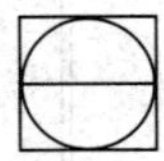	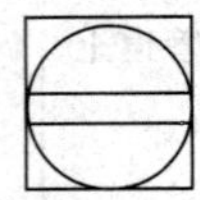	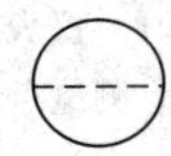
PLC可编程逻辑控制器	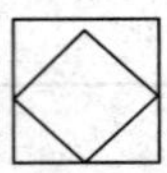	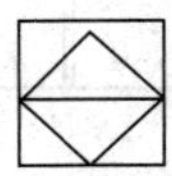	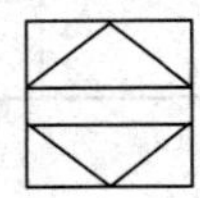	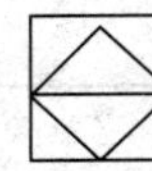
计算机功能	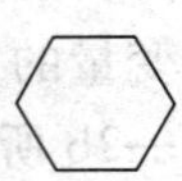	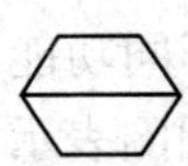	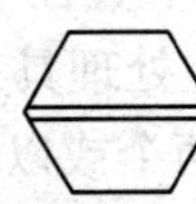	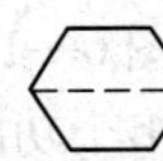

常用控制阀的执行机构与控制机构图形符号分别见表6—1—4和表6—1—5。

表6—1—4　　常用控制阀的执行机构图形符号

序号	说　明	图形符号	序号	说　明	图形符号
1	通用执行机构（若圆内加符号ㄒ，表示不带弹簧的薄膜执行机构）		5	带弹簧的气动薄膜执行机构	
2	不带弹簧的薄膜执行机构		6	S：电磁执行机构 D：数字执行机构	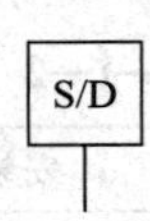 S/D
3	带气动阀门定位器的气动薄膜执行机构		7	带手轮的气动薄膜执行机构	
4	电动执行机构	 M	8	带电气阀门定位器的气动薄膜执行机构	

表 6—1—5　　　　常用控制阀的控制机构图形符号

序号	形　式	图形符号	序号	形　式	图形符号
1	截止阀		4	四通阀	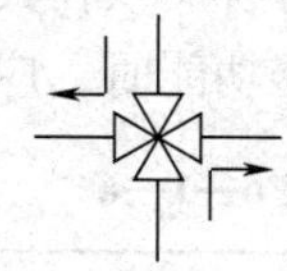
2	角阀	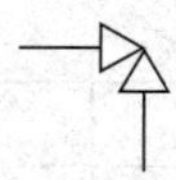	5	蝶阀	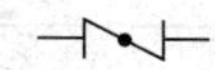
3	三通阀	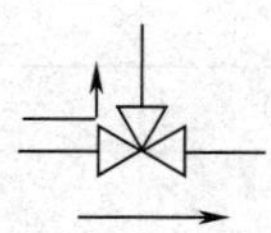	6	其他形式阀（可在框内注明类型）	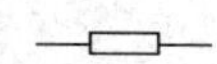

2. 字母代号

（1）被测变量和仪表功能的字母代号

被测变量和仪表功能的字母代号表示方法见表 6—1—6。由表 6—1—6 可以看出以下几点：

1）同一字母在不同的位置有不同的含义或作用。处于首位时表示被测变量、被控变量或初始变量；处于次位时作为首位的修饰，一般用小写字母表示；处于后继位时代表仪表的功能。因此，不能脱离字母所处的位置来说某个字母的含义。将表中的第一位字母、后继字母、修饰词（有时用）等组合到一起，就具有了特定的含义。如符号“TdRC”表示温差记录控制系统代号，第一位字母表示温度参数；第二位小写字母是修饰字母，表示温度的差；第三位字母表示记录功能；第四位字母表示控制功能。

2）当“A”作为第一位字母表示分析变量时，一般在图形符号外标有分析的具体内容。例如，分析氧的体积分数，应在圆圈外标注 O_2。

3）后继字母的确切含义，根据实际需要，可以有不同的解释。例如，“R”可以解释为“记录仪”“记录”或“记录用”；“T”可以解释为“变送器”“传送”或“传送的”等。

4）后继字母“G”表示功能“玻璃”时，指过程检测中直接观察而无标度的仪表（如玻璃板液面计）；后继字母“L”表示单独设置的指示灯，用于显示正常的工作状态。例如，显示液位高度的指示灯用“LL”表示。后继字母“K”表示设置在控制回路内的自动—手动操作器。例如，“FK”表示流量控制回路的自动—手动操作器，它区别于表 6—1—6 中第一位字母代号“H”表示的手动含义和“HC”表示的手动控制含义。

5）字母“H”“M”“L”可表示被测变量的“高”“中”“低”值，一般标注在仪表圆圈外；“H”“L”还可以表示阀门或其他通、断设备的开关位置，“H”表示阀在全开或接近全开位置；“L”表示阀在全关或接近全关位置。

6）字母“U”表示“多变量”时，可代替两个以上的变量。当表示“多功能”时，则代替两个以上功能字母的组合。字母“X”代表未分类变量或未分类功能，使用中一般另有标注。

7）“供选用”的字母是指在个别设计中反复使用，而表中未列出其含义的字母。使用时字母含义须在具体工程的设计图例中做出规定。字母“Y”表示继动器（包括继电器）或计算器功能时，应在图形符号圆圈外标注它的具体功能。

表 6—1—6　　被测变量和仪表功能的字母代号表示方法

字母	第一位字母		后继字母
	被测变量或初始变量	修饰词	功能
A	分析　Analytical		报警　Alarm
B	喷嘴火焰　Bumer Flame		供选用　User's Choice
C	电导率　Conductivity		控制　Control
D	密度　Density	差　Differential	
E	电压（电动势）　Voltage		检测元件　Primary Element
F	流量　Flow	比（分数）　Ratio	
G	尺度（尺寸）　Gauging		玻璃　Glass
H	手动（人工触发） Hand（Manually Initiated）		
I	电流　Gurrent		指示　Indicating
J	功率　Power	扫描　Scan	
K	时间或时间程序　Time or Time Sequence		自动－手动操作器　Automatic－Manual
L	物位　Level		指示灯　Light
M	水分或湿度　Moisture or Humidity		
N	供选用　User's Choice		供选用　User's Choice
O	供选用 User's Choice		节流孔　Orifice
P	压力或真空　Pressure or Vacuum		试验点（接头）　Testing Point （Connection）
Q	数量或件数　Quantity or Event	积分、积算 Integrate、Totalize	积分、积算　Integrate、Totalize
R	放射性　Radioactivity		记录或打印　Record or Print
S	速度或频率　Speed or Frequency	安全　Safely	开关或联锁　Switch or Interlock
T	温度　Temperature		传送　Transmit
U	多变量　Multivariable		多功能　Multivariable
V	黏度　Viscosity		阀、挡板、百叶窗　Valve、Damper、Louver
W	重量或力　Weight or Force		套管　Well
X	未分类　Undefined		未分类　Undefined
Y	供选用　User's Choice		继动器或计算器　Relay or Computing
Z	位置　Position		驱动、执行或未分类的执行器 Drive，Actuate or Actuate of undefined

(2) 继动器和计算器的功能符号和代号

继动器和计算器的功能符号和代号见表 6—1—7。

表 6—1—7　　继动器和计算器的功能符号和代号

<table>
<tr><th>序号</th><th>符号或代号</th><th colspan="2">功能</th></tr>
<tr><td>1</td><td>1 - 0 或 ON - OFF</td><td colspan="2">自动接通或断开，或转换一个或多个线路，在回路里不是作为第一位的设备</td></tr>
<tr><td>2</td><td>Σ或 ADD</td><td colspan="2">加或总计（加或减）①</td></tr>
<tr><td>3</td><td>Δ 或 DIFF</td><td colspan="2">减①</td></tr>
<tr><td>4</td><td>AVG</td><td colspan="2">平均</td></tr>
<tr><td>5</td><td>% 或 1∶3 或 2∶1</td><td colspan="2">增益或衰减（输入：输出）②</td></tr>
<tr><td>6</td><td>±，+，-</td><td colspan="2">偏置②</td></tr>
<tr><td>7</td><td>×</td><td colspan="2">乘①</td></tr>
<tr><td>8</td><td>÷</td><td colspan="2">除①</td></tr>
<tr><td>9</td><td>$\sqrt{\ }$ 或 SQ，RT</td><td colspan="2">开平方</td></tr>
<tr><td>10</td><td>x^n 或 $x^{1/n}$</td><td colspan="2">n 或 $1/n$ 次幂</td></tr>
<tr><td>11</td><td>F（x）</td><td colspan="2">函数</td></tr>
<tr><td>12</td><td>1∶1</td><td colspan="2">功率放大</td></tr>
<tr><td>13</td><td>>或 H. S</td><td colspan="2">高选：选择代表最高（较高）的被测变量（不是信号，除非另有说明）</td></tr>
<tr><td>14</td><td><或 L. S</td><td colspan="2">低选：选择代表最低（较低）的被测变量（不是信号，除非另有说明）</td></tr>
<tr><td>15</td><td>REV</td><td colspan="2">反向</td></tr>
<tr><td rowspan="13">16</td><td rowspan="9">E/P 或 P/I</td><td colspan="2">转换
按输入/输出的顺序
字母代号对应关系如下：</td></tr>
<tr><td>字母代号</td><td>信号</td></tr>
<tr><td>E</td><td>电压</td></tr>
<tr><td>H</td><td>液压</td></tr>
<tr><td>I</td><td>电流</td></tr>
<tr><td>O</td><td>电磁或声</td></tr>
<tr><td>P</td><td>气压</td></tr>
<tr><td>R</td><td>电阻</td></tr>
<tr><td>F</td><td>频率</td></tr>
<tr><td rowspan="4">A/D 或 D/A</td><td colspan="2">转换
按输入/输出的顺序
字母代号对应关系如下：</td></tr>
<tr><td>字母代号</td><td>信号</td></tr>
<tr><td>A</td><td>模拟</td></tr>
<tr><td>D</td><td>数字</td></tr>
<tr><td>17</td><td>∫</td><td colspan="2">积分（积分时间）</td></tr>
<tr><td>18</td><td>D 或 d/dt</td><td colspan="2">微分或速率</td></tr>
<tr><td>19</td><td>1/D</td><td colspan="2">反微分</td></tr>
</table>

注：①表示用于两个或多个输入信号的继动器或计算器。

②表示用于单个输入信号的继动器或计算器。

3. 仪表位号及编号

(1) 仪表位号

1）在检测、控制系统中，构成一个回路的每台仪表（或元件）都应有自己的位号。仪表位号由字母代号组合和阿拉伯数字编号组成。其中字母代号组合写在圆圈的上半部；数字编号写在圆圈的下半部，一般是由 3 位或 4 位数字组成，其中第一位表示工段号，后续数字表示仪表的序号。如图 6—1—1 中 PRC - 105，表示 1 工段 05 号压力记录控制系统。

2）表示仪表功能的后继字母按 I、R、C、T、Q、S、A（指示、记录、控制、传送、积算、开关或联锁、报警）的顺序标注。同时具有指示和记录功能时，只标注字母代号“R”，而不标注“I”；同时具有开关和报警功能时，只标注字母代号“A”，而不标注“S”；当“SA”同时出现时，表示具有联锁和报警的功能。

（2）仪表符号实例

这里主要列举压力、流量、温度、液位、成分五大过程参数的检测系统与控制系统的工艺控制流程图画法。过程参数的检测点绘制的两种方法示例如图 6—1—3 所示，过程参数检测与控制系统绘制示例如图 6—1—4 所示。

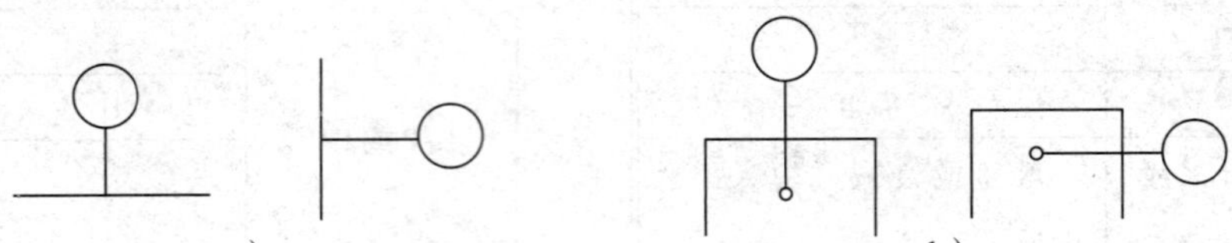

a）　　　　b）

图 6—1—3　过程参数的检测点绘制示例

a）检测点的图形符号　b）检测点在设备中的图形符号

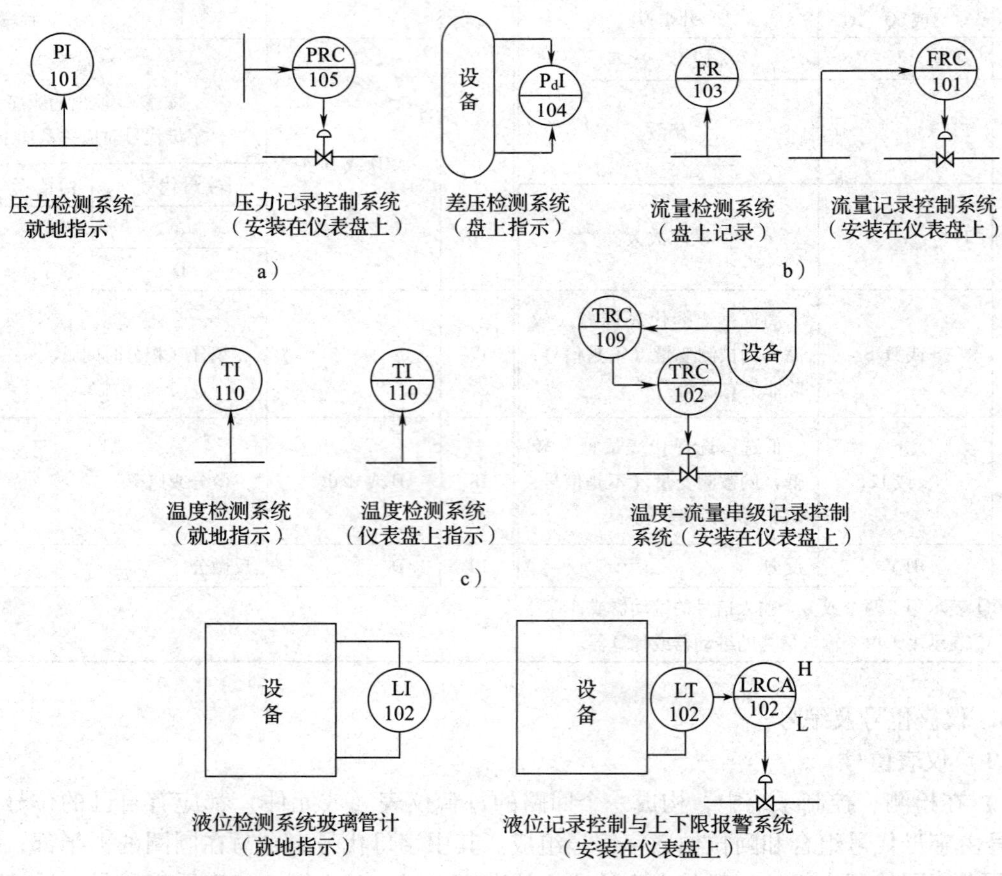

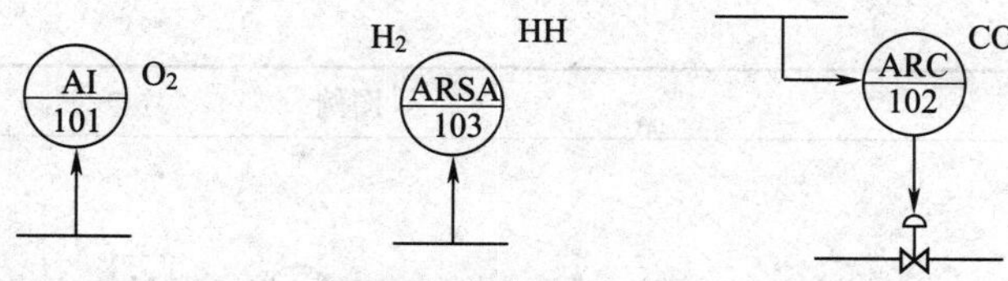

成分检测系统(盘上指示)　　成分记录与下限联锁报警系统(盘上记录)　　成分记录控制系统(仪表盘上记录)

e)

图 6—1—4　过程参数检测与控制系统绘制示例

a）压力变量　b）流量变量　c）温度变量　d）液位变量　e）成分变量

4. 设备和机器的表示方法

设备标注如图 6—1—5 所示。常用设备和机器图形符号见表 6—1—8。

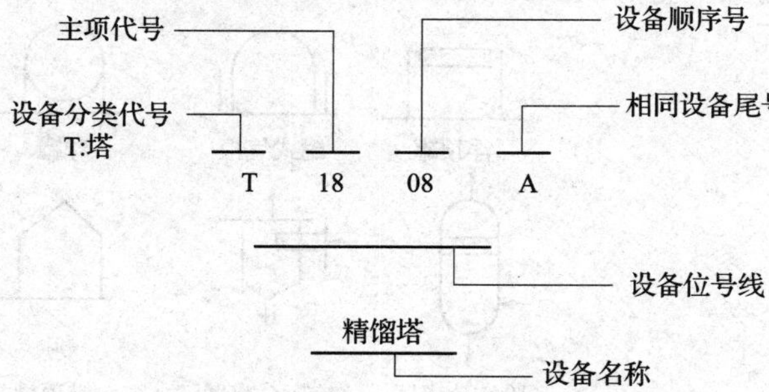

图 6—1—5　设备标注

表 6—1—8　　**设备和机器图形符号**

设备类别	代号	图例
压缩机 鼓风机	C	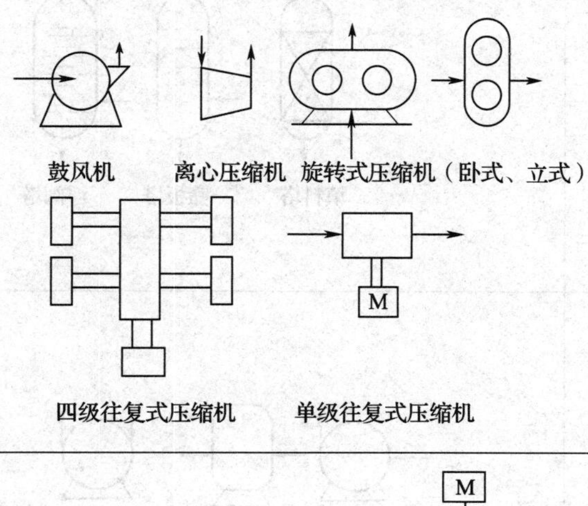
反应器	R	

续表

设备类别	代号	图例
容器分离器	V	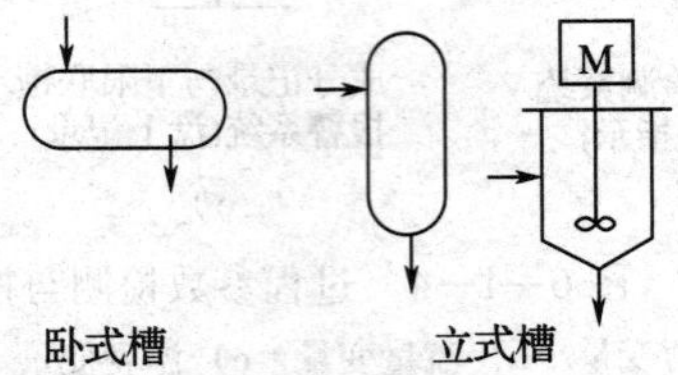
槽、罐等容器分离器	V	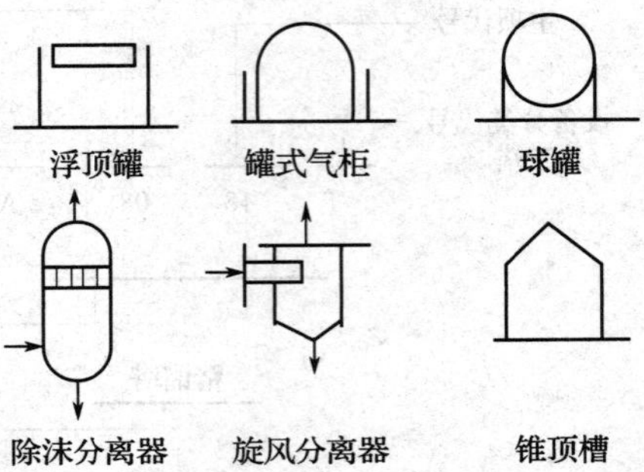
塔	T	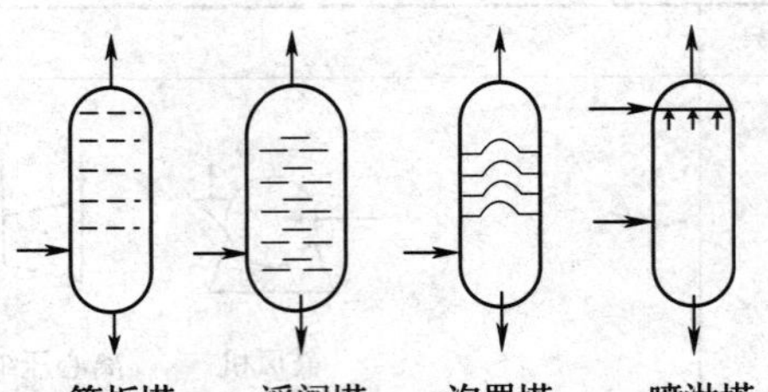
泵	P	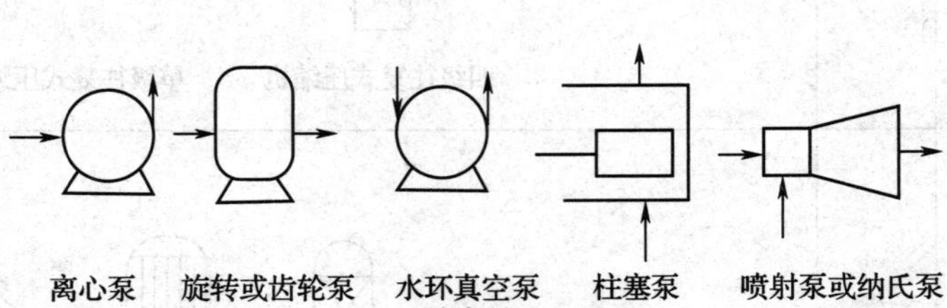

续表

设备类别	代号	图例
换热器	K	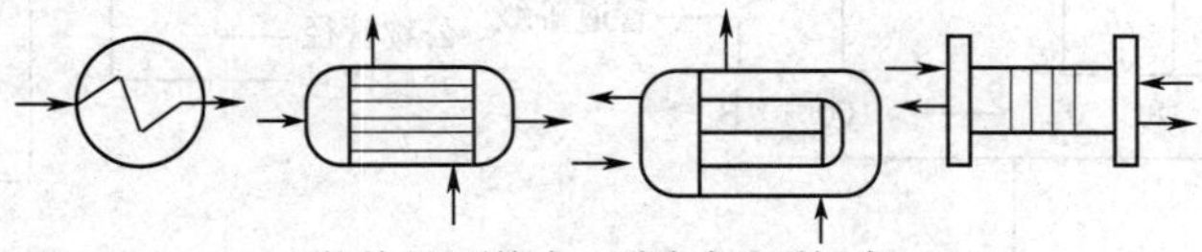 换热器(列管式、浮头式、平板式)
冷却器	E	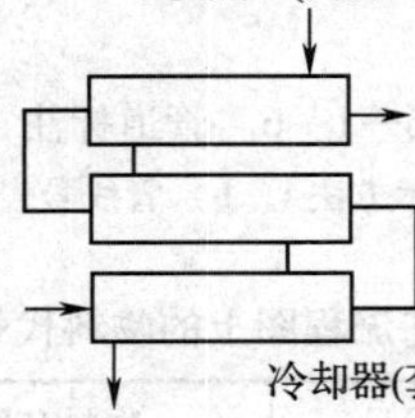 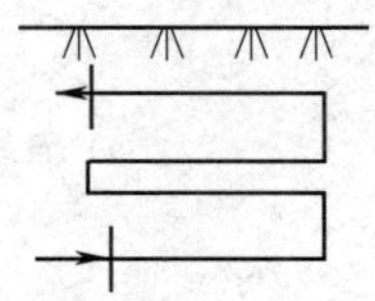 冷却器(套管式、喷淋式)
蒸发器	E	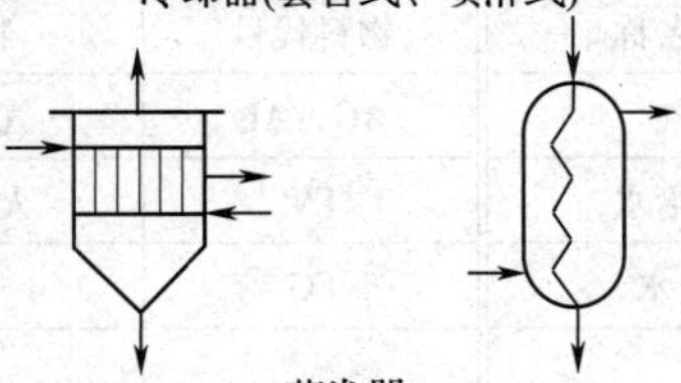 蒸发器
其他机械	M	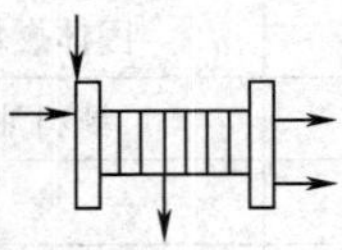 板框式压滤机 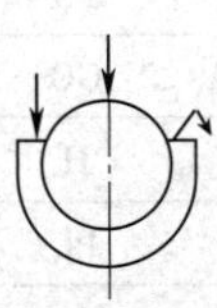 回转过滤机 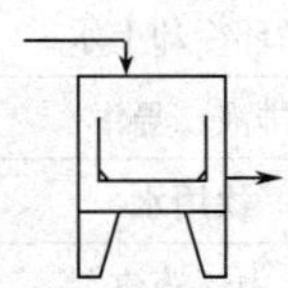 离心机

在图 6—1—5 中，主项代号一般表示工段或装置序号，用两位数字表示。设备顺序号也用两位数字表示。相同设备尾号用以区别同一位号、数量不止一台的相同设备，用英文大写字母表示。在带控制点的流程图上，要在两处标注设备位号：一处在设备的上方或下方，可以按图 6—1—1 所示标注，位号排列要整齐，并尽可能与设备对正；另一处是在设备内或旁边，该处只标注位号，不标注名称。

5. 管道的表示方法

在带控制点的流程图中，物料管道应全部画出，对辅助管道、公用系统管道，可以绘出与设备（或工艺管道）相连的一段，并标注物料代号及所在流程图号。流程图中管道应水平或垂直画出，尽量避免斜线。每段管道都应标注，横向管道在管道上方标注；竖向管道在管道左侧标注。管道标注内容包括管道号、管径和管道等级 3 个部分。管道号包括物料代号、主项代号和管段序号，如图 6—1—6 所示。

主项代号用两位数字表示，各主项应独立编写，如装置的分区号或代号。管段序号（管线编号）应按生产流程依次编写，一般应用两位数字表示。辅助管段可另行独立编写。管径为管道的公称直径，一般以 mm 为单位。管道等级根据介质的温度、压力及腐蚀等情况由工艺设计确定。常用物料代号见表 6—1—9。

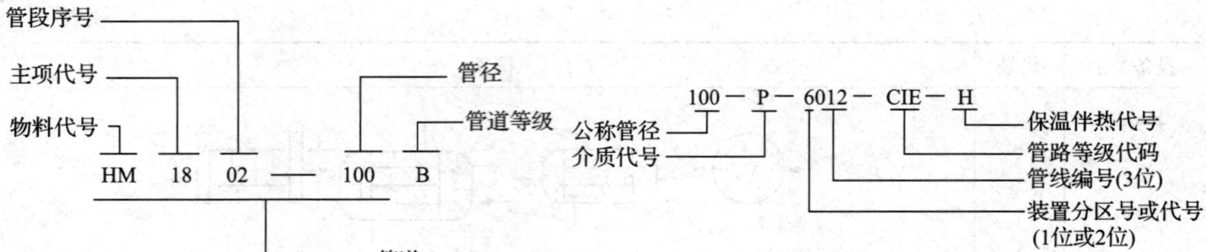

a）　　　　　　　　b）

图 6—1—6　管道标注

a）管线号表示方法 1　b）管线号表示方法 2

表 6—1—9　　　　工艺流程图上的物料代号

物料代号	物料名称	物料代号	物料名称	物料代号	物料名称
AR	空气	AG，AL	气氨，液氨	HWR	热水回水
BW	锅炉给水	FV	火炬排放气	HWS	热水上水
DNW	脱盐水	FC	燃料气	HS	高压蒸汽
CSW	化学污水	FO	燃料油	CWR CWS	循环冷却回水 循环冷却上水
CW	循环冷却上水	FS	固体燃料	IA	仪表空气
DR	排液、导淋	GO	填料油	LO	润滑油
DW	饮用水	H	氢	LS	低压蒸汽
MS	中压蒸汽	PL	工艺液体	SL	泥浆
NG	天然气	PW	工艺水	SO	密封油
N	氮	R	冷冻剂	SW	软水
O	氧	RO	原料油	TS	伴热蒸汽
PA	工艺空气	RW	原水、新鲜水	VE	真空排放气
PG	工艺气体	SC	蒸汽冷凝水	VT	放空

工艺流程图上管道、管件、阀门及附件图例见表 6—1—10。

表 6—1—10　　　　工艺流程图上管道、管件、阀门及附件图例

名　称	图　例	名　称	图　例
主要物料管道（粗线：0. 7 ~ 0. 8 mm；细线 0. 3 mm）		节流阀	
辅助物料及公用系统管道（管线箭头长 20 ~ 40 mm，高 7 mm）		角阀	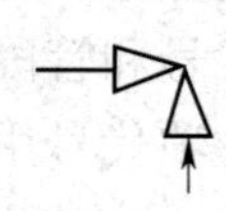
蒸汽伴热管		闸阀	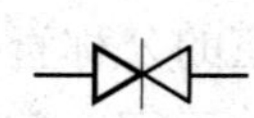

续表

名　称	图　例	名　称	图　例
夹套管	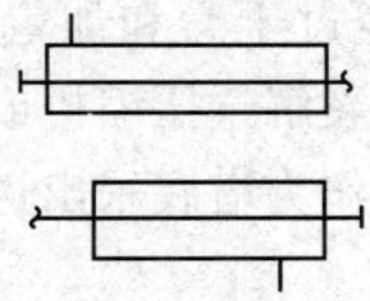	球阀	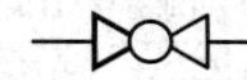
文氏管	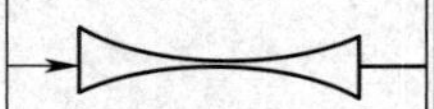	隔膜阀	
消声器		旋塞阀	
翅片管		三通旋塞阀	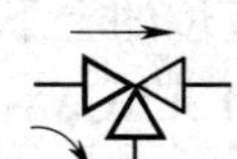
喷淋管		四通旋塞阀	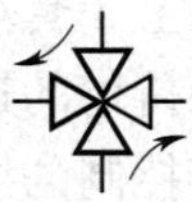
放空管	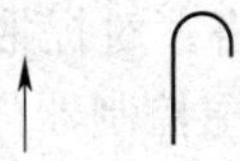	弹簧式安全阀	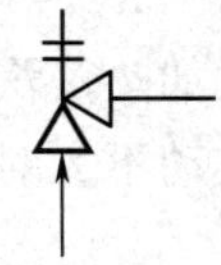
敞口漏斗		杠杆式安全阀	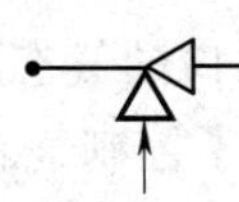

二、识图练习

控制流程图是在工艺流程图的基础上设计出来的，读懂一张控制流程图，首先应了解该图样的工艺流程图。

1. 工艺流程简介

在图 6—1—1 中，脱丙烷塔的主要任务是切割和混合馏分，塔顶中关键组分是丙烷，塔釜中关键组分是丁二烯。第一脱乙烷塔塔釜来的釜液和第二蒸出塔的釜液混合后进入脱丙烷塔（T1808），进料中主要含有 C3、C4 等馏分，为气液混合状态。进料温度为 32℃，塔顶温度为 8. 9℃，塔釜温度为 72℃。

塔内操作压力为 0. 75 MPa（绝对压力）。采用的回流比约为 1. 13。冷凝器（E1802）由 0℃的液态丙烯蒸发制冷，再沸器（E1801A/B）加热用的 0. 15 MPa（绝对压力）减压蒸汽是由来自裂解炉的 0. 6 MPa（绝对压力）低压蒸汽与冷凝水混合制得的。

进料混合馏分经过脱丙烷塔切割分离，塔顶馏分被冷凝器冷凝后送至回流罐（V1801），回流罐中的冷凝液被回流泵（P1801A/B）抽出后，一部分作为塔顶回流，另一部分作为塔顶采出送至分子筛干燥器和低温加氢反应器，经过干燥和加氢后，作为第二脱乙烷塔的进料。回流罐中的少量不凝气体通过尾气管线返回裂解气压缩机或送至火炬烧掉。塔釜中釜液的一部分进入再沸器以产生上升蒸汽，另一部分作为塔底采出送至脱丁烷塔继续分离。

2. 自动控制系统简介

一般来讲，借助于控制流程图和自控方案说明书两份资料就基本能了解图样上的控制系统情况。这里仅就控制流程图进行说明。

（1）图6—1—1中共有7套控制系统，分别为：

1）FRC－101是进料流量均匀控制系统，用于控制脱丙烷塔的进料流量。

2）LRCA－102、FRC－105为回流罐液位与塔顶采出流量的串级均匀控制系统，用于对回流罐液位和塔顶采出流量进行均匀控制。FRC－105为副回路，LRCA－102为主回路，并具有液位的上下限报警功能。

3）LRCA－103、FRC－106为塔釜液位与塔底采出流量的串级均匀控制系统，用于对塔釜液位和塔底采出流量进行均匀控制。

以上3套均匀控制系统，不仅能使塔釜液位和回流罐液位保持在一定范围内波动，而且也能保持塔的进料量、塔顶馏出液和塔釜馏出液流量平稳、缓慢地变化，基本满足各塔对物料平衡控制的要求。

4）TRC－109、FRC－102为提馏段温度与蒸汽流量串级控制系统，FRC－102为副回路，对加热蒸汽流量进行控制；TRC－109为主回路，对提馏段温度进行控制。当加热蒸汽压力波动不大时，通过主串（CAS）切换开关可使主控制器的输出直接去控制执行器，实现主控。

5）PRC－105为脱丙烷塔压力控制系统，它以塔顶气相出料管中的压力为被控变量，冷凝器出口的气态丙烯流量为操纵变量构成单回路控制系统，以维持塔压稳定。另外，PRC－105除了控制气态丙烯控制阀外，还可控制回流罐顶部不凝气体控制阀，这就构成了塔顶的分程控制系统。当塔顶馏出液中不凝气体过多，气态丙烯控制阀接近全开，塔压仍不能降下来时，控制器就使回流罐上方的不凝气体控制阀逐渐打开，将部分不凝气体排出，从而使塔压恢复正常。

6）LRCA－101为冷凝器液位控制系统，它以液态丙烯流量为操纵变量，以保证冷凝器有恒定的传热面积和足够的丙烯蒸发空间。

7）FRC－104为回流量控制系统，目的是保持脱丙烷塔的回流量一定，以稳定塔的操作。

（2）图6－1－1中的自动检测系统有以下3套：

1）温度检测系统。包括TI－101、TI－103、TI－104、TI－105、TI－106、TI－107、TI－108，分别对进料、再沸器出口、塔顶、冷凝器出口、塔顶回流、塔中、第七段塔板等各处温度进行检测并在控制室内的仪表盘上进行指示；TI－102、TI－110、TI－111，分别对再沸器加热蒸汽、塔釜、塔底采出等处的温度进行检测并在现场指示。

2）压力检测系统。包括PI－101、PI－102、PI－103、PI－106、PI－107、PI－108、

PI－109、PI－110，分别对蒸汽总管、再沸器加热蒸汽、塔顶、冷凝器、回流罐、回流泵出口、塔底等处压力进行检测及现场指示。PdI－104 对塔顶塔底压差进行检测并在控制室的表盘面进行指示。

3）流量检测系统。为 FR－103，表示该仪表安装在控制室仪表盘上，它被用来对回流罐上不凝气体排出量进行检测记录。另外，在该装置中，由于被控的温度、压力、流量、液位等变量都十分重要，所以，在设置控制系统的同时，也设置了这些被控制变量的记录功能。

为了生产安全，确保液位都在规定范围内变化，设置在图 6—1—1 中的自动信号报警系统有塔釜液位、冷凝器液位、回流罐液位 3 个上下限报警系统。

3. 计算机控制流程图的识图练习

目前，在过程控制中，广泛采用计算机控制系统，所以对计算机控制流程图的初步认识是很有必要的。这里仍以脱丙烷塔工艺为基础，以集中分散型综合控制系统（DCS）为例来认识相关的控制流程图。图 6—1—7 是采用集散型控制系统（DCS）进行控制的脱丙烷塔控制流程图的一个局部。

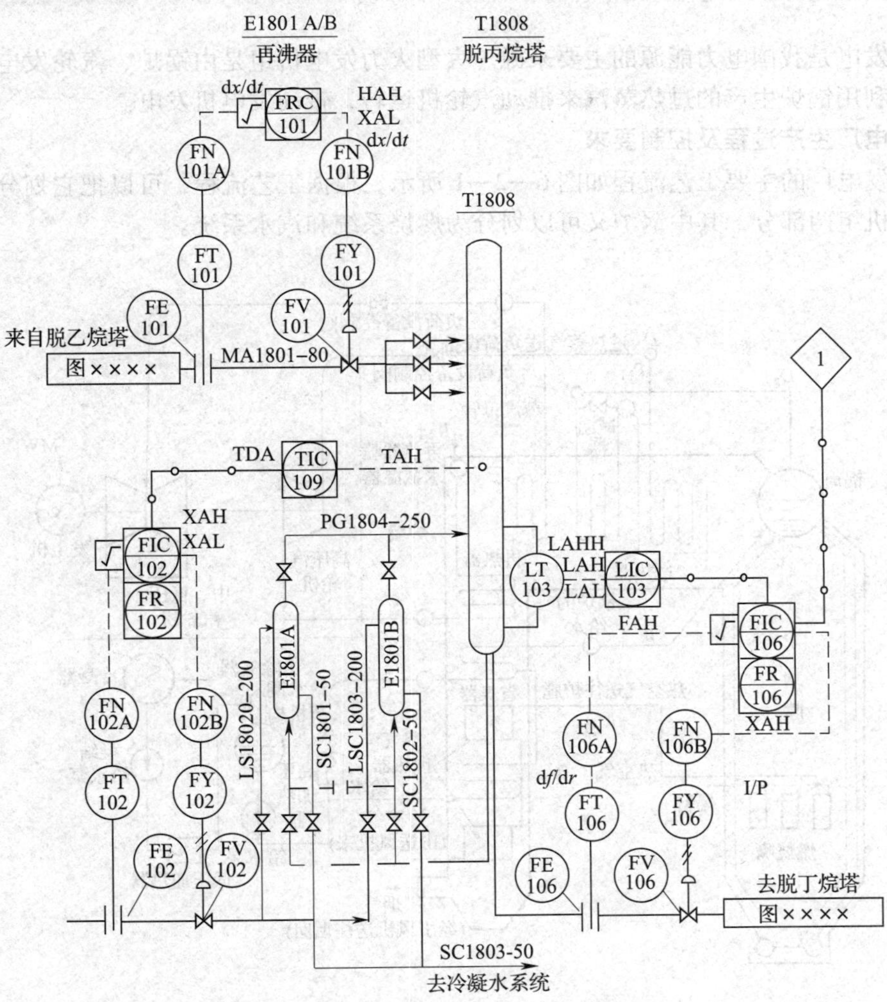

图 6—1—7　DCS 集散型控制系统控制流程图

图中各符号的含义如下：

FN——安全栅	TAH——温度高限报警
df/dt——流量变化率运算	TDA——温度设定点偏差报警
XAH——控制器输出高限报警	LAH——液位高限报警
XAL——控制器输出低限报警	LAL——液位低限报警
dx/dt——控制器输出变化率运算	LAHH——液位高高限报警
FY——I/P 电气转换器	FE——流量检测元
FV——流量调节阀	

图中中间带横线的圆圈外用方框框上，表示正常情况下操作员可以监控，若中间没有横线，则表示正常情况下操作员不能监控。图中 MA 表示含 C_3、C_4 等馏分的气液混合物料，PG 表示工业气体，LS 表示低压蒸汽，SC 表示蒸汽冷凝水。

§6—2　电厂燃煤锅炉控制

火力发电是我国电力能源的主要来源。大型火力发电机组是由锅炉、汽轮发电机组等设备构成，利用锅炉生产的过热蒸汽来推动汽轮机运转，带动发电机发电。

一、电厂生产过程及控制要求

火力发电厂的主要工艺流程如图 6—2—1 所示。根据工艺流程，可以把它划分为锅炉和汽轮发电机组两部分，其中锅炉又可以划分为燃烧系统和汽水系统。

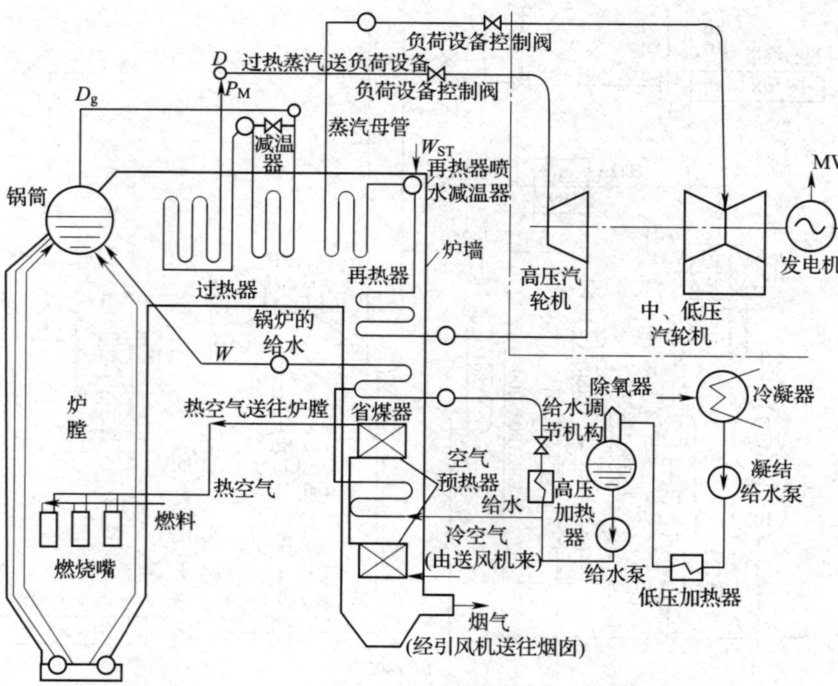

图 6—2—1　火力发电厂主要工艺流程图

（1）锅炉燃烧系统中，燃料和热空气按一定比例送入炉膛，燃烧产生的热量传递给锅筒，通过热交换，生成饱和蒸汽 D_g。同时，燃烧后剩余的烟气（废气）通过烟道，经引风机送往烟囱，排入大气。由于烟气本身具有一定余热，可以通过空气预热器为输入的冷空气加热，获得的热空气又可以循环送入燃烧系统，从而节约能源。

（2）锅炉汽水系统中，给水经省煤器预热后进入锅筒，再经过与燃烧系统的热交换过程，产生饱和蒸汽；然后经多级过热器，形成具有一定气温和压力的过热蒸汽 D，汇集至蒸汽母管，推动单元机组工作。

（3）汽轮发电机组接收锅炉提供的过热蒸汽，推动高压汽轮机转子，进而带动发电机转子转动，产生电能。同时，温度和压力都降低的蒸汽冷凝为凝结水，又被作为给水进入锅炉汽水系统，从而加以循环利用，节约资源。

火力发电厂中，锅炉和汽轮发电机组采用一机一炉方式。它们作为蒸汽的供需双方，必须保持一定平衡，并且作为一个整体分析，否则会影响系统的正常运行。

综上所述，火力发电生产过程的控制包括三部分：锅炉控制、汽轮机控制、锅炉与汽轮机之间的协调控制。

1. 锅炉控制

锅炉是化工、炼油、发电等工业生产过程中必不可少的重要动力设备。锅炉控制的目的是供给合格的蒸汽，使锅炉产汽量适应负荷需要，同时保证燃烧的经济性、安全性。要实现该控制目的，必须对锅炉生产过程中的各个主要工艺参数进行严格控制。

锅炉设备是一个复杂的被控对象，主要输入变量包括负荷的蒸汽需求量、给水量、燃料量、减温水量、送风量和引风量等；主要输出变量有锅筒水位、蒸汽压力、过热蒸汽温度、过剩空气（烟气含氧量）等。如图 6—2—2 所示为输入变量与输出变量之间相互关联。如果蒸汽负荷变化或给水量发生变化，会引起锅筒水位、蒸汽压力和过热蒸汽温度等的变化；而燃料量的变化不仅影响蒸汽压力，还会影响锅筒水位、过热蒸汽温度、过剩空气和炉膛负压。

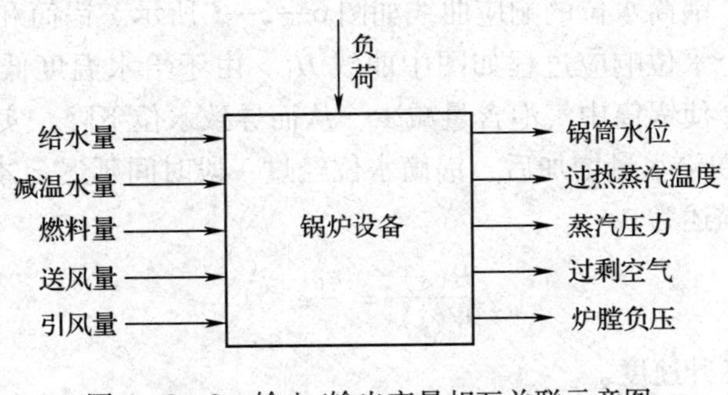

图 6—2—2　输入/输出变量相互关联示意图

可见，锅炉是一个具有多输入/多输出变量，且变量之间相互关联的被控对象，其主要控制系统如下：

（1）锅炉锅筒水位的控制

锅筒水位是保证锅炉、汽轮机安全运行的必要条件之一，是锅炉正常运行的重要指标。其控制目的是基于锅筒内部的物料平衡关系，使给水量满足锅炉的蒸汽量需求（即负荷要求），并将锅筒中水位维持在工艺允许的范围内。

（2）锅炉燃烧系统的控制

通过控制燃料量、送风量和引风量，使燃料所产生的热量适应蒸汽负荷需要；使燃料量与空气量保持一定的比值，以保证最经济燃烧，提高锅炉的燃烧效率；使引风量与送风量相匹配，以保持炉膛负压在一定的范围内。

（3）过热蒸汽系统的控制

维持过热器出口温度在允许范围内，并保证管壁温度不超过允许的工作温度。

2. 单元机组的出力控制

对电网来说，要求单元机组的出力能快速适应负荷的需求，而机组的出力大小是由锅炉和汽轮机共同决定的。两者在适应负荷变化的能力上有很大差别：锅炉从给水到形成过热蒸汽是一个惯性较大的热交换过程，而汽轮机从蒸汽进入到产生电能是一个反应相对较快的环节。如何合理地控制锅炉和汽轮机的各自出力，使其彼此适应，最终满足负荷需求是出力控制的核心任务。

二、锅炉锅筒水位控制系统

锅筒水位是保证锅炉安全运行的重要指标。水位过低时，如果负荷（蒸汽用量）较大，水的汽化速度又快，使锅筒内的水量变化速度较快，一旦锅筒内的水全部汽化，会导致锅炉烧坏，甚至爆炸；水位过高，影响锅筒的汽水分离，产生蒸汽带液现象，使过热器管壁结垢导致损坏，同时过热蒸汽温度下降，容易损坏汽轮机叶片，影响机组运行的安全和经济性。因此，必须严格控制锅筒水位的高度。

1. 锅筒水位的动态特性

锅筒水位的最大特点是水中夹带着大量蒸汽气泡。在锅筒内水量不变的情况下，蒸汽气泡体积的变化会引起锅筒水位的变化。蒸汽气泡的体积取决于锅筒压力、锅筒内水温和负荷需求。因此，影响锅筒水位的主要有给水量、蒸汽用量等因素。

（1）给水量

当给水量变化时，锅筒水位的响应曲线如图 6—2—3 所示。锅筒和给水系统可看作单容无自衡对象，则理论上水位响应过程如图中曲线 H_1。由于给水温度低于锅筒内的饱和水温度，所以给水量变化会使锅筒中气泡含量减少，从而导致水位下降。实际水位响应曲线如图中曲线 H 所示，可见在给水量增加后，锅筒水位经过一段时间延迟 τ 才呈现升高趋势，二者之间的这种动态特性描述为

$$\frac{H(s)}{W(s)} = \frac{\varepsilon_0}{s}e^{-\tau s}$$

式中 ε_0——水位的飞升速度。

给水温度越低，纯滞后时间 τ 越大。一般 τ 为 15 ~ 100 s。

（2）蒸汽用量

在燃料量维持不变的条件下，蒸汽用量的增加使锅筒水位降低。但是由于锅筒的汽水混合特性，在蒸汽用量突然增加时，锅筒压力会瞬时下降，使锅筒内水的沸腾骤然加剧，水中气泡迅速增加，导致整个水位瞬间升高，形成虚假的水位上升现象，即所谓“假水位”现象。

图 6—2—4 描述了蒸汽用量发生阶跃变化时的水位变化情况。可见，当蒸汽用量 D 突然增加时，由于假水位现象，在响应前期水位先上升，后下降。实际水位的变化 H，是由未考虑水中气泡容积变化的水位变化 H_1 与水中气泡容积变化所引起的水位变化 H_2 的叠加。

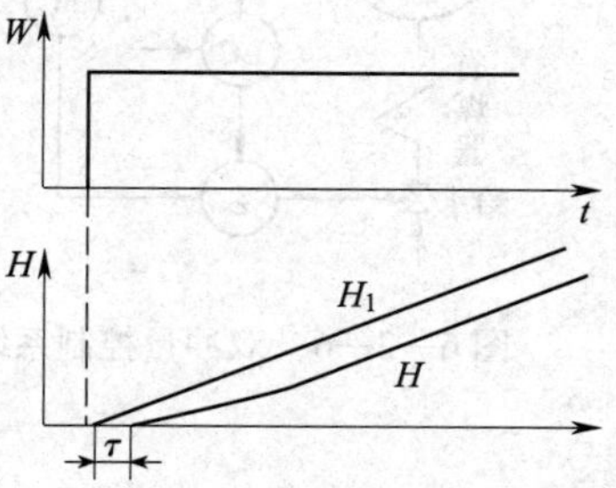

图 6—2—3　给水流量作用下锅筒水位的响应曲线

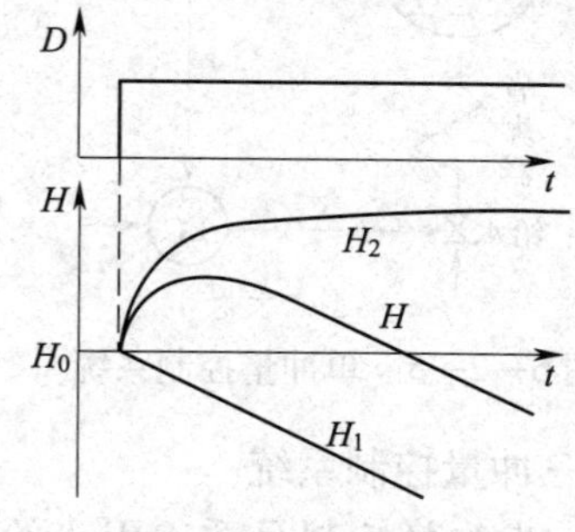

图 6—2—4　蒸汽用量阶跃变化时水位变化

$$H(s) = H_1(s) + H_2(s)$$

$$\frac{H(s)}{D(s)} = \frac{H_1(s)}{D(s)} + \frac{H_2(s)}{D(s)} = -\frac{\varepsilon_0}{s} + \frac{K_2}{T_2 s + 1}$$

式中 ε_0——反映物质平衡关系的水位飞升速度，m/s；

K_2、T_2——H_2 的增益和时间常数，s。

假水位变化的大小与锅炉的工作压力和蒸发量等有关，例如，一般 100 ~ 300 t/h 的中高压锅炉，当负荷突然变化 10% 时，假水位可达 30 ~ 40 mm。

2. 锅筒水位的控制方案

根据锅筒水位特性，选取锅筒水位为被控量，给水量为控制量，蒸汽用量等为干扰量，通过控制给水量来使锅筒水位维持在满足负荷需求的高度。同时，为保证锅炉安全生产，调节给水量的执行机构选取气关式；但若考虑汽轮机的安全运行，调节给水量的执行机构选取气开式为宜。

（1）单冲量控制系统

所谓单冲量就是指锅筒水位，构成的控制系统如图 6—2—5 所示。可见，它根据当前锅筒水位来确定给水量，是一个单回路控制系统。

当蒸汽用量突然增加时，应该加大给水量以满足负荷需求；但是由于假水位现象，导致控制器会先减小给水量来抑制瞬间的水位升高，随着假水位消失，锅筒水位会在负荷增加和给水量减少的双重作用下，产生严重的水位下降，甚至发生危险。因此，该控制方案不适用于负荷变动较大的情况。

（2）双冲量控制系统

蒸汽用量是影响锅筒水位最主要的扰动，也是造成假水位的主要因素。如果将蒸汽流量这一可测不可控的干扰作为前馈引入单冲量控制系统，就可以有效避免假水位引起的误动作，并及时控制水位，减小水位波动。由此，构成如图 6—2—6 所示的双冲量控制系统，其本质为前馈—反馈复合控制系统，即给水量不仅取决于锅筒水位，还受到蒸汽用量影响。

可见，该控制方案能有效适应负荷需求变化，但对给水系统中的水压等干扰因素造成的波动不能及时抑制。

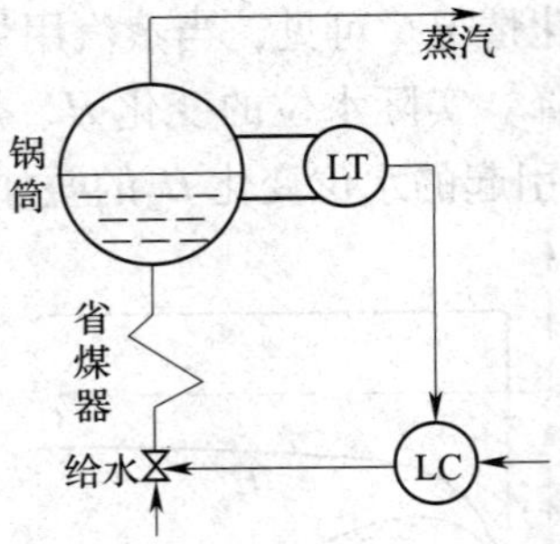

图 6—2—5　单冲量控制系统

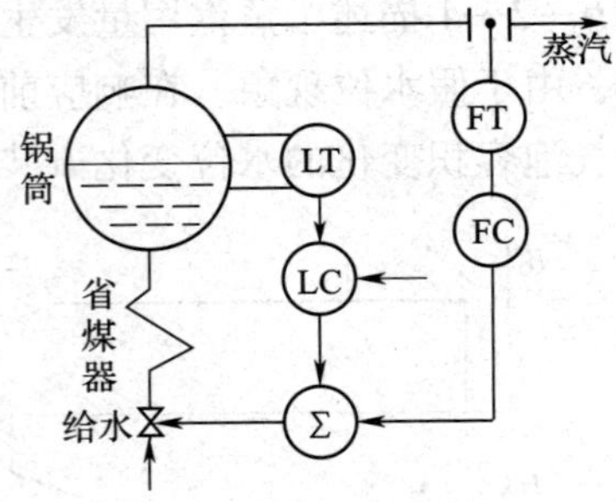

图 6—2—6　双冲量控制系统

(3) 三冲量控制系统

为进一步改善控制品质，引入给水流量信号，构成三冲量控制系统，如图 6—2—7 所示。所谓三冲量，指的是引入了三个测量信号：锅筒水位、给水流量和蒸汽流量。三冲量控制本质上是前馈—串级复合控制系统：主回路实现水位调节，副回路使给水流量能适应负荷和水位要求。

三冲量控制系统中控制信号的连接关系如图 6—2—8 所示。图中，O_L 表示水位控制器 LC 的输出；O_{F1} 表示蒸汽流量前馈控制器 F_1C 的输出；C_0 为一常数，以保证正常负荷下，其值能近似抵消负荷的前馈控制输出；C_1 为水位控制器输出的比例系数，由于水位为主控参数，因此 C_1 通常取 1 或稍小于 1 的值。

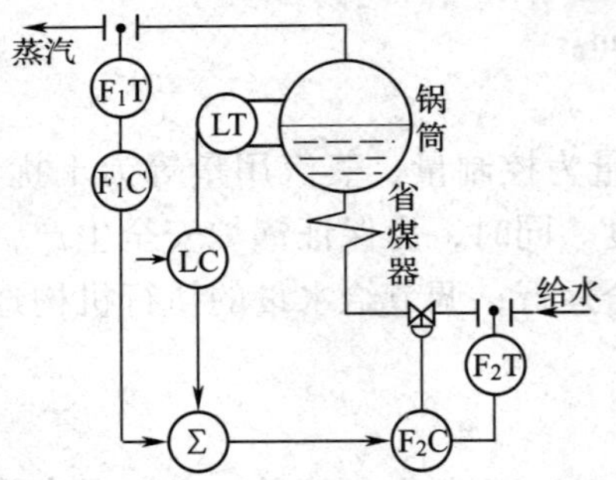

图 6—2—7　三冲量控制系统

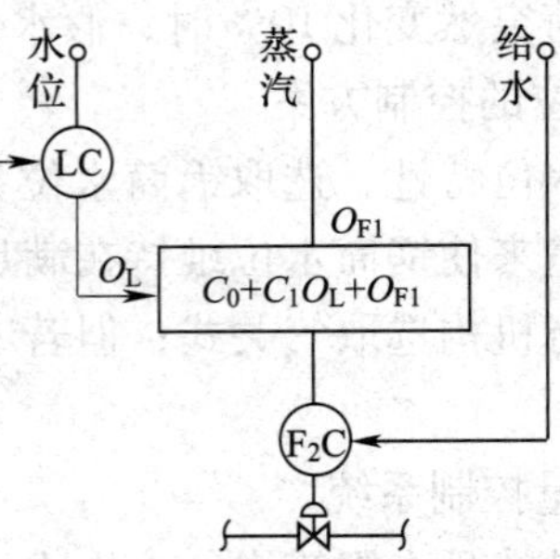

图 6—2—8　三冲量控制系统控制信号的连接关系

三冲量控制系统中，水位控制器和流量控制器的参数整定方法与一般串级控制系统相同，蒸汽流量前馈控制器中的静态增益一般依据下式选取：

$$K_{F_1C} = \frac{\beta}{K_v} \cdot \frac{(D_{max} - D_{min})}{(W_{max} - W_{min})}$$

式中　$D_{max} - D_{min}$——蒸汽流量变送范围，m^3/s；

$W_{max} - W_{min}$——给水流量变送范围，m^3/s；

K_v——阀门安装特性工作点斜率；

β——等于 1 或稍大于 1 的系数。

三、锅炉燃烧控制系统

锅炉燃烧控制系统的基本任务是使燃料所产生的热量能够满足蒸汽负荷的需求，同时要保证燃烧的经济性和锅炉的安全性。为达到上述目的，该系统划分为以下三个子系统，分别实现维持汽压、保持最佳空燃比和保证炉膛负压不变的控制任务。

（1）蒸汽压力控制系统：蒸汽压力反映了锅炉生产的蒸汽量和汽轮机消耗的蒸汽量相适应的程度。当负荷变化时，通过调节燃料量使蒸汽压力稳定。

（2）经济燃烧控制系统：当燃料量改变时，必须按照一定的比例调节送风量，以保证充分燃烧和经济性。

（3）炉膛负压控制系统：炉膛压力的高低关系到锅炉的安全经济运行，燃烧控制系统必须配合引风量与送风量，以保证炉膛压力稳定。

1. 主蒸汽压力的动态特性

汽压调节对象结构如图 6—2—9 所示。可见，主蒸汽压力主要受到燃料量和汽轮机耗汽量的影响。

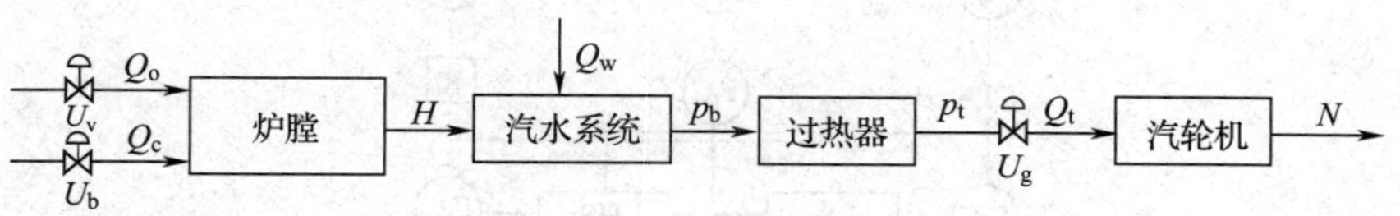

图 6—2—9　汽压调节对象结构

Q_c—燃料量　Q_0—进风量　H—炉膛发热量　Q_w—进水量

p_b—锅筒压力　p_t—主蒸汽压力　U_g—汽轮机进汽阀开度　Q_t—汽轮机耗汽量　N—机组实发功率

燃料热值或成分的变化，会引起燃料供热量的变化。如果燃料量增加，炉膛热负荷随之增加，锅筒压力 p_b 升高。在保持汽轮机进汽阀开度 U_g 不变的条件下，主蒸汽压力 p_t 将随着蒸汽的累积而升高。

当电网负荷变化时，改变汽轮机进汽阀开度 U_g，使汽轮机耗汽量发生突然改变，主蒸汽压力也相应发生变化。如果汽轮机进汽阀开度加大，则汽轮机耗汽量会增加，主蒸汽压力随之降低。

为克服燃料量和蒸汽负荷对主蒸汽压力产生的扰动，在蒸汽压力发生波动时，通过控制燃料量来满足控制要求，这种单回路控制系统虽然简单，但适用于蒸汽负荷及燃料量波动较小的情况。当燃料量波动较大时，为及时抑制燃料量自身扰动，采用蒸汽压力—燃料量构成的串级控制。

2. 经济燃烧控制

经济燃烧以燃料量跟踪蒸汽负荷需求为前提，保证空气量（进风量）能与燃料量满足一定比例关系，使燃烧过程充分，从而以最经济的燃料供给量提供最大的燃烧热。因此，燃料量与进风量之间采用比值控制，其中，燃料量跟随蒸汽负荷变化而变化，为主流量；进风量为副流量。其控制方案如图 6—2—10 所示。

图 6—2—10a 是将蒸汽压力控制器 P_tC 的输出同时作为燃料量控制器 F_bC 和进风量控制器 F_iC 的设定值。这种控制方案可以保持蒸汽压力的稳定，空燃比通过 F_bC 和 F_iC 的正确动作而间接得到保证；图 6—2—10b 中蒸汽压力与燃料量构成串级控制，进风量跟随燃料量变化而变化，从而确保空燃比。这种控制方案在负荷发生变化时，进风量的变化落后于燃料量，会导致燃烧的不完全，为克服上述两种控制方案的不足，图 6—2—10c 在控制方案 a 的基础上增加了选择性控制。当负荷减少时，通过低值选择器 LS，先减少燃料量，后减少空气量；当负荷增加时，通过高值选择器 HS，先增加空气量，再加大燃料量，从而保证充分燃烧。

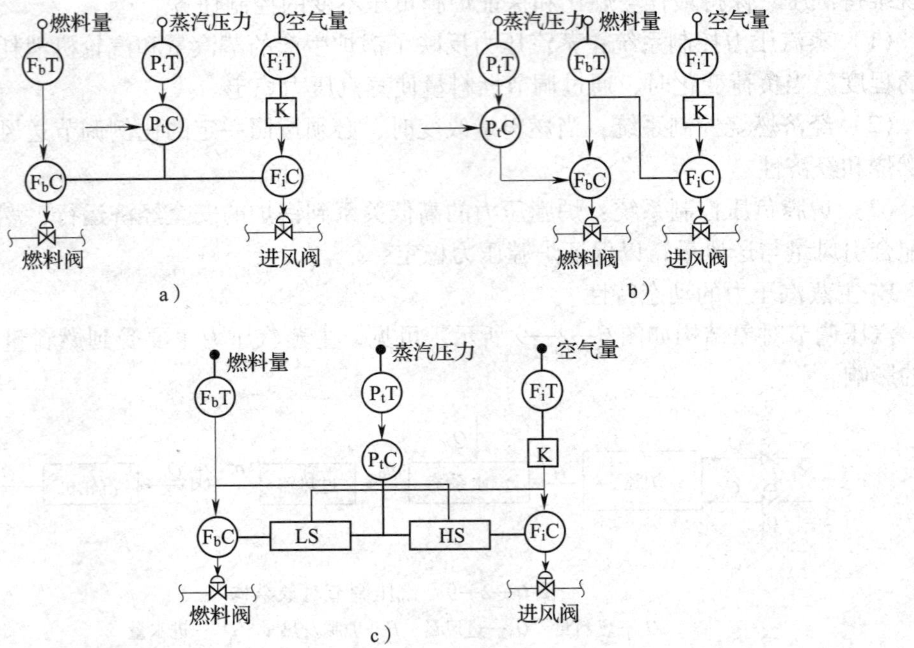

图 6—2—10　经济燃烧控制方案

a）一般控制　b）增加串级控制　c）增加选择性控制

上述燃烧控制方案虽然考虑了燃料量与进风量的比例，但不能保证在整个生产过程中始终保持最经济的燃烧。这是因为在不同的负荷下，两流量的最优化比值是不同的；燃料成分（如水分、灰分的含量）和热值有可能会变化；流量测量得不够准确。这些因素都会不同程度地引起空气过量或燃烧不完全，造成锅炉热效率下降。因此，有必要选择一个指标来检验空燃比是否恰当，并通过校正进风量来修正空燃比。目前，常选用烟气中的含氧量作为衡量空燃比的指标。

理论和实践已证明，烟气中的各种成分，如 O_2、CO_2、CO 和未燃烧烃的含量，基本上可以反映燃料燃烧的情况，最简便的方法是用烟气中的含氧量 A 来表示。根据燃烧时的化学反应方程式，可以计算出使燃料完全燃烧所需的含氧量，进而可以折算出所需的空气量，称为理想空气量，用 Q_T 表示。但实际上完全燃烧时所需的空气量 Q_P，要超过理论计算的 Q_T，即要有一定的过剩空气量。由于烟气的热损失占锅炉热损失的绝大部分，当过剩空气量增多时，会使炉膛温度降低，同时使烟气热损失增加。因此，过剩空气量对不同的燃料都有一个最优值，以达到最优经济燃烧。

过剩空气量常用过剩空气系数 α 来表示，即实际空气量 Q_P 与理想空气量 Q_T 之比为：

$$\alpha = \frac{Q_P}{Q_T}$$

因此，α 是衡量经济燃烧的一种指标。保证锅炉热效率最高的 α 值称为最佳 α 值，最佳 α 值与锅炉负荷有关，一般取 1.2～1.4。但是，α 很难直接测量，需要利用它与烟气含氧量之间的近似关系来间接计算，其关系为：

$$\alpha=\frac{21}{21-A}=1+\frac{A}{21-A}$$

由上式可以折算出最佳 α 值。此时，烟气含氧量 A = 3.5% ~6%。因此，烟气含氧量也可以作为一种衡量经济燃烧的指标。根据烟气含氧量对图 6—2—10 中的送风量加以校正，构成如图 6—2—11 所示的锅炉最优经济燃烧控制方案。

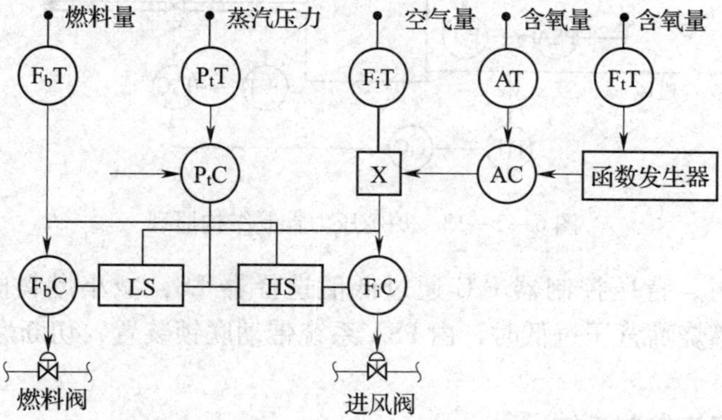

图 6—2—11　锅炉最优经济燃烧控制方案

为保证不同负荷下，锅炉始终保持最优经济燃烧，根据烟气含氧量与蒸汽流量（负荷）之间的近似关系（见图 6—2—12），获得当前负荷条件下的烟气含氧量设定值。氧含量成分控制器再根据该最佳值对过剩空气量进行校正，使锅炉在不同负荷下始终处于最优过剩空气量下运行，从而保证锅炉燃烧的经济性和热效率最高。

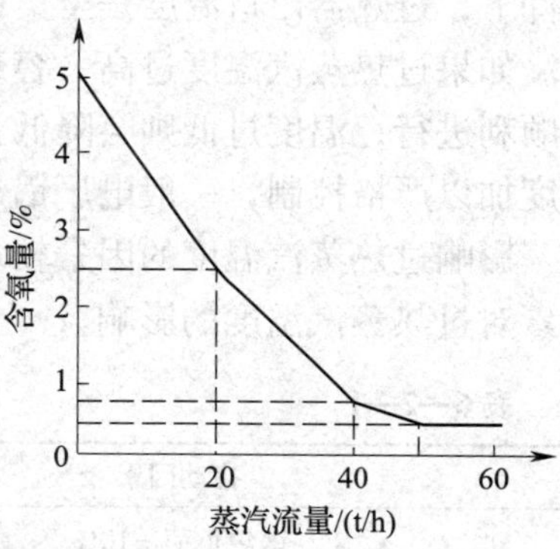

图 6—2—12　烟气含氧量与蒸汽流量（负荷）的近似关系

3. 炉膛压力控制

为了保证炉膛安全，一般要求炉膛压力略低于大气压力，保持在微负压 -8 ~ 2 mm H_2O（1 mm H_2O = 9.806 65 Pa）。若炉膛负压太小，炉膛内热烟气甚至火焰会向外冒出，危及人员设备安全；若炉膛负压太大，冷空气会进入炉内，使热量损失增加，热效率降低。

炉膛压力控制可以通过调节烟道引风机开度来改变引风量，维持炉膛负压一定。但由于炉膛压力不仅受到引风量的影响，还对送风量很敏感，特别是当锅炉负荷变化较大时，送风量变化会引起炉膛负压的较大波动。为此，引入送风量 F_iT 作为前馈信号，与引风量 F_oT 单回路控制系统共同构成前馈—反馈复合控制系统，从而有效维持引风量与送风量之间的平衡关系，其控制结构原理如图 6—2—13 所示。

4. 安全保护措施

燃烧嘴背压大小直接影响到燃料给入系统的安全。燃烧嘴背压过高，容易引起脱火现象；燃烧嘴背压过低，会导致回火。

为避免上述情况，在蒸汽压力控制系统中增加安全保护措施，如图 6—2—13 所示。在燃烧嘴背压正常的情况下，由蒸汽压力控制器 P_tC 控制燃料给入量，维持主蒸汽压力稳定；

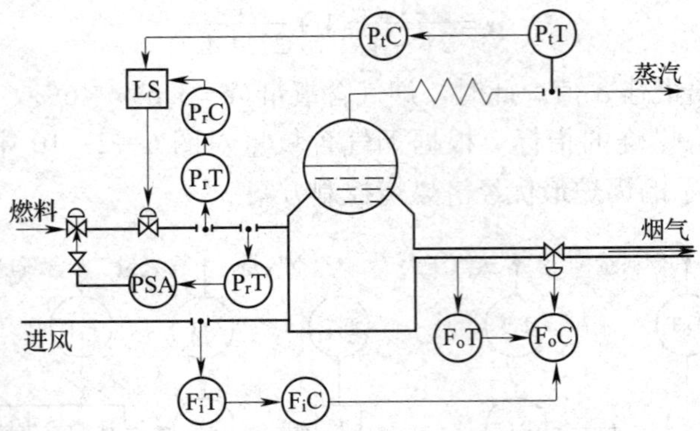

图 6—2—13　炉膛压力控制结构原理

当燃烧嘴背压过高时，背压控制器 P_rC 通过低值选择器 LS，减小燃料阀开度，降低背压，避免发生脱火；当燃烧嘴背压过低时，由 PSA 系统带动联锁装置，切断燃料上游阀门，避免回火引发事故。

四、过热蒸汽温度控制系统

过热蒸汽系统由一级过热器、减温器、二级过热器构成。其中，过热器工作在高温高压条件下，过热器出口温度是全厂设备温度的最高点，在正常运行时已接近材料允许的最高温度。如果过热蒸汽温度过高，容易烧坏过热器，还会引起汽轮机内部零件过热，影响生产过程顺利进行；温度过低则会降低全厂热效率，引起汽轮机叶片磨损。因此，必须对过热蒸汽温度加以严格控制，一般电厂锅炉要求过热蒸汽温度偏差保持在 ±5℃以内。

影响过热蒸汽温度的因素较多，如蒸汽流量、燃烧工况等。表 6—2—1 列出了几种扰动因素对过热蒸汽温度的影响。

表 6—2—1　　过热蒸汽温度和扰动因素关系

扰动因素	温度变化/℃
锅炉负荷 ±10%	±10
炉膛过量空气系数 ±10%	±（10~20）
给水温度 ±10℃	±（4~5）
燃煤水分 ±1%	±1.5
燃煤灰分 ±10%	±5

由于过热蒸汽系统是由多个热交换设备构成，因此，系统除存在较多干扰因素外，还具有较大的容量滞后，这给控制带来困难。一般，过热蒸汽系统可用 $\frac{K}{Ts+1}e^{-\tau s}$ 来近似。根据减温器类型不同，τ、T 取值也有所不同，如表面式减温器的参数为 $\tau=60$ s、$T=130$ s，混合式减温器为 $\tau=30$ s，$T=100$ s。

目前，广泛采用减温水流量作为控制量，实现对过热蒸汽温度的调节。但该控制通道的容量滞后较大，仅采用单回路控制系统不能满足生产要求。为改善控制质量，采用减温器后蒸汽温度 T_2 与过热蒸汽温度 T_1 构成串级控制，如图 6—2—14 所示。

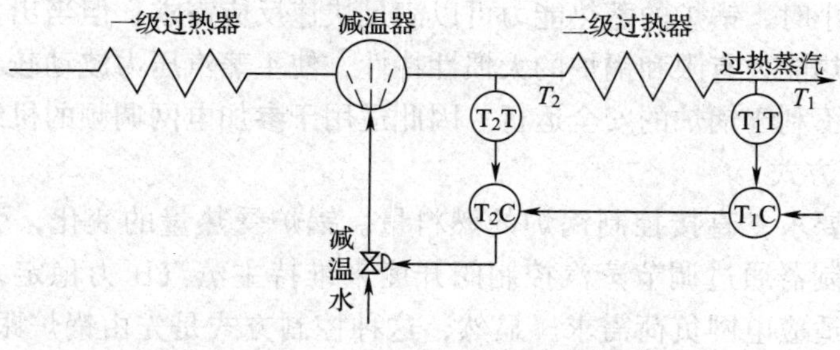

图 6—2—14　过热蒸汽温度串级控制

可见，主回路以维持过热蒸汽温度稳定为目标。副回路中 T_2 能发现反映减温水压力等扰动对蒸汽温度的影响，并通过副回路控制器 T_2C 及时抑制这些扰动。需注意的是，该串级控制方案使用的前提条件是减温器出口允许安装测温元件。

五、机炉协调控制系统

单元机组由锅炉和汽轮机构成，其控制任务是及时适应外界负荷需求，并保持主汽压稳定。

由于锅炉和汽轮机在动态性能上存在较大差异，使单元机组控制存在困难。汽轮机是个快变对象，当电网负荷改变时，只要改变控制阀的开度，就可以迅速改变蒸汽量，立即适应负荷需求；而对于锅炉，在负荷变化时，即使立即调整了燃料量和给水量，由于燃烧过程和过热系统所具有的大容量滞后和时滞，使供给汽轮机的蒸汽量并不能立即变化。因此，如果汽轮机的进汽阀开度已改变，流入汽轮机的蒸汽量也随之改变，而锅炉提供的蒸汽量还未变化，就需要利用主汽压力的改变来弥补这种供需差额，从而导致主汽压力产生较大波动。可见，提高机组的适应能力和保持汽压稳定这两个控制目标之间存在着矛盾。

为适应电网负荷变化，根据单元机组的结构特点，设计出三种不同的负荷控制方式：炉跟机运行方式、机跟炉运行方式和机炉协调运行方式。

1. 炉跟机运行方式

当出力指令变化时，首先通过调节蒸汽控制阀，改变蒸汽轮机进气量，使发电机输出功率与出力指令一致，以迅速满足电网负荷要求。同时，蒸汽控制阀开度的改变，使主蒸汽压力也随之改变。主蒸汽压力作为锅炉燃烧控制的主要信号，将通过改变燃料量来保持其稳定，并跟踪汽轮机的负荷变化。显然，这种控制方式是先由汽轮机跟踪外界负荷需求，再由锅炉跟随汽轮机的变化。因此称为炉跟机方式，其原理如图 6—2—15 所示。

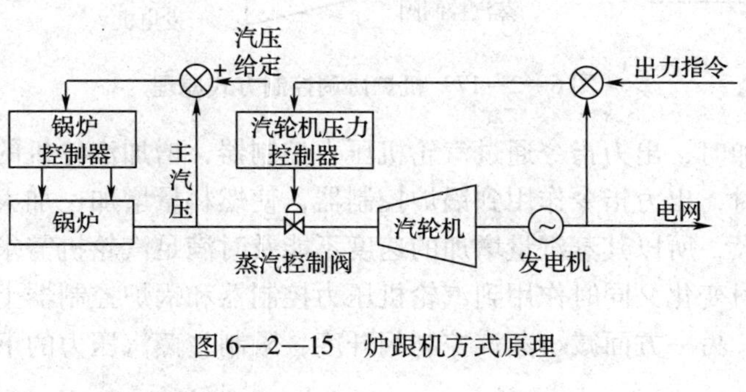

图 6—2—15　炉跟机方式原理

这种控制方式充分利用了锅炉的蓄热能力，使机组能较迅速地跟踪出力指令的变化。在出力指令变化比较小时，锅炉的蓄热能力可以满足快速反应需求；但当出力指令变化比较大时，由于锅炉的蓄热能力有限和锅炉的大惯性特性，使主蒸汽压力波动较大，不能及时满足汽轮机负荷需求，不利于锅炉的安全运行。因此适用于参加电网调频的机组。

2. 机跟炉运行方式

根据电网负荷要求，直接控制锅炉的燃料量。锅炉受热量的变化，引起主蒸汽压力改变。汽轮机压力控制器通过调节蒸汽控制阀开度来维持主蒸汽压力稳定，同时改变机组出力，使发电机出力适应电网负荷需求。显然，这种控制方式是先由锅炉跟踪外界负荷需求，再让汽轮机跟随锅炉的变化。因此称为机跟炉方式，其原理如图 6—2—16 所示。

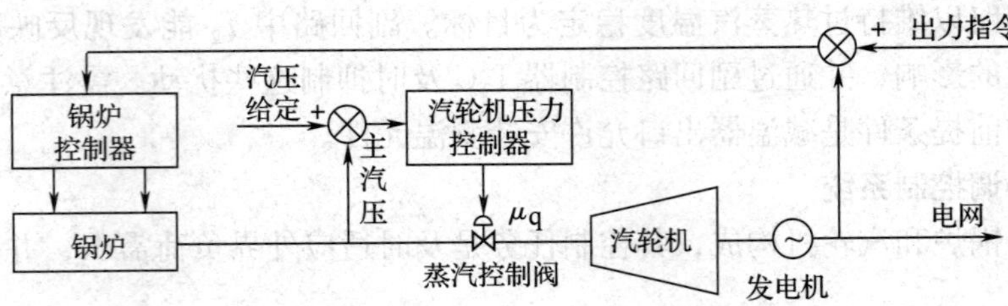

图 6—2—16　机跟炉方式原理

这种控制方式主蒸汽压力比较稳定，但是由于没有充分利用锅炉的蓄热量和燃烧延迟，使机组对出力指令的响应缓慢，负荷适应性不好。它适用于带基本负荷的机组。

3. 机炉协调控制运行方式

为兼顾锅炉和汽轮机对电网负荷的适应能力，出力指令和主蒸汽压力信号同时作用到汽轮机压力控制器和锅炉控制器，如图 6—2—17 所示。这种控制方式既避免了炉跟机方式中调用锅炉需热量过大而导致过大的主蒸汽压力波动，又克服了机跟炉方式中负荷变化响应缓慢的缺点。

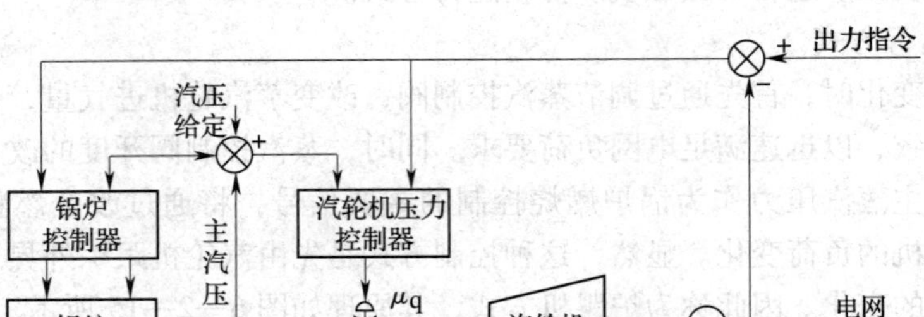

图 6—2—17　机炉协调控制方式原理

当电网负荷增加时，出力指令通过汽轮机压力控制器，增加汽轮机的进汽量，充分利用锅炉蓄热能力。同时，出力指令作用到锅炉控制器，使燃料量增加，加大锅炉的出力。由于锅炉的容量滞后较大，所以其蒸汽量增加的速度不能及时满足汽轮机需求，导致主蒸汽压力降低。而主蒸汽压力变化又同时作用到汽轮机压力控制器和锅炉控制器上，一方面使锅炉的燃料量进一步加大，另一方面减小蒸汽控制阀开度，限制主蒸汽压力的下降幅度。

这种运行方式还可以有效抑制锅炉自身扰动引起的出力波动。当锅炉燃料量自发增加时，主蒸汽压力升高，通过锅炉控制器减少燃料量，同时通过汽轮机压力控制器加大蒸汽控制阀开度，增加汽轮机进汽量，从而迅速抑制主蒸汽压力的波动。

可见，这种运行方式综合了炉跟机和机跟炉各自的优点，兼顾了出力需求和主蒸汽压力稳定两方面，能确保机组在安全的前提下最大限度地适应负荷的需要。

§6—3　选煤过程控制

原煤在生产过程中混入了各种矿物杂质，在开采和运输过程又不可避免地混入顶板和底板的岩石和其他杂质，从而使原煤中矸石量增加、灰分提高、末煤及粉煤含量增长、水分提高。为减少原煤中的杂质，使煤炭按质量和规格分成各种产品，就需要采用选煤加工过程。

选煤就是利用煤炭所具有的与其他矿物质不同的物理、化学性质，应用物理或化学方法使原煤中的灰分、硫分和矸石等杂质的含量降低，并加工成质量均匀、用途不同的成品煤的加工技术。这是合理利用煤炭资源、保护环境最经济有效的技术途径。选煤厂作为煤炭企业的重要组成部分，掌握以洗选过程（如跳汰、重介、浮选）为核心的多种工艺与技术。因此，选煤厂的全厂监控和管理，主要工艺过程参数的检测，对于稳定产品质量、提高精煤产率、减轻工人劳动强度、改善作业环境，具有重要的意义。

一、选煤生产过程及控制要求

选煤的主要产品是精煤，副产品有中煤、煤泥等，选后的废弃物是矸石和尾煤。选煤厂为实现原煤到上述各类产品的分选，生产工艺流程复杂，通常包括受煤系统、重介系统、跳汰系统、浮选系统、浓缩压滤系统和装车系统等子系统，由分级筛、跳汰机、重介旋流器、离心机、脱介筛、浓缩机和压滤机等工艺设备构成，其工艺设备流程如图 6—3—1 所示。

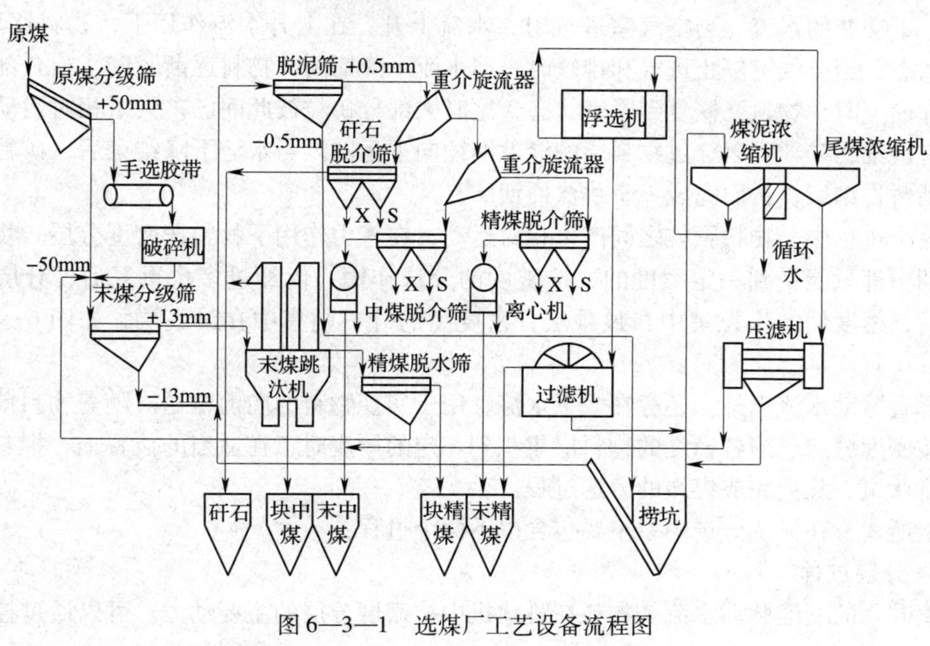

图 6—3—1　选煤厂工艺设备流程图

由图可见，原煤经过原煤分级筛进行粗选，粒度 >50 mm 的原煤通过手选过程去除杂质，经破碎后，与粒度 <50 mm 的原煤一起送入末煤分级筛；通过二级细粒度筛分，将粒度 >13 mm 的原煤送入末煤跳汰机进行排矸和分选，得到块中煤和块精煤，并排出矸石；0.5 mm < 粒度 < 13 mm 的原煤被送入重介旋流器，通过一级重介进行排矸，二级重介实现分选，得到末中煤和末精煤；最后，粒度 <0.5 mm 的煤泥通过浮选，得到尾煤。

上述过程中，跳汰选煤和重介选煤都属于重力选煤方式。它根据煤和矸石的密度差别，实现煤和矸石的分选，一般煤的密度为 1.2 ~ 1.8 g/cm^3，矸石的密度大于 1.8 g/cm^3。浮选方式则与前者不同，它依据煤和矸石表面润湿性的差别，分选粒度 <0.5 mm 的煤。

可见，选煤生产过程是由多个自动化短流程生产过程构成，其特点是生产集中、连续；设备多，且设备故障对生产影响大；巡检与维修工作量大；工艺和质量指标多；实时性要求高；影响生产流程的参数和外部因素较多；产品的品种与配比具有多样性和生产灵活性；产品的数量、质量与效益受到多种因素的制约。

具体而言，选煤过程要求如下：

（1）除去原煤中的杂质，降低灰分和硫分，提高煤炭质量，适应用户需求。

（2）把煤炭分成不同质量、规格的产品，适应用户需要，以便合理有效地利用煤炭。

（3）去除煤炭中的矸石，减少无效运输。

（4）去除煤炭中大部分的灰分和 50% ~ 70% 的黄铁矿硫，减少燃煤对大气的污染。

二、跳汰机自动控制系统

跳汰选煤就是在垂直脉动的介质中按颗粒密度差别进行选煤的过程。这里，介质通常采用水、空气或重悬浮液。跳汰机是实现上述连续跳汰选煤的设备。

1. 跳汰选煤过程

跳汰选煤过程如图 6—3—2 所示。原煤被送入跳汰机，在筛板上形成一个密集的物料层（也称床层），通过筛下空气室的进/排气作用，迫使跳汰机下部的水透过筛板周期性地给入，形成上、下交变的水流。当空气室进气时，水流上升，在上升水流作用下，物料逐渐松散，呈悬浮状态；当空气室停止进气和排气时，即水流下降期间，物料逐渐紧密，待全部物料都沉降到筛面上时，物料又恢复到紧密状态，这时大部分矿粒彼此间已丧失了相对运动的可能性，只有极细的矿粒可以穿过物料层的缝隙继续向下运动。当水流下降结束后，矿粒之间的相对运动暂告结束，从而完成一个跳汰周期。

在这个过程中，物料颗粒之间产生相对运动，在重力作用下物料按密度分层。物料在每一个周期中都只能受到一定程度的、按密度的分选作用，但经过多次重复后，分层逐渐完善。最后，密度低的煤粒集中在最顶层，密度高的矸石则集中在最底层，如图 6—3—3 所示。

在垂直脉动水流以外，还存在水平水流，用于实现物料的向前输送。随着物料前移，逐渐完善按密度分层。当各密度的物料层累积到一定的厚度时，在适当的位置上，把它们分别地排出跳汰机，从而完成煤炭的分选过程。

综上所述，在跳汰分选中，主要包含以下两个过程：

（1）分层过程

垂直升降的变速脉动水流是物料在跳汰机中按密度分层的主要动力。可以通过控制各空

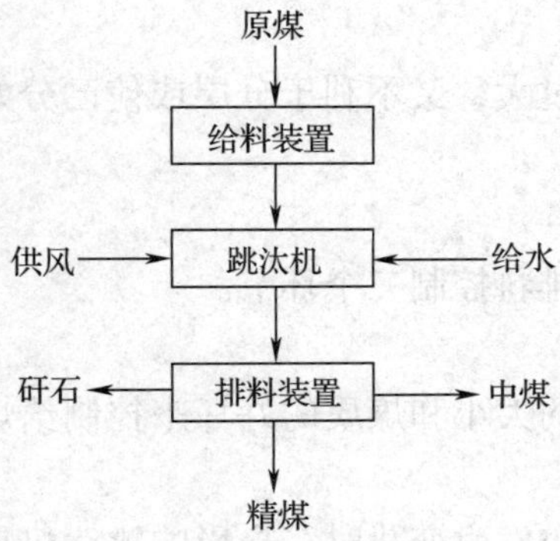

图 6—3—2　跳汰选煤过程

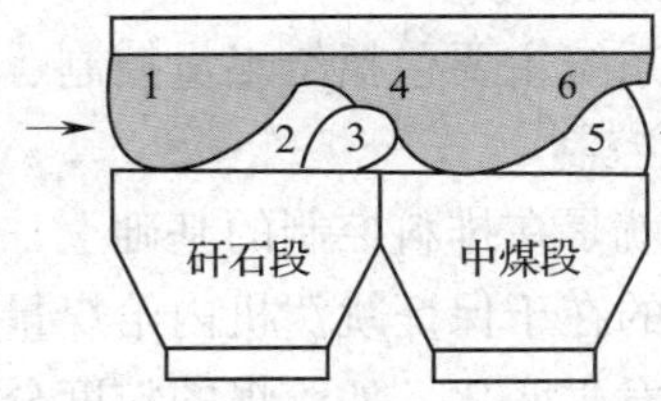

图 6—3—3　分层状态

1—原煤　2—中煤和矸石的混合物　3—矸石　4—精煤和中煤的混合物　5—中煤　6—精煤

气室的进/排气过程，达到控制脉动水流的目的。但是，分层过程本身较复杂，且密度层间的界限相对模糊，分层状态只具有统计学上的意义，因此，采用简单的 PID 控制器很难得到好的控制效果。

（2）产品分离（即排料）过程

可以根据床层状态控制排料时机，以降低错配物比例，减少精煤流失。但是，排料过程对行进中的物料分层必然产生干扰，因此，必须严密地监测密度分层的状态，才能实现排料和密度分层过程之间的协调优化控制。

2. 跳汰选煤过程的影响因素

跳汰选煤过程是一个非常复杂的、液固两相流相互作用的动态过程，受到很多因素的影响。其中，最主要的是给煤量、给风量、给水量、床层厚度、床层松散度和分层后产品的分离，它们是相辅相成的。只有上述参数最佳配合，才能使跳汰分选过程稳定、连续、良好地运行。下面对几个重要影响因素进行具体分析。

（1）床层松散度

反映床层状态，是整个床层中孔隙体积占床层体积的百分比。若松散度过小，床层跳动不起来，就不能使物料按密度分层，导致分层状态变差；反之，若松散度过大，则床层跳动幅度太大，会导致同性颗粒散乱，也不利于分层或使已分好层的床层受到破坏。

（2）床层密度

反映床层状态。理想的分层状态是同一密度级物料无一例外地进入床层中某一特定的区域，床层由上到下，物料密度由低到高排列，相互间不发生干扰。通常采用 γ 射线密度检测仪动态检测不同层面上的物料密度值。

（3）床层厚度

影响床层分层。床层厚，则不易松散，对分层不利；床层薄时，若脉动水流特性不能及时调整，会造成松散过度，使床层紊乱。通常采用浮标传感器测得。

（4）脉动水流参数

脉动水流是床层脉动的动力源，是床层松散的先决条件。床层脉动水流的速度和加速度与床层松散度基本呈一定的比例关系。

(5) 水压、风压

水压、风压大，使床层跳动有力，脉动幅度高；但过大，又不利于分层或使已分好层的床层受到破坏。通常采用压阻式压力变送器测量。

3. 跳汰机控制系统

跳汰机控制系统主要包括给煤量控制、风水控制和排料控制三个环节。

(1) 给煤量控制

给煤量控制就是在排料控制的基础上，利用排料量的大小和煤质的好坏来控制给煤量的大小，其控制目的在于保证跳汰机内给煤量的稳定。

当原煤性质发生变化，如给煤的粒度分布与密度分布发生变化时，会影响跳汰机工作过程。因此，在原煤性质变化很大的情况下，必须调整跳汰机给煤量。一般通过测量床层水平推力的大小，来判别原煤的粒度大小。

实现给煤量控制的方法是以检测到的原煤粒度和排料量作为输入，确定给煤量设定值；然后通过改变变频调速器的频率，来控制电动机，实现给煤机振动频率的调节，以跟踪给煤量设定值的变化。实际给煤量通过采集变频调速电动机输出的电流信号获取。

(2) 风水控制

跳汰机有几个空气室，每个空气室包括一个进气电磁阀和一个排气电磁阀，它们的结构完全相同，不同之处在于二者的工作环境，进气电磁阀的风箱与工作风包相连，而排气电磁阀的风箱则通过排风管引至环境大气中。所有电磁阀进行有序工作，产生周期脉动的上下交变水流，使床层物料交替松散、密实，从而在重力作用下逐渐按密度分层。

风水控制的目的就是优化这种密度分层的过程，主要是根据各种检测参数，设定各气室进、排气的最佳循环，包括周期长短、一个周期内进气—休止—排气各阶段所占时间以及各空气室间循环周期的相位关系，如图 6—3—4 所示。通常，根据确定的相位周期，通过控制进气电磁阀和排气电磁阀来实现上述循环周期。

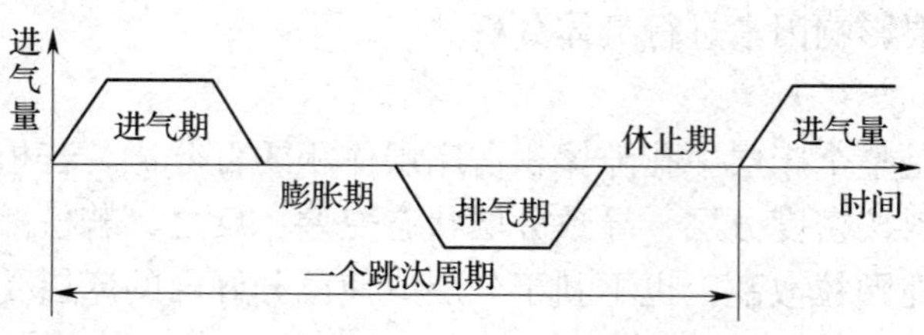

图 6—3—4　跳汰周期示意图

一般，根据给煤粒度、密度和给煤量来确定给水量的设定值，通过控制总水门电磁阀开度，来实现给水量的自动控制。根据床层密度、床层厚度和给煤量来确定给风量的设定值，通过调节总风门开度大小，使风箱内风压稳定，实现给风量的自动调节。

(3) 排料控制

跳汰机排料控制的目的是将跳汰床层中按密度分层的物料，沿某一层位分离成轻、重两个产品。通常包含矸石段和中煤段两段排料控制。

排料控制是根据跳汰床层底流层的厚度，通过控制器调节排料叶轮的转速，实现跳汰机排料量的控制，达到稳定跳汰机床层的目的。通常，床层厚度通过浮标传感器来检测；控制器的输出控制作用通过改变晶闸管的导通角，调节直流电动机的励磁电流，驱动排料叶轮改变转速。

考虑到排料过程受分层状态的影响，同时又会影响到分层状态，所以采用两级集散型控制结构实现跳汰机的整体控制。底层采用独立的控制单元实现排料过程控制、跳汰周期控制、给风量和给水量控制、给煤量控制等子系统，要求各子系统能跟随设定值的变化，具有良好的稳定性和动态品质；上层用于实现各子系统中被控变量的相互协调，即根据当前床层状态，确定底层各子系统的设定值。系统可以采用若干个 PLC 控制器和一个主工控机构成两级集散型控制系统，主控计算机与底层 PLC 控制器之间通过远程通信接口和电缆实现双向通信。

三、重介质选煤监测与控制系统

重介质选煤就是在密度 >1 g/cm^3 的介质（悬浮液）中，按颗粒密度的差异进行选煤。设悬浮液中颗粒所受的力为 F，ρ_1 为颗粒密度，ρ_2 为悬浮液密度，则有：

$$F = V(\rho_1 - \rho_2)g$$

可见，当 $\rho_1 > \rho_2$ 时，颗粒下沉；当 $\rho_1 < \rho_2$ 时，颗粒上浮；当 $\rho_1 = \rho_2$ 时，颗粒呈悬浮状态。重介质选煤就是依据该原理，将浮物和沉物相分离。

影响重介质选煤分选效果的主要因素有悬浮液密度、悬浮液煤泥含量、旋流器入口压力、介质桶液位、原煤入选量和原煤可选性的变化等。因此，重介质选煤控制系统包括悬浮液密度控制、悬浮液煤泥含量控制、合格介质桶液位控制等子控制系统；另外，系统还设有旋流器入口压力监测与报警、原煤入选量的监测与报警。系统总体方案如图 6—3—5 所示。

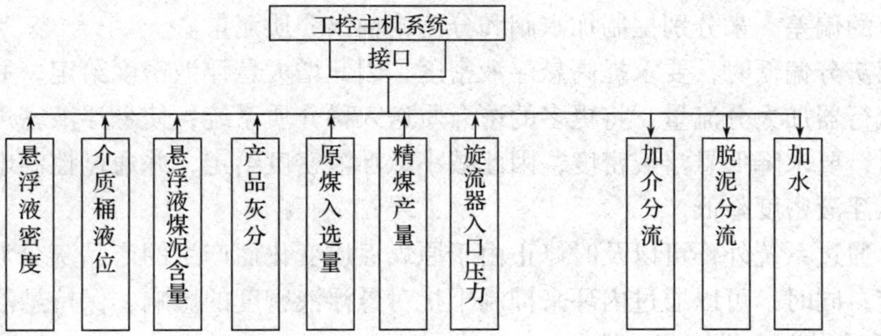

图 6—3—5　重介质选煤监测与控制系统总体方案

1. 悬浮液密度控制系统

由悬浮液中颗粒受力公式可知，悬浮液密度是直接影响重介质选煤分选效果的重要因素。一般，悬浮液密度是根据原煤可选性与精煤灰分要求来确定的。但是由于各种干扰因素，悬浮液密度经常会超出工艺要求，使精煤的产品质量和产率难以保证。因此，有必要对悬浮液密度进行控制。

悬浮液密度是单位体积悬浮液内加重质与水的质量之和。设 ρ_1 为水密度，ρ_2 为加重质密度，λ 为悬浮液中固体的容积浓度，则悬浮液密度 ρ 为：

$$\rho = \rho_1 + \lambda(\rho_2 - \rho_1)$$

因此，可以通过调节水量和加重介质来改变悬浮液密度。

悬浮液密度控制要求：一方面根据产品灰分来动态修正悬浮液密度设定值，另一方面悬浮液密度能跟踪设定值的变化，一般密度波动范围要求 $< \pm 0.1\ g/cm^3$。因此，悬浮液密度采用串级控制方式。选取产品灰分作为主被控变量，悬浮液密度作为副被控变量，通过控制加水阀和分流箱开度来实现密度调节，如图 6—3—6 所示。

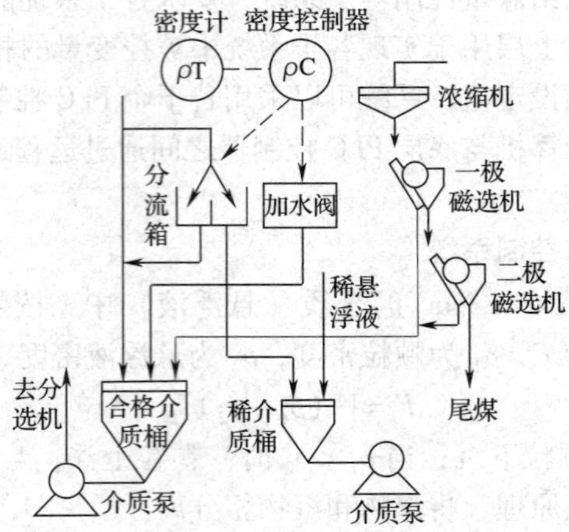

图 6—3—6　悬浮液密度控制原理图

由于悬浮液密度与原煤可选性、精煤灰分有关，因此主回路根据产品灰分来确定悬浮液密度设定值。采用同位素在线测灰仪检测得到的产品灰分与给定灰分信号相比较，通过主控制器调节悬浮液密度设定值，并送入副回路；副回路根据密度计检测得到的悬浮液密度实际值与设定值的偏差，来分别控制加水阀和分流箱输出介质流量。

当精煤灰分偏低时，要求提高悬浮液密度，因此增大悬浮液密度给定，并通过控制分流箱的电动执行器加大分流量，将更多的浓介质送入稀介质系统，使悬浮液密度提高；当精煤灰分偏高时，要求降低悬浮液密度，因此减小悬浮液密度给定，并通过控制电动加水阀增加水量，使悬浮液密度降低。

可见，通过系统外环可以及时修正由于原煤性质变化而产生的产品灰分波动，使产品灰分趋于稳定；同时，可以通过内环来抑制干扰对悬浮液密度的影响，保持悬浮液密度一定。

2. 悬浮液煤泥含量控制系统

悬浮液煤泥含量与悬浮液的黏度相关，黏度大则稳定性好，但煤泥含量高，会影响矿物的分选效果；煤泥含量低，则悬浮液的稳定性降低。因此，合格的重介悬浮液煤泥含量一般要求稳定为 40% ~ 50%。为实现该定值控制，构建悬浮液煤泥含量控制系统框图如图 6—3—7 所示。

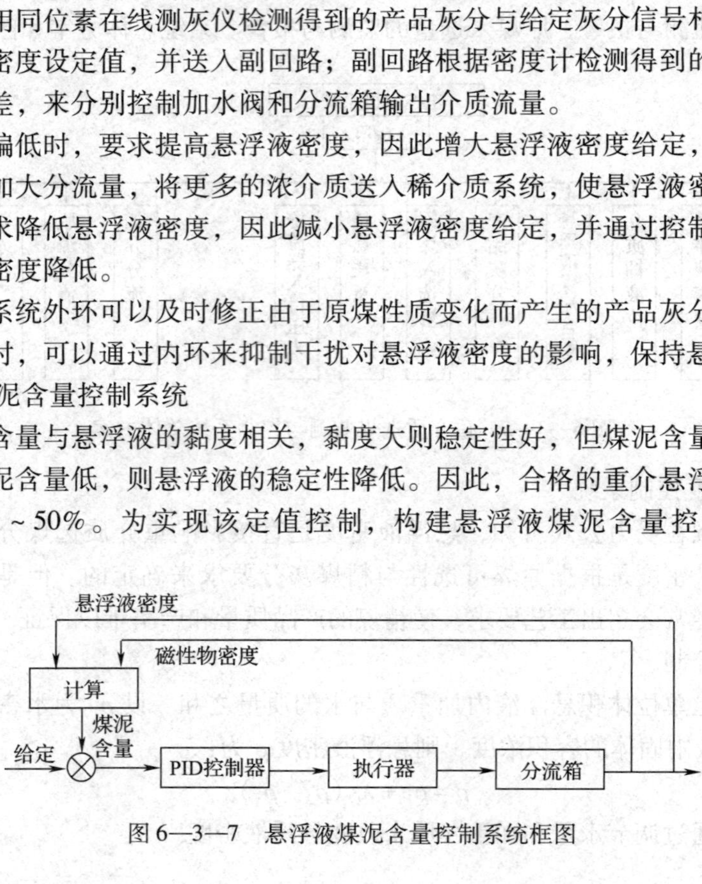

图 6—3—7　悬浮液煤泥含量控制系统框图

可见，重介悬浮液煤泥含量控制的难点在于重介悬浮液中煤泥含量很难用仪表直接测量得到。考虑到黏度与煤泥含量之间的影响关系，选取黏度作为间接被控变量。悬浮液的黏度与悬浮液的密度和磁性物含量之间存在以下关系：

$$C = \frac{(K_1 D + K_2 D_M - K_3)}{D_M} + (K_1 D + K_2 D_M - K_3)$$

式中　K_1、K_2、K_3——与煤泥密度和磁性物密度有关的系数；

D——悬浮液密度，kg/m^3；

D_M——悬浮液磁性物含量。

因此，可以通过悬浮液的密度和磁性物含量折算得到重介悬浮液中煤泥的含量。

系统控制过程为：借助密度计和磁性物含量计测量得到悬浮液的密度和磁性物含量；然后根据上式间接计算得到悬浮液的黏度；根据黏度计算值与设定值的偏差，通过控制器来调节分流箱中合格介质分流到稀介质桶中的介质流量，从而使分选悬浮液的煤泥含量稳定在规定范围内。

3. 合格介质桶液位控制系统

介质桶的液位应有高、低限位，低位应保证介质泵的进料压力，高位应保证停车时设备及管道中介质的回流容量。通常，介质桶液位高低取决于系统的磁铁矿粉总量。液位过低，说明磁铁矿粉总量过少，应增加浓介质或磁铁矿粉。因此，可以通过控制分流箱输出介质流量来实现介质桶液位调节，如图 6—3—8 所示。

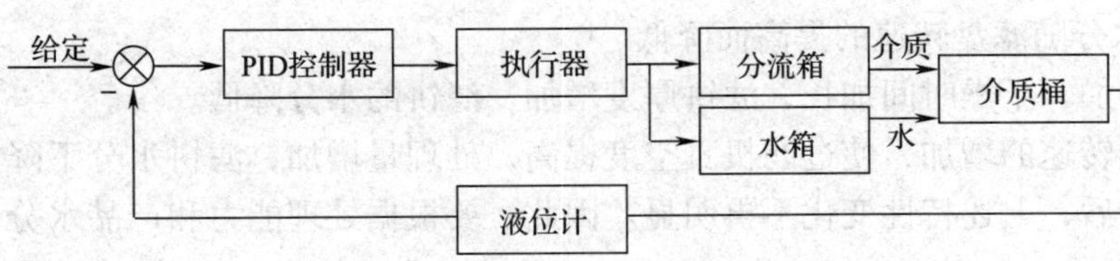

图 6—3—8　介质桶液位控制系统框图

采用超声波液位计检测得到液位高度。当液位高于设定值时，通过控制器调节介质分流量，分流一部分合格介质，使液位降低；当液位过低时，发出报警，并通过控制加水阀或分流箱来增加水或浓介质。需要注意的是，增加水或浓介质会引起悬浮液密度的改变，因此，介质桶的液位控制应与悬浮液密度控制统一考虑。例如密度偏低且液位过低时，应增加介质，而不是加大分流量。

4. 真空过滤机液位控制系统

真空过滤机用于实现精煤和水分离的脱水过程。由于选煤厂的分选过程主要是在水中进行的，因而选煤产品在出厂前需进行脱水，以满足用户和运输要求。我国现行产品目录规定精煤水分一般最多为 12% ~13% 。

真空过滤机是利用过滤介质两侧的压力差，采用真空泵抽吸的方式，将煤泥中的水和固体颗粒分离。过滤机的处理能力直接体现在其液位变化上。当来料多时，容易产生溢流，使溢流中的煤泥返回浮选系统，造成煤泥积累，导致减产；当来料少时，如果过滤机的处理量不变，液位会下降，导致真空度降低，造成上料困难。因此，为改善过滤机的脱水效果，提高其处理量，必须保证过滤机保持合理的液位，即液位要求长期稳定在既不溢流又不会泄漏真空度的区间内。

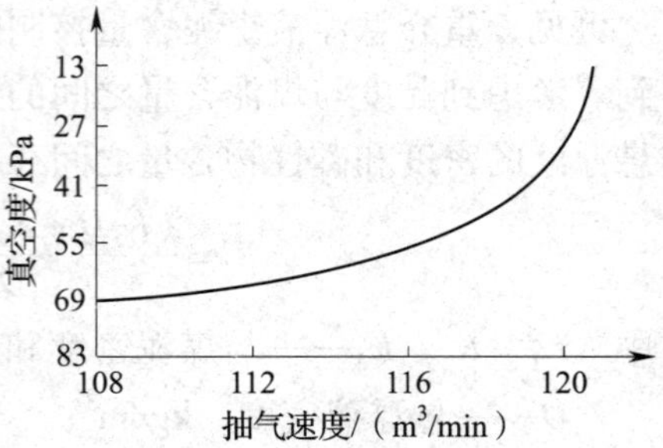

图 6—3—9　真空泵性能特性曲线图

根据生产工艺可知，过滤机滤盘转速与真空度、处理量、滤饼水分之间存在以下关系：

（1）过滤机真空度随滤盘转速的提高而提高

根据真空泵性能特性曲线（见图 6—3—9）可知，滤盘转速提高，使每块滤板一次通过过滤区的时间缩短，过滤表面的滤液流量增加，真空泵抽气速度下降，使过滤机真空度提高。

（2）过滤机处理量随滤盘转速的提高而增加

过滤机的处理量用单位时间内脱水后的干物料 M 表示为：

$$M = r_{\mathrm{oc}} nF\left(\frac{100 - w}{100}\right)\sqrt{2pt/\mu r}$$

式中　n——滤盘转速，r/s；

p——压力差，Pa；

t——过滤过程持续时间，s。

可见，处理量随转速的提高而增大。滤盘转速提高后，滤液通过量增加；同时真空度提高，吸浆强度增加，处理量增加。

（3）滤饼水分随滤盘转速的提高而降低

随着转速增加，干燥时间加长，滤饼厚度增加，滤饼的水分降低。

可见，滤盘转速的增加，使过滤机真空度提高，处理量增加，滤饼水分下降。但是转速提高到一定程度后，上述特性变化不再明显。因此，要根据处理能力和产品水分，使过滤机工作在最佳转速。

根据过滤机处理量与转速的关系，构成液位自动控制系统。它由单管差压计、PI 控制器、v—f 调频器等环节组成，如图 6—3—10 所示。

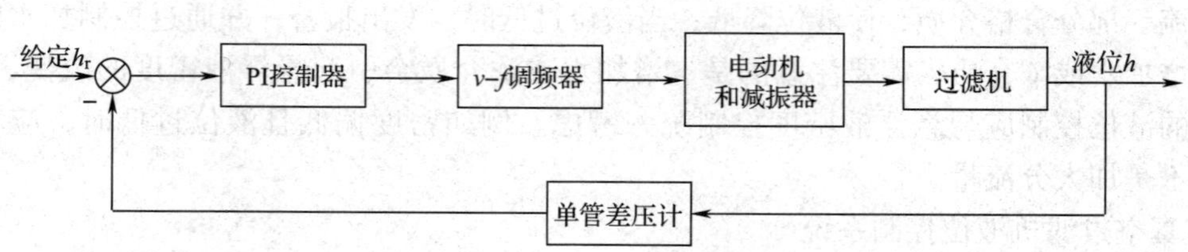

图 6—3—10　过滤机液位自动控制系统框图

控制系统中，单管差压计的主要功能是将被检测的液位转换成电流信号输出，其检测原理与电容式差压液位计类似。变频器以 50 Hz 三相电压为电源，用 1 ~ 5 V 或 4 ~ 20 mA 弱电作信号，来控制输出三相电源的频率，使电动机的转速随频率的变化而变化。由于要求液位能稳定在某个设定值上，所以控制器采用 PI 控制算法，即根据液位高度的偏差信号进行比例积分运算，并输出控制信号，以保证液位控制精度。

在控制系统作用下，当浮选来料减少时，过滤机处理能力不降低，实际液位将低于给定液位，PI 控制器输入端呈现负偏差信号，输出信号减少，通过变频器使过滤机转速降低，减小过滤机的处理量，从而使液位逐步回升；反之；如果浮选来料增大，过滤机处理能力不适应，必然会造成实际液位高于给定液位高度，PI 控制器输入端出现正偏差信号，输出信号增大，变频器输入电压上升，输出频率增加，滤盘转速提高，以增大处理量抑制液位上升。

上述转速与处理量的增减变化是连续不断的，直到入料量与过滤机的处理量达到平衡，过滤机的液位稳定在给定工作区域为止。需要注意的是过滤机的最大（最小）入料量要求不大于（不小于）过滤机最高（最低）转速所对应的最大（最小）处理量，否则通过控制作用，也不能使实际液位达到给定的液位高度。

综上所述，该控制方式的控制精度较高，跟踪应变性能较强，不会造成工艺间的失调，完全能适应浮选的生产需要。

思考与练习

1. 如图 6—1—1 所示的控制流程图中有几套控制系统？各系统的位号分别是什么？被控制变量、控制变量各是什么？
2. 图 6—1—1 中 TI－101、FR－103、PdI－104、LRCA－101 分别是何含义？
3. 图 6—1—1 中都有哪些是检测系统？哪些是现场指示仪表？哪些是在控制室仪表盘上的指示仪表？
4. 工程设计的主要内容有哪些？
5. 在锅炉水位控制中，可能的控制方案有哪些？试比较其优缺点。
6. 选煤厂控制的基本任务是什么？它有哪些主要的控制系统？

实验 1　锅炉水温度位式控制系统

一、实验目的

1. 了解温度位式控制系统的结构与组成。
2. 了解位式控制系统的品质指标和参数整定方法。
3. 掌握位式控制系统的工作原理及其调试方法。
4. 能分析锅炉水温定值控制与位式控制的控制效果。

二、实验设备及器材（同第 2 章实验 1）

三、实验原理

本实验系统的结构图和方框图如实验图 1 所示。本实验的被控对象为锅炉，系统的被控制量为锅炉内的水温。由于实验中用到的调节器输出只有“开”或“关”两种极限的工作状态，故称这种控制器为二位式调节器。温度变送器把铂电阻检测到的锅炉内胆温度信号 TT 转变为反馈电压 V_i。它与二位调节器设定的上限输入 V_{max} 和下限输入 V_{min} 比较，从而决定二位调节器输出继电器是闭合或断开，即控制接触器的接通与断开。

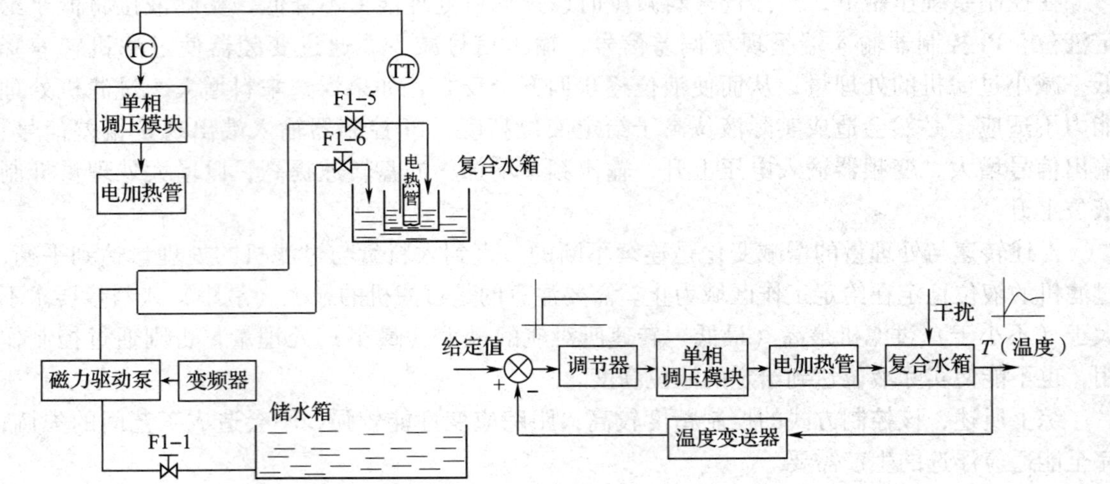

a） b）

实验图 1 温度位式控制系统

a）结构图 b）方框图

实验图 2 为位式控制器的工作原理图。

图中 V_0——位式控制器的输出；

V_i——位式控制器的输入；

V_{max}——位式控制器的上限输入；

V_{min}——位式控制器的下限输入。

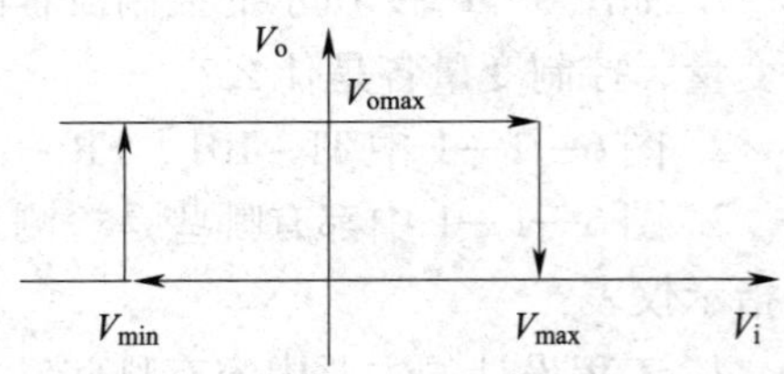

实验图 2 位式控制器的工作原理

由实验图 2 可知，当被控制的锅炉水温 T 减小到小于设定下限值时，即 $V_i \leqslant V_{min}$ 时，位式调节器的继电器闭合，使电热管接通 220 V 电源进行加热。随着水温 T 的升高，V_i 也不断增大，当增大到大于设定上限值，即 $V_i \geqslant V_{max}$ 时，则位式调节器的继电器断电，交流接触器随之断开，切断电热丝的供电。由于这种控制方式是断续的二位式控制，故只适用于对控制质量要求不高的场合。

位式控制系统的输出是一个断续控制作用下的等幅振荡过程，因此不能用连续控制作用下的衰减振荡过程的温度品质指标来衡量，而用振幅和周期作为控制品质的指标。一般要求振幅小，周期长。然而对于同一个位式控制系统来说，若要振幅小，则周期必然短；若要周期长，则振幅必然大。因此可通过合理选择中间区以使振幅保持在限定范围内，而又尽可能获得较长的周期。

四、实验内容及步骤

本实验选择锅炉内水温作为被控对象，实验之前先将储水箱中储足水量，然后将阀门 F1 -1、F1 -5 全开，其余阀门关闭。将变频器 A、B、C 三端连接到三相磁力驱动泵（220 V），打开变频器电源并手动调节其频率，给锅炉内储一定的水量，然后关闭阀 F1 -5，打开阀 F1 -6，为给锅炉供冷水做好准备。

1. 智能仪表控制

（1）将 SA -12 挂件挂到屏上，并将挂件的通信线插头插入屏内 RS485 通信口上，将控制屏右侧 RS485 通信线通过 RS485/232 转换器连接到计算机串口 1，并参照温度定值控制屏接线图 1（见第 5 章实验 3 实验图 4）连接实验系统。

（2）接通总电源空气开关和钥匙开关，按下启动按钮，给智能仪表上电，打开变频器电源开关，给变频器上电，将变频器设置在适当的频率，变频器支路开始往复合水箱打冷却水。

（3）打开上位机 MCGS 组态环境，打开“THKGK－3 型智能仪表控制系统”工程，然后进入 MCGS 运行环境，在主菜单中单击“实验 1　锅炉水温度位式控制系统”，进入其监控界面。

（4）在上位机监控界面中设置好仪表的设定值和回差（即DF参数）。此操作也可通过调节仪表实现。

（5）打开调压模块电源，锅炉内胆的水温开始上升，观察上位机记录的温度响应曲线。

（6）待锅炉内胆水温稳定于设定范围时，突增（或突减）仪表设定值的大小，使其有一个正（或负）阶跃增量的变化（即阶跃干扰，此增量不宜过大，一般为设定值的 5%～15%），于是锅炉内胆的水温便离开原平衡状态，经过一段调节时间后，水温稳定至新的设定范围，水温的响应过程曲线将如实验图 3 所示。

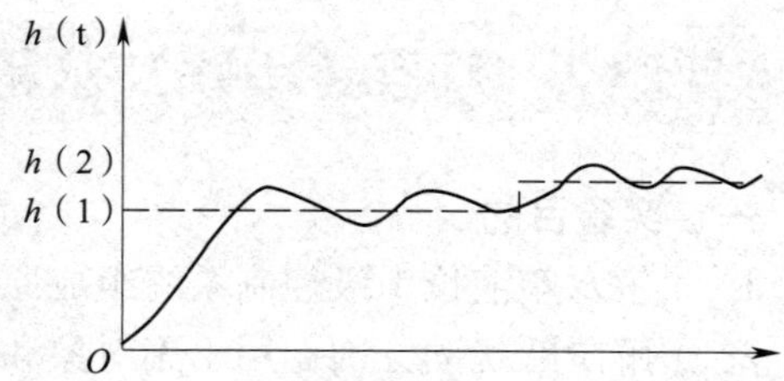

实验图 3　锅炉内胆水温响应过程曲线

（7）适量改变调节仪的 *DF* 参数（一般不宜过大，*DF*＝3～10 为佳），重复步骤（6），用计算机记录不同 *DF* 参数时系统的响应曲线。

2. 远程数据采集控制

（1）将“SA－22 远程数据采集模拟量输出模块”“SA－23 远程数据采集模拟量输入模块”挂件挂到屏上，并将挂件上的通信线插头插入屏内 RS485 通信口上，将控制屏右侧 RS485 通信线通过 RS485/232 转换器连接到计算机串口 1，并参照温度定值控制屏接线图 2（见第 5 章实验 3 实验图 6）连接实验系统。

（2）接通总电源空气开关和钥匙开关，打开 24 V 开关电源，给压力变送器上电，按下启动按钮，给变频器及远程数据采集模块上电。

（3）打开上位机 MCGS 组态环境，打开“远程数据采集系统”工程，然后进入 MCGS 运行环境，在主菜单中单击“实验 1　锅炉水温度位式控制系统”，进入其监控界面。

（4）以下步骤参考前面“智能仪表控制”的步骤（4）～（7）。

3. S7－200PLC 控制

（1）将“SA－42 S7－200PLC 控制”“SA－12”挂件挂到屏上，并用 PC/PPI 通信电缆线将 S7－200PLC 连接到计算机串口 1，并参照温度定值控制屏接线图 2（见第 5 章实验 3 实验图 6）连接实验系统。

（2）接通总电源空气开关和钥匙开关，打开 24 V 开关电源，给压力变送器上电，按下启动按钮，给变频器及 PLC 上电。

（3）打开 Step 7－Micro/WIN 32 软件，并打开“S7－200PLC”程序进行下载，然后将 S7－200PLC 置于运行状态，然后运行 MCGS 组态环境，打开“S7－200PLC 控制系统”工程，然后进入 MCGS 运行环境，在主菜单中单击“实验 1　锅炉水温度位式控制系统”，进入其监控界面。

(4) 以下步骤参考前面“智能仪表控制”的步骤（4）~（7）。

五、实验报告要求

1. 画出锅炉内水温度位式控制实验的结构框图。
2. 试评述温度位式控制的优缺点。
3. 根据实验数据和曲线，分析系统在阶跃扰动作用下的静、动态性能。
4. 综合分析几种控制方案的实验效果。

六、思考题

1. 温度位式控制系统与连续的 PID 控制系统有什么区别?
2. 本系统会不会产生发散振荡?

实验 2　双容（串联）水箱液位串级控制系统

一、实验目的

1. 了解水箱液位串级控制系统组成原理。
2. 了解阶跃扰动分别作用于副对象和主对象时对系统主控制量的影响。
3. 掌握液位串级控制系统采用不同控制方案的实现过程。
4. 能进行水箱液位串级控制系统调节器参数的整定与投运。

二、实验设备及器材（同第 2 章实验 1）

三、实验原理

本实验为水箱液位的串级控制系统，它是由主控、副控两个回路组成。主控回路中的调节器称主调节器，控制对象为下水箱，下水箱的液位为系统的主控制量。副控回路中的调节器称副调节器，控制对象为上水箱，又称副对象，上水箱的液位为系统的副控制量。主调节器的输出作为副调节器的给定，因而副控回路是一个随动控制系统。副调节器的输出直接驱动电动调节阀，从而达到控制下水箱液位的目的。为了实现系统在阶跃给定和阶跃扰动作用下的无静差控制，系统的主调节器应为 PI 或 PID 控制。由于副控回路的输出要求能快速、准确地复现主调节器输出信号的变化规律，对副参数的动态性能和余差无特殊的要求，因而副调节器可采用 P 调节器。本实验系统结构图和方框图如实验图 4 所示。

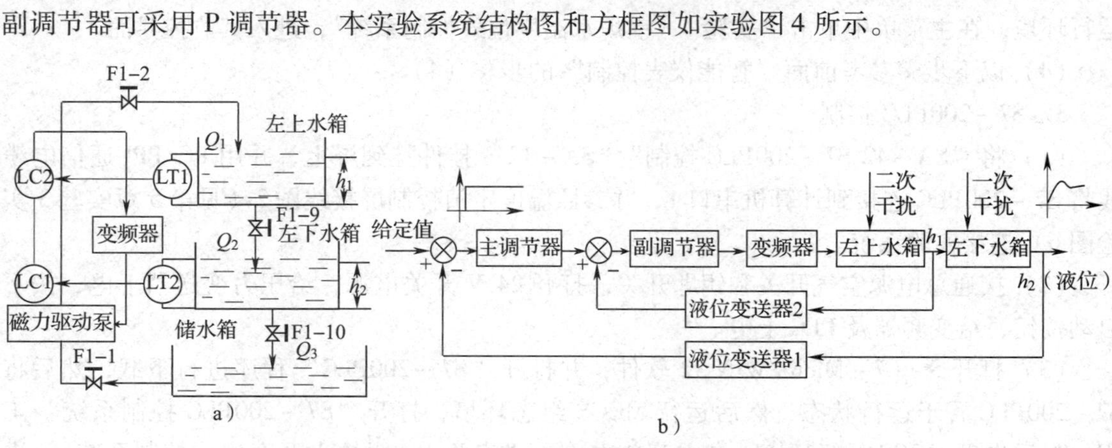

实验图 4　双容（串联）水箱液位串级控制系统

a）结构图　b）方框图

四、实验内容及步骤

本实验选择左上水箱和左下水箱串联作为被控对象。实验之前先将储水箱中储足水量，然后将阀门 F1－1、F1－2 全开，将左上水箱出水阀门 F1－9 开至适当开度（40%～90%）、左下水箱出水阀门 F1－10 开至适当开度（30%～80%），要求阀 F1－9 稍大于阀 F1－10，其余阀门均关闭。

1. 智能仪表控制

（1）将两个 SA－12 挂件挂到屏上，并将挂件的通信线插头插入屏内 RS485 通信口上，将控制屏右侧 RS485 通信线通过 RS485/232 转换器连接到计算机串口 1，并按照控制屏接线图 1（见实验图 5）连接实验系统。

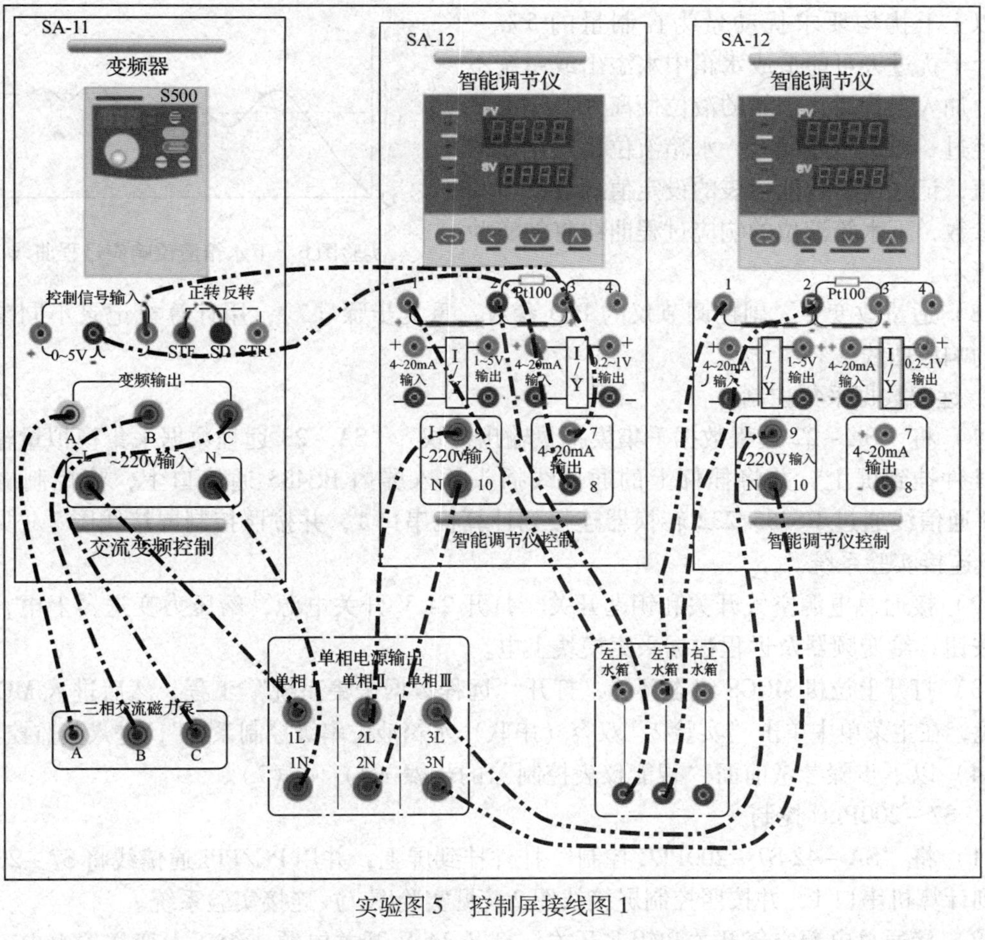

实验图 5 控制屏接线图 1

（2）接通总电源空气开关和钥匙开关，打开 24 V 开关电源，给压力变送器上电，按下启动按钮，给智能仪表 1 上电。

（3）打开上位机 MCGS 组态环境，打开“THKGK－3 型智能仪表控制系统”工程，然后进入 MCGS 运行环境，在主菜单中单击“实验 2 双容（串联）水箱液位串级控制系统”，进入其监控界面。

（4）将主控仪表设置为手动，并将输出值设置为一个合适的值，此操作可通过调节仪表实现。

(5) 启动变频器，磁力驱动泵上电打水，适当增加/减少主调节器的输出量，使左下水箱的液位平衡于设定值，且左上水箱液位也稳定于某一值（此值一般为 3 ~ 5cm，以免超调过大，水箱断流或溢流）。

(6) 按第 5 章中任一种整定方法整定调节器参数，并按整定得到的参数进行调节器设定。

(7) 待液位稳定于给定值时，将调节器切换到自动状态，待液位平衡后，通过以下几种方式加干扰：

1) 突增（或突减）仪表设定值的大小，使其有一个正（或负）阶跃增量变化。

2) 将阀 F1 - 2 开至适当开度（改变负载）。

以上干扰均要求扰动量为控制量的 5% ~ 15%，干扰过大可能造成水箱中水溢出或系统不稳定。加入干扰后，水箱的液位便离开原平衡状态，经过一段调节时间后，水箱液位稳定至新的设定值，记录此时智能仪表的设定值、输出值和仪表参数，下水箱液位的响应过程曲线将如实验图 6 所示。

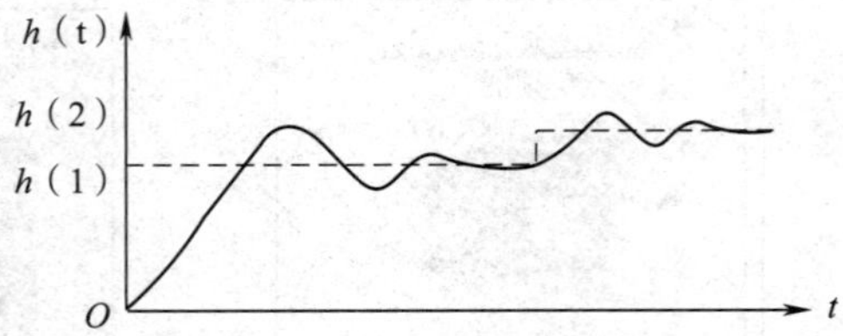

实验图 6　下水箱液位响应过程曲线

(8) 适量改变主、副控调节仪的 PID 参数，重复步骤（7），用计算机记录不同参数时系统的响应曲线。

2. 远程数据采集控制

(1) 将“SA - 22 远程数据采集模拟量输出模块”“SA - 23 远程数据采集模拟量输入模块”挂件挂到屏上，并将挂件上的通信线插头插入屏内 RS485 通信口上，将控制屏右侧 RS485 通信线通过 RS485/232 转换器连接到计算机串口 1，并按照控制屏接线图 2（见实验图 7）连接实验系统。

(2) 接通总电源空气开关和钥匙开关，打开 24 V 开关电源，给压力变送器上电，按下启动按钮，给变频器及远程数据采集模块上电。

(3) 打开上位机 MCGS 组态环境，打开“远程数据采集系统”工程，然后进入 MCGS 运行环境，在主菜单中单击“实验 2　双容（串联）水箱液位串级控制系统”，进入其监控界面。

(4) 以下步骤参考前面“智能仪表控制”的步骤（4）~（7）。

3. S7 - 200PLC 控制

(1) 将“SA - 42 S7 - 200PLC 控制”挂件挂到屏上，并用 PC/PPI 通信线将 S7 - 200PLC 连接到计算机串口 1，并按照控制屏接线图 2（见实验图 7）连接实验系统。

(2) 接通总电源空气开关和钥匙开关，打开 24 V 开关电源，给压力变送器上电，按下启动按钮，给变频器及 PLC 上电。

(3) 打开 Step 7 - Micro/WIN 32 软件，并打开“S7 - 200PLC”程序进行下载，然后将 S7 - 200PLC 置于运行状态，然后运行 MCGS 组态环境，打开“S7 - 200PLC 控制系统”工程，然后进入 MCGS 运行环境，在主菜单中单击“实验 2　双容（串联）水箱液位串级控制系统”，进入其的监控界面。

(4) 以下步骤参考前面“智能仪表控制”的步骤（4）~（7）。

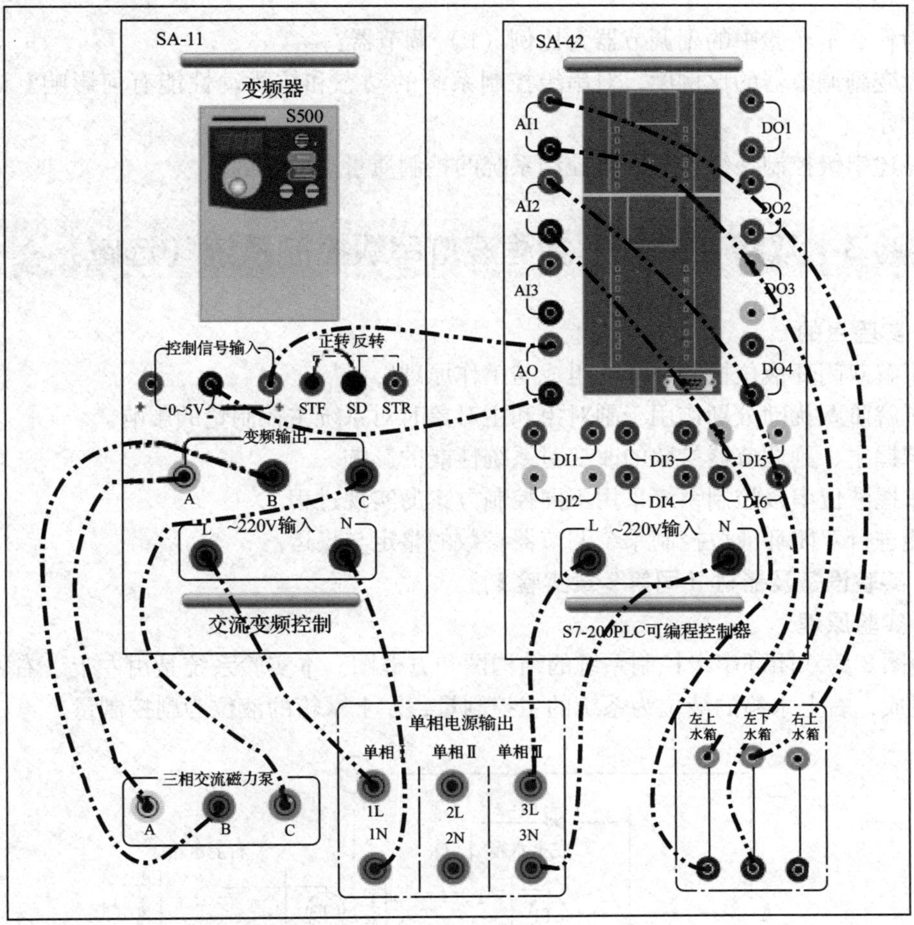

实验图 7　控制屏接线图 2

五、实验报告要求

1. 画出水箱液位串级控制系统的结构框图。

2. 用实验方法确定调节器的相关参数，并写出整定过程。

3. 根据扰动分别作用于主、副对象时系统输出的响应曲线，分析系统在阶跃扰动作用下的静、动态性能。

4. 分析主、副调节器采用不同 PID 参数时对系统性能产生的影响。

5. 综合分析几种控制方案的实验效果。

六、思考题

1. 试述串级控制系统为什么对主扰动（二次扰动）具有很强的抗扰能力？如果副对象的时间常数与主对象的时间常数大小接近时，二次扰动对主控制量的影响是否仍很小，为什么？

2. 当一次扰动作用于主对象时，由于副回路的存在，系统的动态性能比单回路系统的动态性能有何改进？

3. 串级控制系统投运前需要做好那些准备工作？主、副调节器的正反作用方向如何确定？

4. 为什么本实验中的副调节器为比例（P）调节器？

5. 改变副调节器的比例度，对串级控制系统的动态和抗扰动性能有何影响？试从理论上给予说明。

6. 评述串级控制系统比单回路控制系统的控制质量高的原因。

实验 3　双容（并联）水箱液位串级控制系统（选做）

一、实验目的

1. 了解双闭环液位控制系统的组成与工作原理。
2. 了解阶跃扰动分别作用于副对象和主对象时对系统主控制量的影响。
3. 掌握主、副调节器参数的改变对系统性能的影响。
4. 掌握液位串级控制系统采用不同控制方案的实现过程。
5. 能进行双闭环液位控制系统调节器参数的整定与投运。

二、实验设备及器材（同第 2 章实验 1）

三、实验原理

实验图 8 为双闭环串级控制系统的结构图和方框图。本实验系统是由左上、右上两个水箱并联组成，右上水箱的液位为系统的主控制量，左上水箱的液位为副控制量。

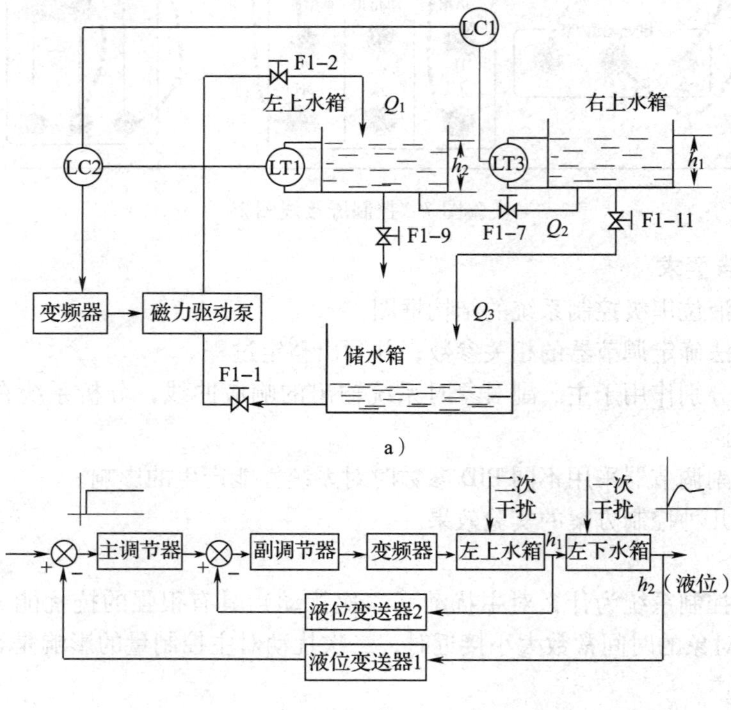

实验图 8　双闭环液位控制系统

a）结构图　b）方框图

本系统的控制目的，不仅要使右上水箱的液位等于给定值，而且当扰动出现在左上水箱时，由于它们的时间常数均小于右上水箱，故在右上水箱的液位未发生明显变化前，扰动所产生的影响已通过内回路的控制及时地被消除。

为了实现系统在阶跃给定和阶跃扰动作用下的无静差控制，系统的主调节器应为 PI 或 PID 控制。由于副控回路的输出要求能快速、准确地复现主调节器输出信号的变化规律，对副参数的动态性能和余差无特殊的要求，因而副调节器可采用 P 或 PI 调节器。

四、实验内容及步骤

本实验将左上、右上两只水箱并联组成双闭环液位控制系统。实验之前先将储水箱中储足水量，然后将阀门 F1 - 1、F1 - 2 全开，将阀门 F1 - 7 开至适当开度（50% ~ 90%）、F1 - 11 开至适当开度（40% ~ 80%），要求阀门 F1 - 7 开度大于 F1 - 11，其余阀门均关闭。

具体实验内容与步骤可根据本实验的目的与原理参照本章“实验 2　双容（串联）水箱液位串级控制系统”中相应方案进行，实验的接线可按照控制屏接线图 1、控制屏接线图 2（实验图 9、实验图 10）连接。

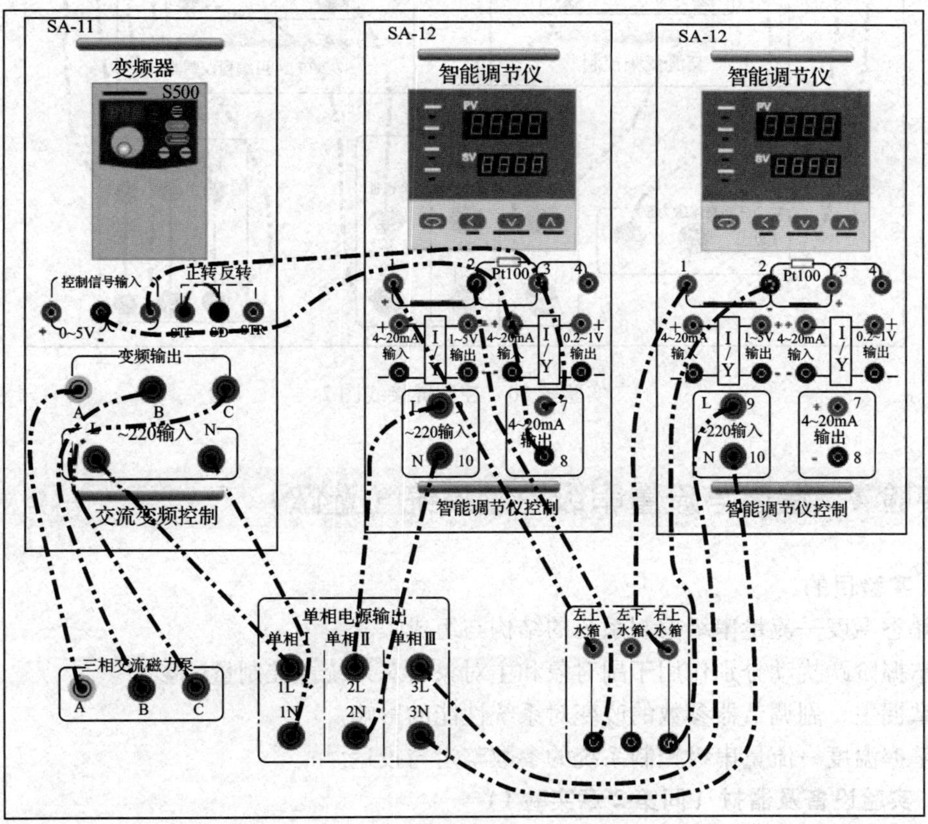

实验图 9　控制屏接线图 1

五、实验报告要求

参照“实验 2　双容（串联）水箱液位串级控制系统”。

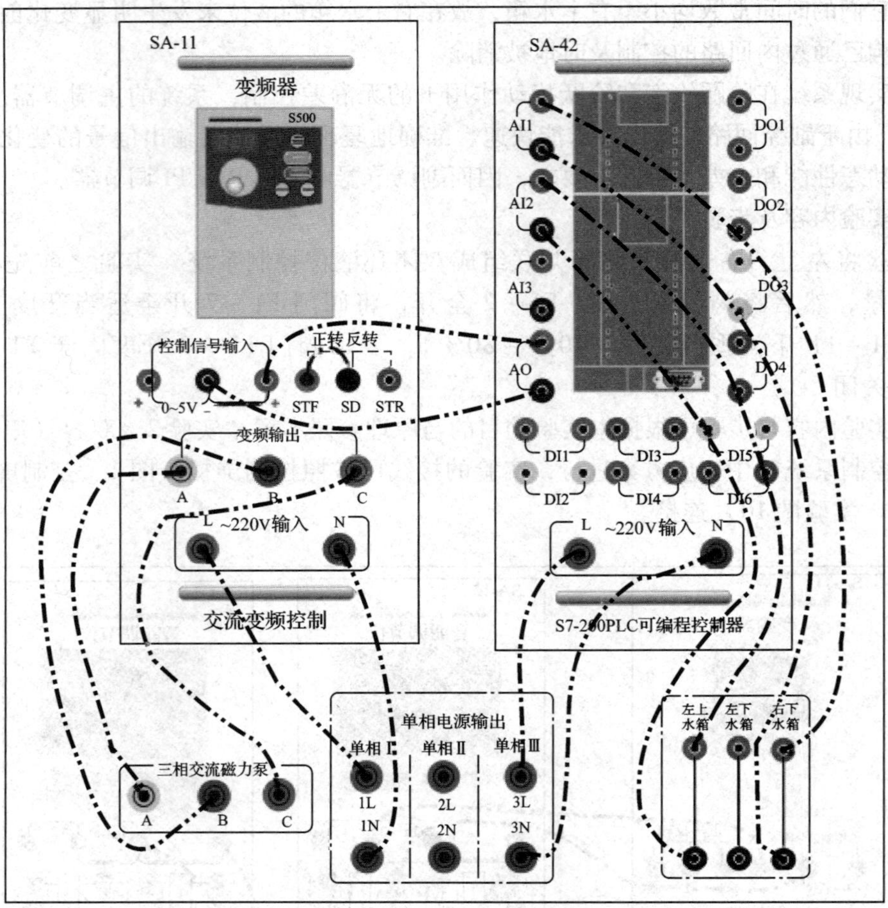

实验图 10　控制屏接线图 2

实验 4　温度与流量串级控制系统（选做）

一、实验目的

1. 熟悉温度—流量串级控制系统的结构与组成。
2. 掌握阶跃扰动分别作用于副对象和主对象时对系统主控制量的影响。
3. 掌握主、副调节器参数的改变对系统性能的影响。
4. 掌握温度—流量串级控制系统的参数整定与投运。

二、实验设备及器材（同第 2 章实验 1）

三、实验原理

本实验系统的主控量为复合水箱内锅炉的水温 T，副控量为锅炉内循环水流量 Q，它是一个辅助的控制变量。锅炉内的电热管持续恒压加热，执行元件为变频器，它控制管道中流过的冷水的流量大小，以改变锅炉中的水温。副回路是一个随动系统，要求副回路的输出能正确、快速地复现主调节器输出的变化规律，以达到对主控制量 T 的控制目的，因而副调节器可采用 P 控制。但选择流量作副控参数时，为了保持系统稳定，比例度必须选得较大，这样比例控制作用偏弱，为此需引入积分作用，即采用 PI 控制规律。引入积分作用的目的不是消除静差，而是增强控制作用。显然，由于副对象管道的时间常数远小于主对象锅炉的时间常数，因而当主扰动（二次扰动）作用于副回路时，通过副回路的调节作用可快速消除扰动的影响。本实验系统结构图和方框图如实验图 11 所示。

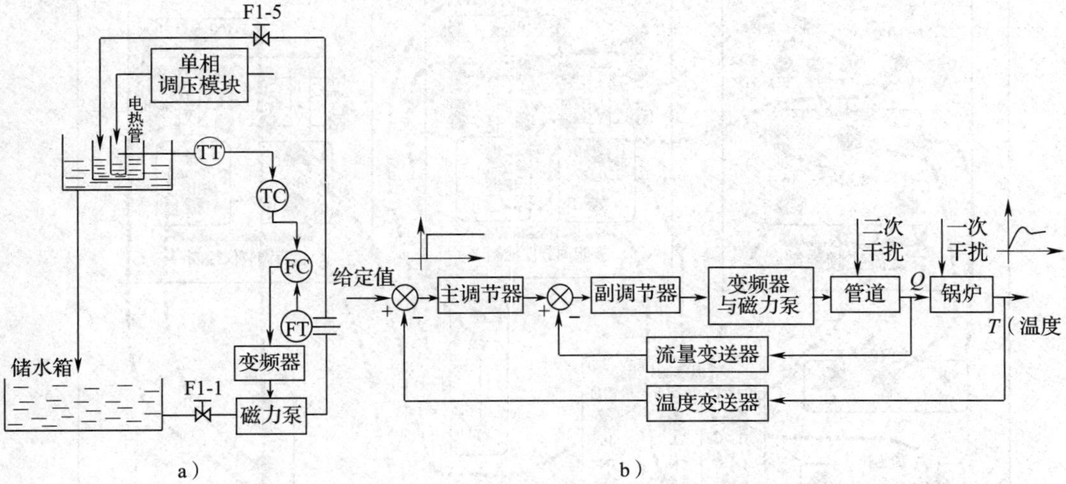

实验图 11 温度与流量串级控制系统

a）结构图 b）方框图

四、实验内容及步骤

本实验选择锅炉水温和循环水组成串级控制系统。实验之前先将储水箱中储足水量，然后将阀门 F1－1、F1－5 全开，其余阀门关闭。将变频器 A、B、C 三端连接到三相磁力驱动泵（220V），打开变频器电源并手动调节变频器频率，给锅炉储满水。然后关闭变频器，为给锅炉内胆供循环冷水做好准备。

具体实验内容与步骤可根据本实验的目的与原理参照本章“实验 2 双容（串联）液位串级控制系统”中的相应方案进行，实验的接线可按照控制屏接线图（见实验图 12）连接。

五、实验报告要求

1. 画出温度—流量串级控制系统的结构框图。

2. 用实验方法确定调节器的相关参数，写出整定过程。

3. 根据扰动分别作用于主、副对象时系统输出的响应曲线，分析系统在阶跃扰动作用下的静、动态性能。

4. 分析主、副调节器采用不同 PID 参数时对系统性能产生的影响。

六、思考题

1. 本实验中用了温度传感器和流量传感器，对它们精度的要求有什么不同？

2. 为什么本实验中的副调节器用 PI 调节器？如果采用 P 调节，试分析对系统的性能有什么影响？

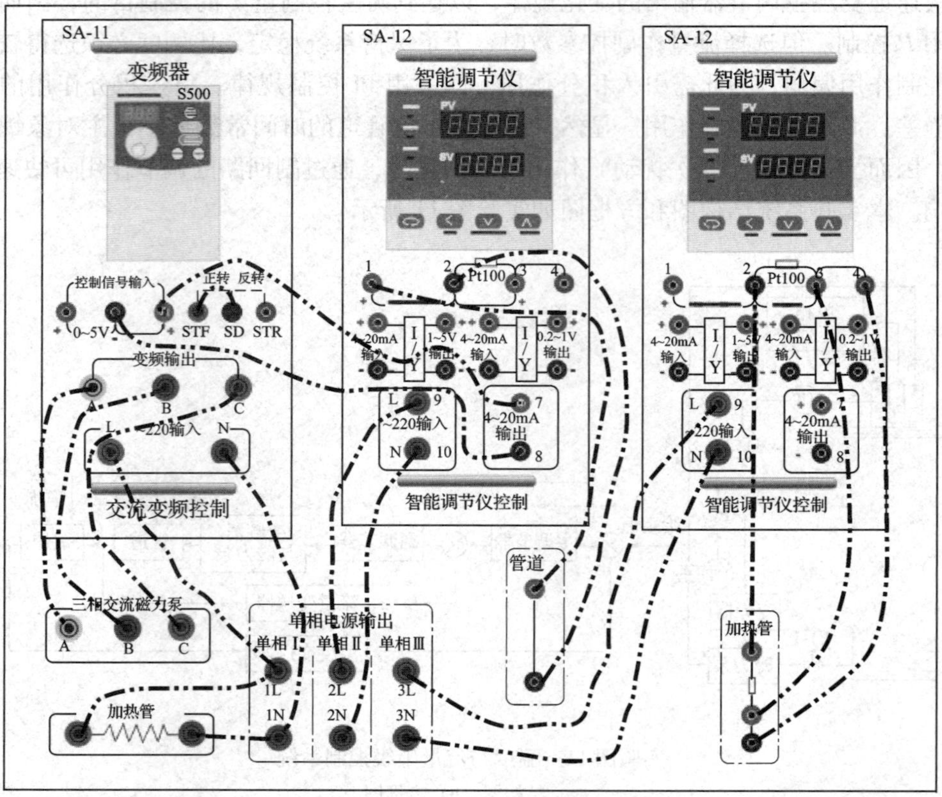

实验图 12　控制屏接线图

实验 5　液位与流量串级控制系统（选做）

一、实验目的

1. 了解液位—流量串级控制系统的组成原理。
2. 了解阶跃扰动分别作用于副对象和主对象时对系统主控制量的影响。
3. 掌握液位—流量串级控制系统采用不同控制方案的实现过程。
4. 能进行液位—流量串级控制系统调节器参数的整定与投运。

二、实验设备及器材（同第 2 章实验 1）

三、实验原理

本实验系统的主控量为左下水箱的液位 h，副控量为变频器支路流量 Q，它是一个辅助的控制变量。系统由主、副两个回路所组成。主回路是一个定值控制系统，要求系统的主控制量 h 等于给定值，因而系统的主调节器应为 PI 或 PID 控制。副回路是一个随动系统，要求副回路的输出能正确、快速地复现主调节器输出的变化规律，以达到对主控制量 h 的控制目的，因而副调节器可采用 P 控制。但选择流量作副控参数时，为了保持系统稳定，比例度必须选得较大，这样比例控制作用偏弱，为此需引入积分作用，即采用 PI 控制规律。引入积分作用的目的不是消除静差，而是增强控制作用。显然，由于副对象管道的时间常数小于主对象下水箱的时间常数，因而当主扰动（二次扰动）作用于副回路时，通过副回路快速的调节作用消除了扰动的影响。本实验系统结构图和方框图如实验图 13 所示。

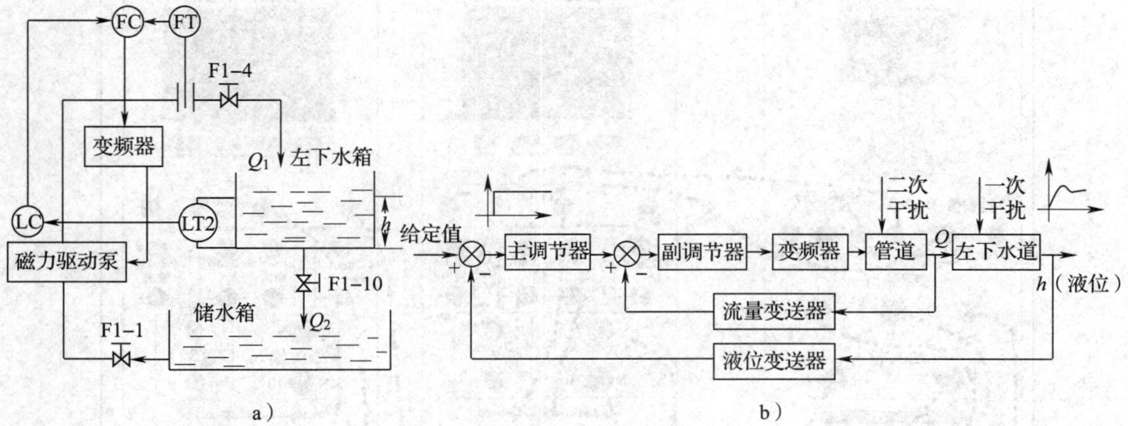

实验图 13　下水箱液位与进水流量串级控制系统

a）结构图　b）方框图

四、实验内容及步骤

本实验选择左下水箱和变频器支路组成串级控制系统。实验之前先将储水箱中储足水量，然后将阀门 F1－1、F1－4 全开，将左下水箱出水阀门 F1－10 开至适当开度，其余阀门均关闭。

1. 智能仪表控制

（1）将两个 SA－12 挂件挂到屏上，并将挂件的通信线插头插入屏内 RS485 通信口上，将控制屏右侧 RS485 通信线通过 RS485/232 转换器连接到计算机串口 1，并按照控制屏接线图 1（见实验图 14）连接实验系统。

（2）接通总电源空气开关和钥匙开关，打开 24 V 开关电源，给压力变送器及涡轮流量计上电，按下启动按钮，给智能仪表 1 上电。

（3）打开上位机 MCGS 组态环境，打开“THKGK－3 型智能仪表控制系统”工程，然后进入 MCGS 运行环境，在主菜单中单击“实验 5　液位与流量串级控制系统”，进入其的监控界面。

（4）将主控仪表设置为手动，并将输出值设置为一个合适的值（50%～70%），此操作可通过调节仪表实现。

（5）启动变频器，磁力驱动泵上电打水，适当增加/减少主控仪表的输出量，使下水箱的液位平衡于设定值。

（6）按第 5 章中任一种整定方法整定调节器的参数，并按整定得到的参数对调节器进行设定。

（7）待左下水箱进水流量相对稳定，且其液位稳定于给定值时，将调节器切换到自动状态，待液位平衡后，通过以下几种方式加干扰：

1）突增（或突减）仪表设定值的大小，使其有一个正（或负）阶跃增量的变化。

2）将阀 F1－5 开至适当开度。

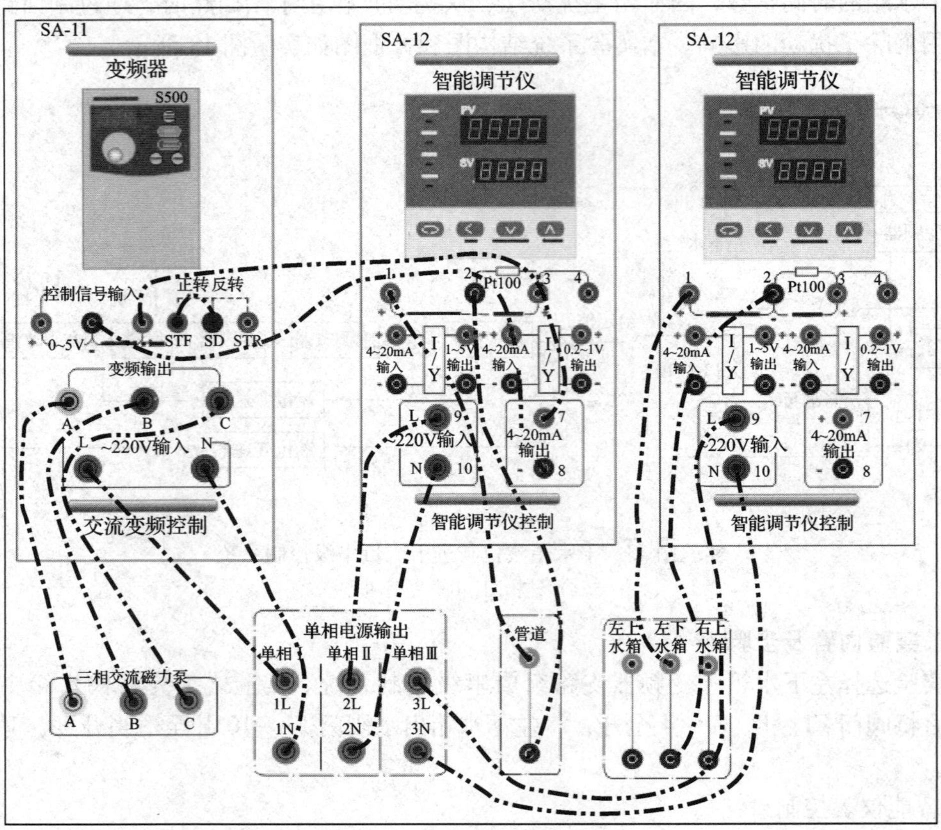

实验图 14　控制屏接线图 1

以上两种干扰均要求扰动量为控制量的5%～15%，干扰过大可能造成水箱中水溢出或系统不稳定。加入干扰后，水箱的液位便离开原平衡状态，经过一段调节时间后，水箱液位稳定至新的设定值，记录此时的智能仪表的设定值、输出值和仪表参数，左下水箱液位的响应过程曲线将如实验图 15 所示。

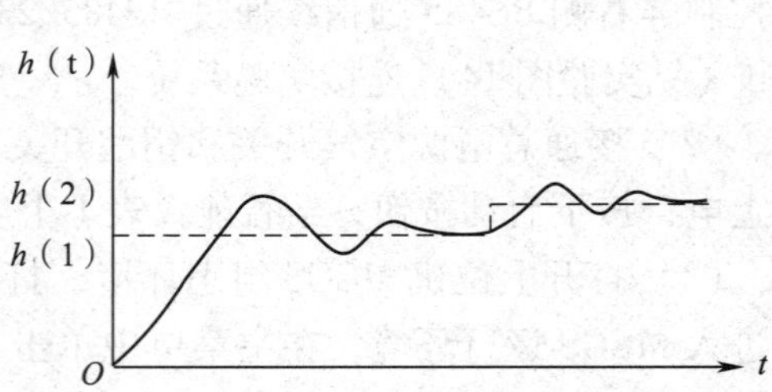

实验图 15　左下水箱液位阶跃响应曲线

（8）适量改变调节仪的 PID 参数，重复步骤（7），用计算机记录不同参数时系统的响应曲线。

2. 远程数据采集控制

（1）将“SA－22 远程数据采集模拟量输出模块”“SA－23 远程数据采集模拟量输入模块”挂件挂到屏上，并将挂件上的通信线插头插入屏内 RS485 通信口上，将控制屏右侧 RS485 通信线通过 RS485/232 转换器连接到计算机串口 1，并按照控制屏接线图 2（见实验图 16）连接实验系统。

（2）接通总电源空气开关和钥匙开关，打开 24 V 开关电源，给压力变送器上电，按下启动按钮，给变频器及远程数据采集模块上电。

（3）打开上位机 MCGS 组态环境，打开“远程数据采集系统”工程，然后进入 MCGS 运行环境，在主菜单中单击“实验 5　液位与流量串级控制系统”，进入其监控界面。

（4）以下步骤参考前面“智能仪表控制”的步骤（4）~（7）。

3. S7－200PLC 控制

（1）将“SA－42 S7－200PLC 控制”挂件挂到屏上，并用 PC/PPI 通信电缆线将 S7－200PLC 连接到计算机串口 1，并按照控制屏接线图 2（见实验图 16）连接实验系统。

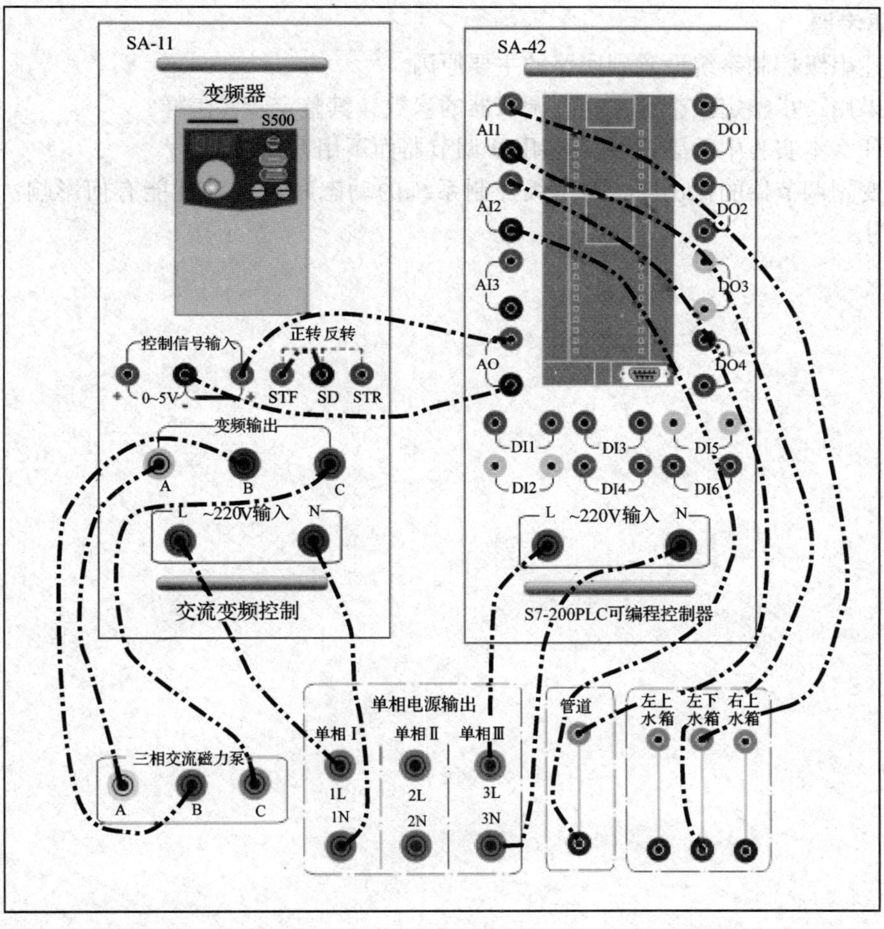

实验图 16　控制屏接线图 2

（2）接通总电源空气开关和钥匙开关，打开 24 V 开关电源，给压力变送器上电，按下启动按钮，给变频器及 PLC 上电。

（3）打开 Step 7－Micro/WIN 32 软件，并打开“S7－200PLC”程序进行下载，然后将 S7－200PLC 置于运行状态，然后运行 MCGS 组态环境，打开“S7－200PLC 控制系统”工程，然后进入 MCGS 运行环境，在主菜单中单击“实验 5　液位与流量串级控制系统”，进入其监控界面。

（4）以下步骤参考前面“智能仪表控制”的步骤（4）~（7）。

五、实验报告要求

1. 画出液位—流量串级控制系统的结构框图。

2. 用实验方法确定调节器的相关参数，写出整定过程。

3. 根据扰动分别作用于主、副对象时系统输出的响应曲线，分析系统在阶跃扰动作用下的静、动态性能。

4. 分析主、副调节器采用不同 PID 参数时对系统性能产生的影响。

5. 综合分析多种控制方案的实验效果。

六、思考题

1. 简述串级控制系统设置副回路的主要原因。

2. 如果用二步整定法整定主、副调节器的参数，其整定步骤怎样?

3. 为什么本实验中的副调节器采用 PI 调节器而不用 P 调节器?

4. 改变副调节器的比例度，对串级控制系统的动态和抗扰动性能有何影响？试从理论上给予说明。